电路基础

（第 4 版）

主　编　吴青萍　沈　凯

副主编　夏　莹　蒋　莉　施　静

　　　　张慧敏

主　审　王其红

北京理工大学出版社

BEIJING INSTITUTE OF TECHNOLOGY PRESS

内 容 提 要

本书是电子信息类专业的基础理论教材。全书由电路的基本概念和基本定律、直流电阻电路的分析、线性动态电路的时域分析、正弦交流电路的稳态分析、三相电路、谐振电路、互感耦合电路、非正弦周期电流电路共 8 章内容及附录 Multisim 10 的基本使用方法组成。某些带"*"号的章节供学生自学,以帮助学生扩大知识面,增加分析问题和解决问题的能力。计划学时数为 80 学时左右。

全书基本概念讲述透彻;基本分析方法归类恰当,思路清晰,步骤明确;例题丰富、习题匹配;并引入 Multisim 10 仿真软件用于电路分析,有利于学生加深对电路知识的理解。

本书可以作为高职高专电子信息类专业和其他专业选用,也适合从事电力、电子、通信等行业的工程技术人员学习参考。

图书在版编目(CIP)数据

电路基础 / 吴青萍,沈凯主编. —4 版. —北京:北京理工大学出版社,2019.8
ISBN 978-7-5682-7548-4

Ⅰ. ①电… Ⅱ. ①吴… ②沈… Ⅲ. ①电路理论–高等学校–教材 Ⅳ. ①TM13

中国版本图书馆 CIP 数据核字(2019)第 190827 号

出版发行 / 北京理工大学出版社有限责任公司
社　　址 / 北京市海淀区中关村南大街 5 号
邮　　编 / 100081
电　　话 / (010)68914775(总编室)
　　　　　 (010)82562903(教材售后服务热线)
　　　　　 (010)68948351(其他图书服务热线)
网　　址 / http://www.bitpress.com.cn
经　　销 / 全国各地新华书店
印　　刷 / 涿州市新华印刷有限公司
开　　本 / 787 毫米×1092 毫米　1/16
印　　张 / 16.25　　　　　　　　　　　　　　　　责任编辑 / 王艳丽
字　　数 / 385 千字　　　　　　　　　　　　　　　文案编辑 / 王艳丽
版　　次 / 2019 年 8 月第 4 版　2019 年 8 月第 1 次印刷　责任校对 / 周瑞红
定　　价 / 65.00 元　　　　　　　　　　　　　　　责任印制 / 施胜娟

前言（第4版）

本书是电子类基础课新形态一体化教材，本书的第3版为"十二五"职业教育国家规划教材、"十二五"江苏省高等学校重点教材。本版是在第3版的基础上，经过总结提高、删减增加修改而成，可作为高职高专电子信息类各专业"电路基础"课程的教材，也适合从事相关专业工程技术人员学习参考。

经过本次修改，本书具有以下特点：

（1）本书通过实际应用的典型案例引出电路的知识和实践内容，以解决实际电路问题为主线，加强学生对电路理论知识的理解，使学生进一步掌握实际操作能力。

（2）把职业岗位所需知识编入教材，注重新方法、新技术、新工艺的融入，内容取舍得当。教材体现了高职高专教材的职业性和实践性。

（3）教材配有优质丰富的数字化教学资源，学生利用互联网尤其是移动互联网，通过扫码观看资源，将教材的重点、难点可视化，支持教师课内课外教学、学生线上线下学习，满足数字化时代学生的阅读特征，满足个性化学习。

（4）教材引入Multisim电路实验仿真软件，融原理演示、仿真验证、电路设计创新为一体，极大地提升了学生对电路现象的认知，有助于提高学生主动学习的积极性和分析解决问题的能力。

（5）教材例题选取注重实用性、典型性，降低计算难度，但涵盖电路基本理论知识与基本分析方法。

需要说明的是：在本书附录和Multisim 10仿真实验电路图中，有些标识未采用国标，如电阻R_1、L_1、C_1在Multisim 10中用R1、L1、C1表示等。

本书由常州信息职业技术学院吴青萍、沈凯担任主编；夏莹、蒋莉、施静、张慧敏担任副主编。以上人员还完成了各知识点微视频的拍摄、课件制作等。常州信息职业技术学院的王其红教授对全书进行了认真审阅，并提出了不少宝贵建议。本书在编写过程中参考了不少同行们编写的优秀教材，从中得到了不少启发。在此，一并致以诚挚的感谢！

由于时间仓促、编者水平有限，书中难免有不妥之处，敬请同行们给予批评指正。

✅ 本门课程对应岗位群

本课程是电子信息、现代通信技术、自动控制技术等学科的一门专业基础课，为培养电子领域高技能人才提供了必要的理论知识和职业技能。可从事电子领域产品安装、调试、维修、开发、检验、品质管理等工作岗位。

✅ 岗位群需求知识点

1. 掌握直流电路的基本概念、基本定理、基本分析方法及应用。

2. 掌握三种基本元件的识别、选用、基本特性以及在电路中的分析运算方法。

3. 掌握正弦交流电路的基本概念、基本分析方法及应用。

4. 掌握三相电源的概念、星形和三角形接法及三相对称负载电路的分析方法。

5. 掌握谐振电路基本概念、重要特性及应用。

6. 掌握一阶线性动态电路的基本概念、基本定律、分析方法及应用。

7. 了解耦合电感元件电路的分析方法。

8. 掌握理想变压器电路的分析方法。

9. 了解非正弦周期信号的特性及分析方法。

10. 会运用虚拟仿真软件测试、分析电路。

目　录

第1章

电路的基本概念与基本定律

本章知识点

1. 掌握电路模型的概念及电路基本物理量的概念
2. 掌握电阻元件、电压源、电流源的伏安特性
3. 掌握电路的整体约束关系——基尔霍夫定律
4. 掌握电位的概念及计算方法

先导案例

  手电筒（如图 1-1 所示）是日常生活中最常用的照明工具，手电筒电路就是一个最简单的实际电路，如图 1-2 所示。手电筒中的灯泡为何能点亮？它是如何工作的呢？

图 1-1　手电筒

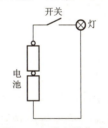

图 1-2　手电筒电路

  电路模型的概念，电路的基本物理量——电压、电流以及参考方向的概念，电阻、电压源、电流源等电路基本元件的约束关系——伏安特性，电路整体约束关系——基尔霍夫定律，都是电路的基础知识，是电路分析的基本依据，贯穿于全书。只有掌握了这些基本概念和定律才能进一步学习后续内容。

1.1　电路和电路模型

电路和电路模型

1.1.1　实际电路的组成与功能

  日常生活和工作中，人们会遇到各种各样的电路。如照明电路、收音机中选取所需电台

的调谐电路、电视机中的放大电路，以及生产和科研中各种专门用途的电路等。电路（circuit）是由电气设备和元器件按一定方式连接起来的整体，它提供电流流通的路径。电路一般由电源、负载、导线和控制设备组成。

电源是对外提供电能的装置，它将其他形式的能量转换成电能。例如，干电池和蓄电池将化学能转换成电能，发电机将热能、水能、风能、原子能等转换成电能。电源是电路中能量的来源，是推动电流运动的源泉，在它的内部进行着由非电能到电能的转换。

负载是取用电能的装置，它把电能转换为其他形式的能量。例如，白炽灯将电能转换成光能，电动机将电能转换为机械能，电炉将电能转换为热能等。

导线和控制设备用来连接电源和负载，为电流提供通路，起传递和控制电能的作用，并根据负载需要接通和断开电路。

电路的功能和作用一般有两类。

第一类功能是进行能量的传输和转换。常用于电力用电系统，其电路示意图如图1-3（a）所示，发电机将其他形式的能量转换成电能，经变压器、输电线传输到各用电部门，在用电部门又通过电灯、电动机、电炉等负载把电能转换成光能、机械能、热能等能量而加以利用。在这类电路中，一般要求在传输和转换过程中尽可能地减少能量损耗以提高效率。

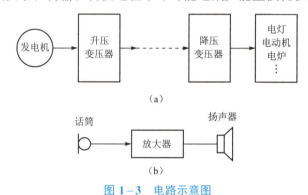

图 1-3　电路示意图

第二类功能是进行信号的传递与处理。常见的例子如扩音器，其电路示意图如图1-3（b）所示，话筒作为信号源将声音转换为电信号，扬声器作为负载将电信号还原为声音信号。由于话筒输出的电信号较微弱，不能直接推动扬声器发音，所以通过中间环节放大器来放大电信号，即完成信号的处理。电视机也是一种信号的传递与处理电路，接收天线（信号源）将接收到载有声音、图像的电磁波转换为电信号，经过调谐、变频、检波、放大等中间环节进行信号的处理，然后送到显像管和扬声器还原为图像和声音。对于这一类电路，虽然也有能量的传输和转换问题，但人们更关心的是对信号处理的质量，如要求准确、不失真等。

1.1.2　电路模型

实际的电路器件在工作时的电磁性质是比较复杂的，不是单一的。例如白炽灯、电加热器，它们在通电工作时能把电能转换成热能，消耗电能，具有电阻的性质，但其电压和电流还会产生电场和磁场，故也具有储存电场能量和磁场能量即电容和电感的性质。

在进行电路的分析和计算中，如果要考虑一个器件所有的电磁性质，则将是十分困难的。为此，对于组成实际电路的各种器件，应该忽略其次要因素，只抓住其主要电磁特性，把工程实际中的各种设备和电路元件用有限的几个理想化的电路元件（circuit element）来表示。例如，白炽灯可用只具有消耗电能的性质，而没有电场和磁场特性的理想电阻元件来近似表征；一个电感线圈可用只具有储存磁场能量的性质，而没有电阻及电容特性的理想电感元件来表征。这种由一个或几个具有单一电磁特性的理想电路元件所组成的电路就是实际电路的电路模型（circuit model），图 1－4 即为图 1－2 的电路模型。

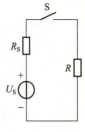

图 1－4　电路模

用特定的符号表示实际电路元件而连接成的图形叫作电路图（circuit diagram）。人们在进行理论分析时所指的电路就是这种电路模型。这种替代会带来一定的误差，但在一定的条件下可以忽略这一微小的误差，待研究清楚基本规律后，在实际工程问题中需要更精密地做研究时，再考虑由于这种替代所带来的误差。根据对电路模型的分析所得出的结论有着广泛而实际的指导意义。

理想电路元件简称电路元件，通常包括电阻元件、电感元件、电容元件、理想电压源和理想电流源。前三种元件均不产生能量，称为无源元件；后两种元件是电路中提供能量的元件，称为有源元件。

1.1.3　单位制

1984 年国务院发布的《关于在我国统一实行法定计量单位的命令》，明确规定国际单位制（SI）是我国法定计量单位的基础。在国际单位制中的 7 个基本单位如表 1－1 所示。其他物理量的单位可以根据其定义从这些基本单位中导出。

表 1－1　国际单位制（SI）的基本单位

量的名称	单位名称	单位符号
长　度	米	m
质　量	千克	kg
时　间	秒	s
电　流	安培	A
热力学温度	开尔文	K
物质的量	摩尔	mol
发光强度	坎德拉	cd

除了 SI 单位之外，根据实际情况，需要使用较大单位和较小单位时，则在 SI 单位上加词头，例如：大的长度单位用千米（km）表示，小的长度单位用毫米（mm）表示等。常用的词头如表 1－2 所示，以后讨论电路物理量的单位时，均按 SI 单位执行，若需要采用较大或较小单位，可在 SI 单位前加上倍数和分数词头。

表1-2　国际单位制（SI）常用倍数和分数词头

倍率	词头名称	词头符号	倍率	词头名称	词头符号
10^{18}	艾	E	10^{-1}	分	d
10^{15}	拍	P	10^{-2}	厘	c
10^{12}	太	T	10^{-3}	毫	m
10^{9}	吉	G	10^{-6}	微	μ
10^{6}	兆	M	10^{-9}	纳	n
10^{3}	千	k	10^{-12}	皮	p
10^{2}	百	h	10^{-15}	飞	f
10^{1}	十	da	10^{-18}	阿	a

1.2　电路的基本物理量

在电路理论中分析和研究的物理量很多，但主要的是电流、电压和电功率，其中电流、电压是电路中的基本物理量。

1.2.1　电流

电路的基本物理量
——电流、电压

在物理中已经讲述过，电荷的定向移动形成电流（current）。电流的实际方向一般是指正电荷运动的方向。电流的大小通常用电流强度（current intensity）来表示，电流强度指单位时间内通过导体横截面的电荷量。电流强度习惯上简称为电流。

电流主要分为两类：一类为恒定电流，其大小和方向均不随时间而变化，简称为直流（direct current），常简写作 DC，其强度用符号 I 表示。另一类为变动电流，其大小和方向均随时间而变化，其强度用符号 i 表示。其中，一个周期内电流的平均值为零的变动电流称为交流电流（alternating current），常简写作 AC，其强度也用符号 i 表示。

图1-5给出了几种常见电流，图1-5（a）为直流，图1-5（b）、图1-5（c）均为交流。其中图1-5（b）为正弦交流电流，图1-5（c）为锯齿波电流。

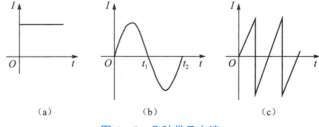

（a）　　　　　　　　　（b）　　　　　　　　　（c）

图1-5　几种常见电流

对于直流电流，单位时间内通过导体横截面的电荷量是恒定不变的，其电流强度为

$$I = \frac{Q}{t} \tag{1.1}$$

对于变动电流（含交流），若假设在一很小的时间间隔 dt 内，通过导体横截面的电荷量为 dq，则该瞬间电流强度为

$$i = \frac{dq}{dt} \tag{1.2}$$

电流的单位是安培（ampere），简称安，在国际单位制（SI）中符号为 A。1 安培表示 1 秒（s）内通过导体横截面的电荷量为 1 库仑（C）。有时也会用到千安（kA）、毫安（mA）或微安（μA）等，其关系如下：

$$1 \text{ kA} = 10^3 \text{ A}, \quad 1 \text{ mA} = 10^{-3} \text{ A}, \quad 1 \text{ μA} = 10^{-6} \text{ A}$$

在分析比较复杂的电路时，某一段电路中电流的实际方向很难立即判断出来，有时电流的实际方向还会不断改变，因此在电路中很难标明电流的实际方向。为了分析方便，下面引入电流的"参考方向"（reference direction）这一概念。

在一段电路或一个电路元件中，事先任意假设的一个电流方向称为电流的参考方向。电流的参考方向可以任意假设，但电流的实际方向是客观存在的，因此，所假设的电流参考方向并不一定就是电流的实际方向。本书中用实线箭头表示电流的参考方向，用虚线箭头表示电流的实际方向。电流的参考方向与实际方向如图 1-6 所示。

由图 1-6 可以看出，当 $i>0$ 时，电流的实际方向与假设的参考方向一致；当 $i<0$ 时，电流的实际方向与假设的参考方向相反。

当然，电流的参考方向也可以用双下标表示，如 i_{ab} 表示其参考方向由 a 指向 b。

电流的实际方向是客观存在的，它不因其参考方向选择的不同而改变，即存在 $i_{ab} = -i_{ba}$。本书中不加特殊说明时，电路中的公式和定律都是建立在参考方向的基础上的。

例 1.1　如图 1-7 所示，电路上电流的参考方向已选定。试指出各电流的实际方向。

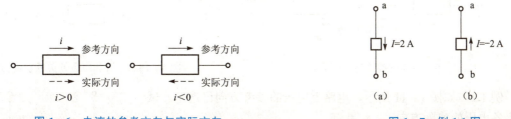

图 1-6　电流的参考方向与实际方向　　　　　图 1-7　例 1.1 图

解：图 1-7（a）中，$I>0$，I 的实际方向与参考方向相同，电流 I 由 a 流向 b，大小为 2 A。

图 1-7（b）中，$I<0$，I 的实际方向与参考方向相反，电流 I 由 a 流向 b，大小为 2 A。

1.2.2　电压

电路分析中另一个基本物理量是电压（voltage）。

在物理中已经讲述过，直流电路中 a、b 两点间电压的大小等于电场力把单位正电荷由 a 点移动到 b 点所做的功。电压的实际方向就是正电荷在电场中受电场力作用移动的方向。

在直流电路中，电压为一恒定值，用 U 表示，即

$$U = \frac{W}{Q} \tag{1.3}$$

在变动电流电路中，电压为一变值，用 u 表示，即

$$u = \frac{\mathrm{d}W}{\mathrm{d}q} \tag{1.4}$$

电压的单位是伏特（volt），简称伏，在国际单位制（SI）中符号为 V，即电场力将 1 库仑（C）正电荷由 a 点移至 b 点所做的功为 1 焦耳（J）时，a、b 两点间的电压为 1 V。

有时也需用千伏（kV）、毫伏（mV）、微伏（μV）作电压的单位。

像电流需要指定参考方向一样，在电路分析中，也需要指定电压的参考方向。在元件或电路中两点间可以任意选定一个方向作为电压的参考方向。电路图中，电压的参考方向一般用"+"、"−"极性表示（电压参考方向由"+"极性指向"−"极性），如图 1−8 所示。

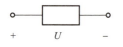

图 1−8　电压的参考方向表示

当然，电压的参考方向也可用实线箭头或双下标 u_{ab}（电压参考方向由 a 点指向 b 点）表示。

当 $u>0$，即电压值为正时，电压的实际方向与它的参考方向一致；反之，当 $u<0$，即电压值为负时，电压的实际方向与它的参考方向相反。电压的参考方向与实际方向的关系如图 1−9 所示。

在电路分析中，电流的参考方向和电压的参考方向都可以各自独立地任意假设。但为了分析问题的方便，对一段电路或一个元件，通常采用关联参考方向（associated reference direction），即电压的参考方向与电流的参考方向是一致的。电流从标电压"+"极性的一端流入，并从标电压"−"极性的另一端流出，如图 1−10 所示。

图 1−9　电压的参考方向与实际方向　　　　图 1−10　电流和电压的关联参考方向

例 1.2　如图 1−11 所示，电路上电压的参考方向已选定。试指出各电压的实际方向。

解：图 1−11（a）中，$U>0$，U 的实际方向与参考方向相同，电压 U 由 a 指向 b，大小为 10 V。

图 1−11（b）中，$U<0$，U 的实际方向与参考方向相反，电压 U 由 b 指向 a，大小为 10 V。

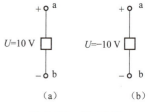

图 1−11　例 1.2 图

1.2.3　电功率与电能

1. 电功率

在电路的分析和计算中，功率和能量的计算是十分重要的。这是因为：一方面，电路在工作时总伴随有其他形式能量的相互交换；另一方面，电气设备和电路部件本身都有功率的限制，在使用时要注意其电流或电压是否超

电路的基本物理量
——电能、电功率

过额定值，过载会使设备或部件损坏，或是无法正常工作。

电路吸收（或消耗）的功率等于单位时间内电路吸收（或消耗）的能量。由此可定义

$$p = \frac{\mathrm{d}W}{\mathrm{d}t} = ui \tag{1.5}$$

在直流电路中，电流、电压均为恒定量，故

$$P = UI \tag{1.6}$$

式（1.5）和式（1.6）中，电流和电压为关联参考方向，计算的功率为电路吸收（或消耗）的功率。当某段电路上电流和电压为非关联参考方向时，这段电路吸收（或消耗）的功率为

$$p = -ui \tag{1.7}$$

或

$$P = -UI \tag{1.8}$$

在国际单位制中，功率的单位为瓦特（Watt），简称瓦，符号为 W。

根据实际情况，电路吸收（或消耗）的功率有以下几种情况：

① $p>0$，说明该段电路吸收（或消耗）功率为 p；

② $p=0$，说明该段电路不吸收（或消耗）功率；

③ $p<0$，说明该段电路输出（或提供）功率，输出（或提供）功率的大小为 $-p$。

例 1.3　试求图 1-12 中元件的功率。

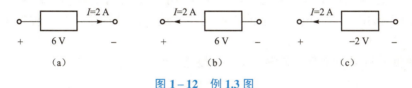

图 1-12　例 1.3 图

解：图 1-12（a）电流和电压为关联参考方向，故元件吸收的功率为

$$P = UI = (6 \times 2) \text{ W} = 12 \text{ W}$$

此时元件吸收（或消耗）的功率为 12 W。

图 1-12（b）电流和电压为非关联参考方向，故元件吸收的功率为

$$P = -UI = (-6 \times 2) \text{ W} = -12 \text{ W}$$

此时元件输出（或提供）的功率为 12 W。

图 1-12（c）电流和电压为非关联参考方向，故元件吸收的功率为

$$P = -UI = [-(-2) \times 2] \text{ W} = 4 \text{ W}$$

此时元件吸收（或消耗）的功率为 4 W。

2. 电能

从 t_0 到 t 的时间内，元件吸收的电能可根据电压的定义（a、b 两点的电压在量值上等于电场力将单位正电荷由 a 点移动到 b 点时所做的功）求得，即

$$W = \int_{t_0}^{t} u(i)i(t)\mathrm{d}t \tag{1.9}$$

在直流电路中，电流、电压均为恒定量，在 0~t 段时间内电路消耗的电能为

$$W = UIt = Pt \tag{1.10}$$

若功率的单位为 W，时间的单位为 s，则电能的国际单位是焦耳，符号为 J。

在实际生活中，电能的单位常用千瓦时（kW·h）。1 kW·h 的电能通常称作一度电。一度电为

$$1 \text{ kW·h} = (1\ 000 \times 3\ 600)\text{ J} = 3.6 \times 10^6 \text{ J}$$

电阻元件

1.3 电 阻 元 件

电路元件是构成电路的最基本单元，研究元件的规律是分析和研究电路规律的基础。

1.3.1 电阻与电阻元件

1. 电阻与电阻元件

电荷在电场力的作用下作定向运动时，通常要受到阻碍作用。物体对电子运动呈现的阻碍作用，称为该物体的电阻。电阻用符号 R 表示，其国际单位为欧姆（Ω）。电阻的十进倍数单位有千欧（kΩ）、兆欧（MΩ）等。

当电荷在电场力的作用下，在导体内部作定向运动时，受到的阻碍作用叫电阻作用。由具有电阻作用的材料制成的电阻器、白炽灯、电烙铁、电加热器等实际元件，当其内部有电流流过时，就要消耗电能，并将电能转换为热能、光能等能量而消耗掉。我们将这类对电流具有阻碍作用，消耗电能特征的实际元件，集中化、抽象化为一种理想电路元件——电阻元件。

电阻元件是一种对电流有"阻碍"作用的耗能元件。

2. 电导

电阻的倒数称为电导（conductance），用符号 G 表示，即

$$G = \frac{1}{R} \tag{1.11}$$

电导是反映材料导电能力的一个参数。电导的单位是西门子（siemens），简称西，其国际符号为 S。

1.3.2 电阻元件的伏安特性——欧姆定律

电阻元件作为一种理想电路元件，在电路图中的图形符号如图 1-13 所示。电阻的大小与材料有关，而与电压、电流无关。若给电阻通以电流 i，这时电阻两端会产生一定的电压 u，电压 u 与电流 i 的比值为一个常数，这个常数就是电阻 R，即 $R = u/i$，这也就是物理中介绍过的欧姆定律（Ohm's Law），其表达式可表示为

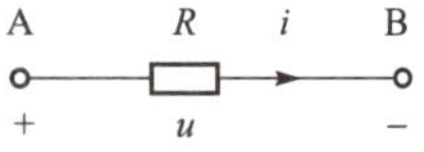

图 1-13 电阻

$$u = Ri \tag{1.12}$$

值得说明的是，式（1.12）是在电压 u 与电流 i 为关联参考方向下成立的。若 u、i 为非关联参考方向，则欧姆定律表示为

$$u = -Ri \tag{1.13}$$

当然，欧姆定律也可以表示为

$$i = Gu \quad （u、i \text{ 为关联参考方向}）\tag{1.14}$$

或

$$i = -Gu \quad （u、i \text{ 为非关联参考方向}）\tag{1.15}$$

式（1.12）~式（1.15）反映了电阻元件本身所具有的规律，也就是电阻元件对其电压、电流的约束关系，即伏安关系（VAR）。

根据电阻值 R 的大小，在电路中有两种特殊工作状态：

① 当 $R=0$ 时，根据欧姆定律 $u=Ri$，无论电流 i 为何有限值，电压 u 都恒等于零，我们把电阻的这种工作状态称为短路。

② 当 $R=\infty$ 时，根据欧姆定律 $i=\dfrac{u}{R}$，无论电压 u 为何有限值，电流 i 都恒等于零，我们把电阻的这种工作状态称为开路。

如果把电阻元件上的电压取作横坐标，电流取作纵坐标，画出电压与电流的关系曲线，则这条曲线称为该电阻元件的伏安特性曲线，如图 1-14 所示。

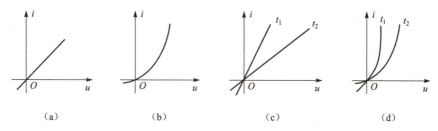

| (a) | (b) | (c) | (d) |

图 1-14　电阻元件的伏安特性曲线

若电阻元件的伏安特性曲线不随时间变化，则该元件为时不变电阻，如图 1-14 中的图 (a) 和图 (b)；否则为时变电阻，如图 1-14 中的图 (c) 和图 (d)。若电阻元件的伏安特性曲线为一条经过原点的直线，则称其为线性电阻，如图 1-14 中的图 (a) 和图 (c)；否则为非线性电阻，如图 1-14 中的图 (b) 和图 (d)。

所以，图 1-14 中，图 (a) 为线性时不变电阻，图 (b) 为非线性时不变电阻，图 (c) 为线性时变电阻，图 (d) 为非线性时变电阻。

因而，广义的电阻元件定义如下，在任一时刻 t，一个二端元件的电压 u 和电流 i 两者之间的关系可由 $u-i$ 平面上的一条曲线确定，则此二端元件称为电阻元件。

严格地说，电阻器、白炽灯、电烙铁、电加热器等实际电路元件的电阻或多或少都是非线性的。但在一定范围内，它们的电阻值基本不变，若当作线性电阻来处理，是可以得到满足实际需要的结果。线性电阻在实际电路中应用最为广泛，本书将主要讨论线性元件及含线性元件的电路，以后如果不加特别说明，本书中的电阻元件皆指线性电阻元件。

为了叙述方便，常将线性电阻元件简称电阻。这样，"电阻"及其相应的符号 R 一方面表示一个电阻元件，另一方面也表示这个元件的参数。

例 1.4　如图 1-15 所示，已知 $R=100\ \text{k}\Omega$，$u=50\ \text{V}$，求电流 i 和 i'，并标出电压 u 及电流 i、i' 的实际方向。

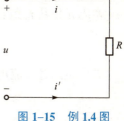

图 1-15　例 1.4 图

解：因为电压 u 和电流 i 为关联参考方向，所以

$$i = \frac{u}{R} = \left(\frac{50}{100 \times 10^3} \right) \text{A} = 0.5 \text{ mA}$$

而电压 u 和电流 i' 为非关联参考方向，所以

$$i' = -\frac{u}{R} = \left(-\frac{50}{100 \times 10^3} \right) \text{A} = -0.5 \text{ mA}$$

或

$$i' = -i = -0.5 \text{ mA}$$

电压 $u>0$，表示其实际方向与参考方向相同；电流 $i>0$，表示其实际方向与参考方向相同；电流 $i'<0$，表示其实际方向与参考方向相反。从图 1-15 中可以看出，电流 i 和 i' 的实际方向相同，这说明电流实际方向是客观存在的，与参考方向的选取无关。

1.3.3 电阻元件上消耗的功率与能量

1. 电阻元件的功率

当电阻元件上电压 u 与电流 i 为关联参考方向时，由欧姆定律 $u=Ri$，得元件吸收的功率为

$$p = ui = Ri^2 = \frac{u^2}{R} = Gu^2 \tag{1.16}$$

若电阻元件上电压 u 与电流 i 为非关联参考方向，这时欧姆定律 $u=-Ri$，元件吸收的功率为

$$p = -ui = Ri^2 = \frac{u^2}{R} = Gu^2 \tag{1.17}$$

由式（1.16）和式（1.17）可知，p 恒大于等于零。这说明：任何时候电阻元件都不可能输出电能，而只能从电路中吸收电能，所以电阻元件是耗能元件。

对于一个实际的电阻元件，其元件参数主要有两个：一个是电阻值，另一个是功率。如果在使用时超过其额定功率（是考虑电阻安全工作的限额值），则元件将被烧毁。

例如一个 1 000 Ω、5 W 的金属膜电阻误接到 220 V 电源上，立即冒烟、烧毁。这时金属膜电阻吸收的功率为

$$p = \left(\frac{220^2}{1\,000} \right) \text{W} = 48.4 \text{ W}$$

但这个金属膜电阻按设计仅能承受 5 W 的功率，所以引起电阻烧毁。

2. 电阻元件消耗的电能

电阻元件从 t_0 到 t 这段时间内接受的电能 W 为

$$W = \int_{t_0}^{t} p\,\mathrm{d}t = \int_{t_0}^{t} Ri^2 \mathrm{d}t$$

若电阻通过直流电流时，上式化为

$$W = P(t - t_0) = I^2 R(t - t_0)$$

例 1.5　有 220 V，100 W 的灯一个，每天用 5 h，一个月（按 30 天计算）消耗的电能是

多少度？

解： $W=Pt=(100 \times 10^{-3} \times 5 \times 30)$ kW·h=15 kW·h=15 度

电压源与电流源

1.4　电压源与电流源

实际电源有电池、发电机、信号源等。电压源和电流源是从实际电源抽象得到的电路模型，它们是有源二端元件。

1.4.1　电压源

电池是人们日常使用的一种电源，它有时可以近似地用一个理想电压源来表示。理想电压源简称电压源，它是这样一种理想二端元件：它的端电压总可以按照给定的规律变化而与通过它的电流无关。

常见的电压源有交流电压源和直流电压源。电压源的图形符号如图 1−16 所示。图 1−16（a）既可表示交流电压源又可表示直流电压源，图 1−16（b）仅表示直流电压源符号。

电压源具有以下两个特点：

① 电压源对外提供的电压总保持定值 U_S 或者是给定的时间函数 $u_s(t)$，不会因所接的外电路不同而改变。

② 通过电压源的电流的大小由外电路决定，随外接电路的不同而不同。

图 1−17 给出了直流电压源的伏安特性，它是一条与横轴平行的直线，表明其端电压与电流的大小无关。

由于实际电源的功率有限，而且存在内阻，因此恒压源是不存在的，它只是理想化模型，只有理论上的意义。

需要说明的是，将端电压不相等的电压源并联，是没有意义的。将端电压不为零的电压源短路，也是没有意义的。

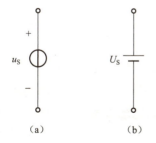

图 1−16　电压源的图形符号

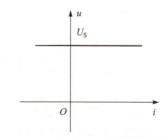

图 1−17　直流电压源的伏安特性

1.4.2　电流源

理想电流源简称为电流源。电流源是这样一种理想二端元件：电流源发出的电流总可以按照给定的规律变化而与其端电压无关。

电流源的图形符号如图 1−18（a）所示，直流伏安特性如图 1−18（b）所示。

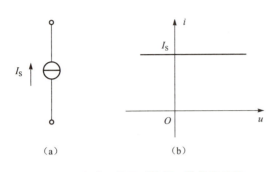

（a）　　　　　　　　（b）

图 1–18　电流源的图形符号及其伏安特性

电流源有以下两个特点：

① 电流源向外电路提供的电流总保持定值 I_S 或者是给定的时间函数 $i_s(t)$，不会因所接的外电路不同而改变。

② 电流源的端电压的大小由外电路决定，随外接电路的不同而不同。

恒流源是理想化模型，现实中并不存在。实际的恒流源一定有内阻，且功率总是有限的，因而产生的电流不可能完全输出给外电路。

需要说明的是，将电流不相等的电流源串联，是没有意义的。将电流不为零的电流源开路，也是没有意义的。

1.4.3　实际电源的两种电路模型

1. 实际电压源

理想电压源是一种理想元件，一般实际电源的端电压会随着电流的变化而变化。例如，当干电池接上负载后，通过电压表来测量电池两端的电压，发现其电压会逐渐降低，这是由于电池内部有电阻的缘故。所以，干电池不是理想的电压源。

一个实际电压源，可以用一个理想电压源 U_S 与内阻 R_S 的串联组合来表示，这个模型称为实际电压源模型，如图 1–19（a）所示。

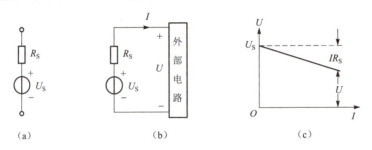

（a）　　　　　　　　（b）　　　　　　　　（c）

图 1–19　实际电源的电压源模型及伏安特性

当实际电压源与外部电路接通后，如图 1–19（b）所示，实际电压源的端电压 U 为

$$U = U_S - IR_S \qquad\qquad (1.18)$$

由式（1.18）可知，R_S 越小，R_S 的分压作用越小，输出电压 U 越大。

实际电压源的伏安特性如图 1–19（c）所示。

含实际电压源的电路有三种工作状态：

① 加载：此时 $U = U_S - IR_S$。

② 开路：此时 $I = 0$。这时实际电压源的端电压 $U = U_S$，称为开路电压 U_{OC}。

③ 短路：此时 $U = 0$。这时实际电压源的电流 $I = U_S/R_S$，称为短路电流 I_{SC}。

2. 实际电流源

理想电流源也是一种理想元件，一般实际电源的输出电流是随着端电压的变化而变化的。例如，实际的光电池即使没有与外电路接通，还是有一部分电流在内部流动。因此，实际电流源可以用一个理想电流源 I_S 和内阻 R'_S 相并联的模型来表示，这个模型称为实际电源的电流源模型，如图 1-20（a）所示。

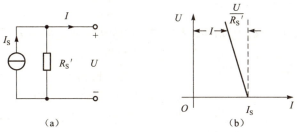

图 1-20　实际电源的电流源模型及伏安特性

当实际电流源与外部电路相连时，实际电流源的输出电流 I 为

$$I = I_S - \frac{U}{R'_S} \tag{1.19}$$

由式（1.19）可知，R'_S 越大，R'_S 的分流作用越小，输出电流 I 越大。

实际电流源的伏安特性如图 1-20（b）所示。

含实际电流源的电路有三种工作状态：

① 加载：此时 $I = I_S - \dfrac{U}{R'_S}$。

② 短路：此时 $U=0$。这时实际电流源的端电流 $I=I_S$，称为短路电流 I_{SC}。

③ 开路：此时 $I=0$。这时实际电流源的端电压 $U=I_S R'_S$，称为开路电压 U_{OC}。

例 1.6　计算图 1-21 所示电路中电流源的端电压 U_1，5 Ω电阻两端的电压 U_2 和电压源、电流源、电阻的功率 P_1，P_2，P_3。

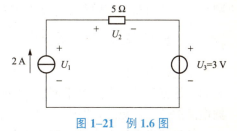

图 1-21　例 1.6 图

解：电阻上的电流、电压选择为关联参考方向，所以

$$U_2=(5 \times 2)\ \text{V}=10\ \text{V}$$

$$U_1=U_2+U_3=(10+3)\ \text{V}=13\ \text{V}$$

电压源的电压、电流为关联参考方向，所以

$$P_1=(2 \times 3)\ \text{W}=6\ \text{W}（吸收）$$

电流源的电压、电流为非关联参考方向，所以

$$P_2=(-13 \times 2)\ \text{W}=-26\ \text{W}（输出）$$

电阻的电流、电压选择为关联参考方向，所以

$$P_3=(10 \times 2)\ \text{W}=20\ \text{W}（吸收）$$

1.5　基尔霍夫定律

前面介绍了电阻、电压源、电流源等基本元件所具有的规律，也就是元件对其电压和电流的约束关系；而电路作为由元件互联所形成的整体，也有其应服从的约束关系，这就是基

尔霍夫定律（Kirchhoff's Laws）。

1.5.1 几个相关的电路名词

基尔霍夫定律是集中参数电路的基本定律，它包括电流定律和电压定律。为了便于讨论，先介绍几个名词。

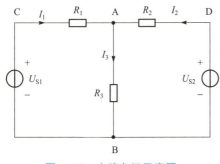

图 1-22 电路名词示意图

（1）支路（branch）。

电路中每一段不分支的电路，称为支路，支路数用字母"b"表示。一个或几个二端元件首尾相连中间没有分岔，使各元件上通过的电流相等，就是一条支路。如图 1-22 所示，AB、ACB、ADB 都是支路，即 b=3。其中支路 ACB、和 ADB 中含有电源，称为有源支路；AB 支路中没有电源，称为无源支路。

（2）节点（node）。

电路中三条或三条以上支路的连接点称为节点，节点数用字母"n"表示。例如，图 1-22 中的 A、B 都是节点，而 C、D 不是节点，即 n=2。

（3）回路（loop）。

电路中任一闭合路径称为回路。例如，图 1-22 中 ABCA、ABDA、ADBCA 等都是回路。

（4）网孔（mesh）。

回路内部不包含其他支路的回路称为网孔，网孔数用字母"m"表示。例如，图 1-22 中回路 ABCA、ABDA 都是网孔，即 m=2。而回路 ADBCA 不是网孔。可见，网孔一定是回路，但回路不一定是网孔。

1.5.2 基尔霍夫电流定律

在电路中，任一时刻流入一个节点的电流之和等于从该节点流出的电流之和，这就是基尔霍夫电流定律（Kirchhoff's Current Law，KCL）。它是根据电流的连续性原理，即电路中任一节点，在任一时刻均不能堆积电荷的原理推导来的。

基尔霍夫电流定律可用数学式表示为

$$\sum I_\mathrm{i} = \sum I_\mathrm{o} \qquad (1.20)$$

式（1.20）中，I_i 为流入节点的电流，I_o 为流出节点的电流。

例如，如图 1-23 所示的电路中，各支路电流的参考方向已选定并标于图上，对节点 a，KCL 可表示为

$$I_2 + I_3 = I_1 + I_4$$

上式也可以改写为

$$-I_1 + I_2 + I_3 - I_4 = 0$$

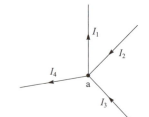

图 1-23 基尔霍夫电流定律的说明

若规定流入节点的电流为正，流出为负，则有一般形式：

$$\sum I = 0 \qquad (1.21)$$

对于交变电流，则有

$$\sum i = 0 \qquad (1.22)$$

基尔霍夫电流定律

这是基尔霍夫定律的另一种表述，即在任何时刻，对于电路中任一节点，流入节点电流的代数和等于零。

如图 1-23 所示电路中，在给定的电流参考方向下，已知 $I_1=1$ A，$I_2=-2$ A，$I_3=4$ A，试求出 I_4。

根据基尔霍夫电流定律（KCL），写出方程

$$-I_1+I_2+I_3-I_4=0$$

代入已知数据

$$-1+(-2)+4-I_4=0$$

得

$$I_4=1 \text{ A}$$

I_4 为正值，说明其实际方向与参考方向相同，I_4 是流出节点的电流。

此例说明：应用基尔霍夫电流定律（KCL）时，应按照电流的参考方向来列方程式。至于电流本身的正负值是由于采用了参考方向的缘故。

KCL 虽然是应用于节点的，但推广应用到电路中任一假设的闭合面时仍是正确的。如图 1-24 所示电路，用点划线框对三角形电路作一闭合面，根据图上各电流的参考方向，列出 KCL 方程，则有

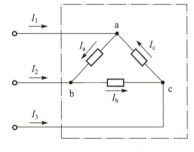

图 1-24　KCL 的应用

$$I_1+I_2+I_3=0$$

对电路中 a、b 和 c 三个节点列出 KCL 方程，得

$$I_1-I_a+I_c=0$$
$$I_2+I_a-I_b=0$$
$$I_3+I_b-I_c=0$$

将上述三式相加得

$$I_1+I_2+I_3=0$$

KCL 是对汇集于一个节点的各支路电流的一种约束。

1.5.3　基尔霍夫电压定律

在任一时刻，在电路中沿任一回路绕行一周，回路中所有电压降的代数和等于零，这就是基尔霍夫电压定律（Kirchhoff's Voltage Law，KVL）。它是根据能量守恒定律推导来的，也就是说，当单位正电荷沿任一闭合路径移动一周时，其能量不改变。

基尔霍夫电压定律

基尔霍夫电压定律的数学表达式为

$$\sum U = 0 \qquad\qquad (1.23)$$

对于交变电压，则有

$$\sum u = 0 \qquad\qquad (1.24)$$

应用 KVL 时，需要先任意假定一个回路绕行方向，凡电压的参考方向与绕行方向一致时，该电压前面取"+"号；凡电压的参考方向与绕行方向相反时，则取"－"号。

图 1-25 给出某电路中的一个回路，其电流、电压的参考方向及回路绕行方向在图上已

标出。根据 KVL 可列出下列方程：

$$U_{ab}+U_{bc}+U_{cd}+U_{de}-U_{fe}-U_{af}=0$$

另一方面，还可以写成

$$U_{ab}+U_{bc}+U_{cd}+U_{de}=U_{fe}+U_{af}$$

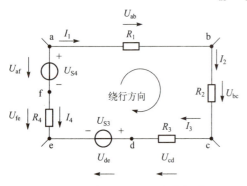

图 1-25　基尔霍夫电压定律的说明

上式表明，电路中两点间的电压值是确定的。例如，从 a 点到 e 点的电压，无论沿路径 abcde 或沿路径 afe，两节点间的电压值是相同的（$U_{ab}+U_{bc}+U_{cd}+U_{de}=U_{fe}+U_{af}$），也就是说两点间电压与路径的选择无关。

如果把各元件的电压和电流约束关系代入，对于图 1-25 所示电路，可以写出 KVL 的另一种表达式。

图 1-25 中，$U_{ab}=I_1R_1$，$U_{bc}=I_2R_2$，$U_{cd}=I_3R_3$，$U_{de}=U_{S3}$，$U_{fe}=I_4R_4$，$U_{af}=U_{S4}$，代入式（1.24）并整理可得

$$I_1R_1+I_2R_2+I_3R_3-I_4R_4=U_{S4}-U_{S3} \tag{1.25}$$

式（1.25）实际上是电阻元件上电压和电流的约束关系与基尔霍夫电压定律结合在一起的表现。

基尔霍夫电压定律不仅可以用在任一闭合回路，还可推广到任一不闭合的电路上，但要将开口处的电压列入方程。如图 1-26 所示电路，在 a、b 点处没有闭合，沿绕行方向一周，根据 KVL，则有

$$I_1R_1+U_{S1}-U_{S2}+I_2R_2-U_{ab}=0$$

或

$$U_{ab}=I_1R_1+U_{S1}-U_{S2}+I_2R_2$$

由此可得到任何一段有源支路的电压和电流的表达式。一个不闭合电路开口处从 a 到 b 的电压降 U_{ab} 应等于由 a 到 b 路径上全部电压降的代数和。

例 1.7　一段有源支路 ab 如图 1-27 所示，已知 $U_{ab}=5\,V$，$U_{S1}=6\,V$，$U_{S2}=14\,V$，$R_1=2\,\Omega$，$R_2=3\,\Omega$，设电流参考方向如图所示，求 $I=?$

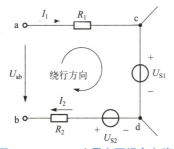

图 1-26　KVL 应用在不闭合电路

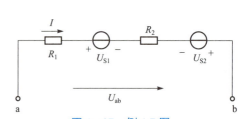

图 1-27　例 1.7 图

解： 这一段有源支路可看成是一个不闭合回路，开口 a、b 处可看成是一个电压大小为 U_{ab} 的电压源，那么根据 KVL，选择顺时针绕行方向，可得

$$IR_1+U_{S1}+IR_2-U_{S2}-U_{ab}=0$$

或 U_{ab} 应等于由 a 到 b 路径上全部电压降的代数和，得

$$U_{ab} = IR_1 + U_{S1} + IR_2 - U_{S2}$$

$$I = \frac{U_{ab} + U_{S2} - U_{S1}}{R_1 + R_2} = \left(\frac{5 + 14 - 6}{2 + 3}\right) \text{A} = 2.6 \text{ A}$$

1.5.4　基尔霍夫定律的应用举例

例 1.8　如图 1-28 所示的电路中，已知 R_1=10 kΩ, R_2= 20 kΩ, U_{S1}=6 V, U_{S2}=6 V, U_{AB}=−0.3 V。试求电流 I_1、I_2 和 I_3。

解： 对回路Ⅰ应用基尔霍夫电压定律得

$$U_{AB} + U_{S1} - R_1 I_1 = 0$$

即　　　　　　　　　　　$-0.3 + 6 - 10I_1 = 0$

故　　　　　　　　　　　$I_1 = 0.57 \text{ mA}$

对回路Ⅱ应用基尔霍夫电压定律得

$$U_{AB} - U_{S2} + I_2 R_2 = 0$$

即

$$-0.3 - 6 + 20I_2 = 0$$

故

$$I_2 = 0.315 \text{ mA}$$

对节点 1 应用基尔霍夫电流定律得

$$-I_1 + I_2 - I_3 = 0$$

即

$$-0.57 + 0.315 - I_3 = 0$$

故

$$I_3 = -0.255 \text{ mA}$$

例 1.9　如图 1-29 所示电路，U_{S1}=10 V, U_{S2}=26 V, R_1=6 Ω, R_2=2 Ω, R_3=4 Ω，求各支路电流。

解： 假定各支路电流方向及回路绕行方向如图 1-29 所示。

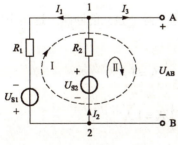

图 1-28　例 1.8 图

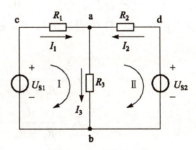

图 1-29　例 1.9 图

根据基尔霍夫电流定律（KCL），列出

节点 a　　　　　　　　　　　$I_1 + I_2 - I_3 = 0$

节点 b　　　　　　　　　　　$I_3 - I_1 - I_2 = 0$

很显然，上面两个式子是相同的，所以，对于有两个节点的电路，只能列出一个独立的

KCL 电流方程。

同理，对于具有 n 个节点的电路，只能列出 $n-1$ 个独立的 KCL 电流方程。

根据基尔霍夫电压定律（KVL），列出

网孔 I $\qquad\qquad I_1R_1 + I_3R_3 - U_{S1} = 0$

网孔 II $\qquad\qquad -I_2R_2 + U_{S2} - I_3R_3 = 0$

回路 cadbc $\qquad\qquad I_1R_1 - I_2R_2 + U_{S2} - U_{S1} = 0$

上面三个方程中的任何一个方程都可以通过其他两个方程推出，因此，只有两个 KVL 电压方程是独立的。通常选用网孔的 KVL 电压方程。

可以证明，对于有 b 条支路，n 个节点的电路，应用基尔霍夫电压定律（KVL），只能列出 $[b-(n-1)]$ 个独立的网孔电压方程。

联立方程组：
$$I_1 + I_2 - I_3 = 0$$
$$I_1R_1 + I_3R_3 - U_{S1} = 0$$
$$-I_2R_2 + U_{S2} - I_3R_3 = 0$$

代入数据，解得
$$I_1 = -1\text{ A}, \quad I_2 = 5\text{ A}, \quad I_3 = 4\text{ A}$$

这里解得 I_1 为负值，说明 I_1 的实际方向与参考方向相反，同时说明 U_{S1} 此时相当于负载。

例 1.10 图 1-30 所示的电路中，已知 $U_{S1}=23$ V，$U_{S2}=6$ V，$R_1=10\ \Omega$，$R_2=8\ \Omega$，$R_3=5\ \Omega$，$R_4=R_6=1\ \Omega$，$R_5=4\ \Omega$，$R_7=20\ \Omega$，试求电流 I_{AB} 及电压 U_{CD}。

解： 电路中各支路电流的参考方向及回路的绕行方向如图 1-30 所示，各支路电压与电流采取关联参考方向。

图中点画线框所示部分可看成广义节点，由于 C、D 两点之间断开，流出此闭合面的电流为零，故流入此闭合面的电流 $I_{AB}=0$。

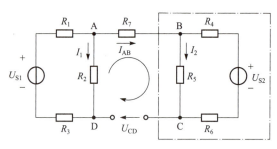

图 1-30　例 1.10 图

由于 $I_{AB}=0$，C、D 两点之间断开，故整个电路相当于两个独立的回路，这两个回路中的电流分别为

$$I_1 = \frac{U_{S1}}{R_1 + R_2 + R_3} = \left(\frac{23}{10+8+5}\right)\text{ A} = 1\text{ A}$$

$$I_2 = \frac{U_{S2}}{R_4 + R_5 + R_6} = \left(\frac{6}{1+4+1}\right)\text{ A} = 1\text{ A}$$

在回路 $ABCD$ 中应用基尔霍夫电压定律，假定回路的绕行方向如图 1-30 所示，可列出方程

$$R_7 I_{AB} + R_5 I_2 + U_{CD} - R_2 I_1 = 0$$

由于 $I_{AB}=0$，上式代入数据可得

$$U_{CD} = R_2 I_1 - R_5 I_2 = (8\times1 - 4\times1)\text{ V} = 4\text{ V}$$

1.6　电路中各点电位的分析

电位的概念及各点
电位的分析

1.6.1　电位的概念

在电路分析中，经常用到电位（potential）这一物理量。我们定义：电场力把单位正电荷从电路中某点移到参考点所做的功称为该点的电位，用大写字母 V 表示。

在电路中，要求得某点的电位值，必须在电路中选择一点作为参考点，这个参考点叫零电位点。零电位点可以任意选择。电路中某点的电位就是该点与参考点之间的电压。

在电工技术中，为了工作安全，通常把电路的某一点与大地连接，称为接地。这时，电路的接地点就是电位等于零的参考点。它是分析线路中其余各点电位高低的比较标准，用符号"⊥"表示。

1.6.2　电路中各点电位的分析

电路中某点的电位，就是从该点出发，沿任选的一条路径"走"到参考点的电压。因此，计算电位的方法，与计算两点间电压的方法完全一样。

计算电位的方法和步骤如下：

① 选择一个参考点，假设参考点为 O。

② 求 A 点的电位时，选定一条从 A 点到参考点 O 的路径，标出各电压的参考方向。

③ 从 A 点出发沿此路径"走"到参考点 O，不论经过的是电源，还是负载，只要是从正极到负极，就取该电压为正，反之就取负值，然后，求各电压的代数和。

例 1.11　如图 1-31 所示的电路，设节点 b 为参考点，求电位 V_a、V_c、V_d。

解：在节点 a 上应用 KCL 得

$$I=4+6=10（A）$$

$$V_a=U_{ab}=6I=6×10=60（V）$$

$$V_c=U_{ca}+V_a=20×4+60=140（V）$$

$$V_d=U_{da}+V_a=5×6+60=90（V）$$

例 1.12　如图 1-32 所示电路中，若 $R_1=5\ \Omega$，$R_2=10\ \Omega$，$R_3=15\ \Omega$，$U_{S1}=180\ V$，$U_{S2}=80\ V$，若以点 B 为参考点，试求 A、B、C、D 四点的电位 V_A、V_B、V_C、V_D，同时求出 C、D 两点之间的电压 U_{CD}，若改用点 D 作为参考点，再求 V_A、V_B、V_C、V_D 和 U_{CD}。

解：① 设各支路电流如图 1-32 所示，根据基尔霍夫定律列方程：

节点 A　　　　　　　　　　　$I_1+I_2-I_3=0$

回路 CABC　　　　　　　　　$I_1R_1+I_3R_3-U_{S1}=0$

回路 DABD　　　　　　　　　$I_2R_2+I_3R_3-U_{S2}=0$

解方程组得：　　　　　　　　$I_1=12\ A$，　$I_2=-4\ A$，　$I_3=8\ A$

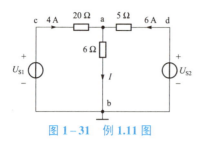

图 1-31　例 1.11 图

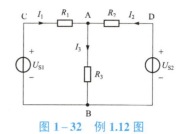

图 1-32　例 1.12 图

② 若以点 B 为参考点，则 $V_B=0$，且

$$V_A=I_3R_3=8×15 = 120 \text{ V}$$
$$V_C= U_{S1}=180 \text{ V}$$
$$V_D= U_{S2}=80 \text{ V}$$
$$U_{CD}=V_C - V_D=180-80=100 \text{ V}$$

③ 若以点 D 为参考点，则 $V_D=0$，且

$$V_A=-I_2R_2=- (-4) ×10=40 \text{ V}$$
$$V_B=-U_{S2} =-80 \text{ V}$$
$$V_C=I_1R_1-I_2R_2=12×5- (-4) ×10=100 \text{ V}$$
$$U_{CD}=V_C - V_D=100-0=100 \text{ V}$$

由例 1.12 可以看出：参考点选取不同，电路中各点的电位也不同，但任意两点间的电压不变。

1.6.3　等电位点

所谓等电位点是指电路中电位相同的点。例如，图 1-33 中 a、b 两点的电位分别是

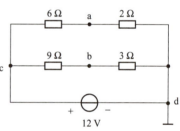

图 1-33　等电位点

$$V_a = \frac{12}{6+2}×2=3 \text{ V}, \quad V_b = \frac{12}{9+3}×3=3 \text{ V}$$

a、b 两点的电位相等，它们是等电位点。等电位点具有以下特点：虽然各点之间没有直接相连，但电压等于零。若用导线或电阻元件将等电位点连接起来，因其中没有电流通过，因而不影响电路原有工作状态。

1.6.4　电子电路的习惯画法

电位概念的引入，给电路分析带来了方便，因此，在电子线路中往往不再画出电源，而改用电位标出。如图 1-34 所示是电路的一般画法与电子线路的习惯画法示例。

电子电路的习惯画法

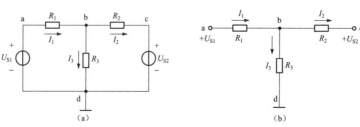

图 1-34　电路的一般画法与电子线路的习惯画法

如图 1−34 所示电路，首先确定 d 点为参考点，即 d 点的电位为零，$V_d=0$，然后计算电路中各点的电位。

$$V_a=U_{ad}=U_{S1}　或　V_a=U_{ab}+U_{bd}=I_1R_1+I_3R_3$$

$$V_b=U_{bd}=I_3R_3　或　V_b=U_{ba}+U_{ad}=-I_1R_1+U_{S1}$$

$$V_c=U_{cd}=U_{S2}$$

例 1.13　如图 1−35 所示电路，求 S 断开和闭合时两种情况下 a 点的电位 V_a。

解：① 当 S 断开时，电路为单一支路，三个电阻上流过同一电流 I，因此可得下式：

$$\frac{-12-V_a}{(6+4)\times10^3}=\frac{V_a-12}{20\times10^3}$$

经计算 $V_a=-4\ V$。

② 当 S 闭合时，则 $V_b=0$，4 kΩ 和 20 kΩ 电阻上流过同一电流。因此

$$\frac{V_b-V_a}{4\times10^3}=\frac{V_a-12}{20\times10^3}$$

得 $V_a=2\ V$

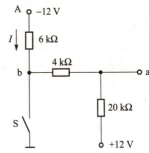

图 1−35　例 1.13 图

 知识拓展

在实际应用中常会遇到许多电子器件是非线性元件，如：半导体二极管、三极管。分析含有非线性元件的电路的基本依据仍然是 KCL、KVL 和元件的伏安特性，分析计算方法有解析法和图解法两类。

先导案例解决

手电筒由电源（干电池）、负载（灯泡）、开关和控制设备（开关和连接导线）组成，满足构成电路的要素。干电池在其正负极间能保持一定的电压，向电路提供电能。当开关闭合后，开关及连接导线使电流构成通路，灯泡实际上是一个电阻器，由电阻丝制成，电流通过时能发热到白炽状态而发光。

任务训练

基尔霍夫定律仿真实验

1. 实验目的

（1）熟悉 Multisim10 的操作环境，初步掌握用 Multisim10 仿真软件建立电路的方法。

（2）学习 Multisim10 中数字万用表、电压表、电流表的设置及使用方法。

（3）验证基尔霍夫定律的正确性，加深理解基尔霍夫定律的应用。

2. 实验内容及步骤

（1）进入 Windows 环境并建立用户文件夹。例如 D: \仿真实验。

（2）双击 Multisim 10 图标，启动 Multisim 10。

（3）在 Multisim 10 窗口界面的电路工作区创建如图 1-36 所示电路。

① 安放元器件（或仪器）：单击打开相应元器件库（或仪器库），将所需元器件（或仪器）拖曳到电路窗口中相应位置。选中元器件，右击或者选择 Edit 菜单中的水平翻转、垂直翻转、90°旋转等按钮使元器件符合电路的安放要求。

注意：电压表（VOLTMETER）和电流表（AMMETER）在窗口左侧元器件栏的指示器件库（Indicators）中，且万用表、电压表及电流表可以 n 台同时测量。

② 给元器件标识、赋值：双击相应元器件图标，打开其属性对话框，进行元器件标签、编号、数值等参数的设置。

③ 设置数字万用表、电压表及电流表参数：双击数字万用表图标打开面板，见附录中附图 1 所示，单击"V"和"—"（直流）按钮，则万用表所显示的是直流电压值；双击电压表图标，在其"Value"的默认设置中，"Mode"为"DC"（即测量直流），"Resistance"为"10 MΩ"，正好符合直流电压测量要求；同样双击电流表图标，在其"Value"的默认设置中，"Mode"为"DC"（即测量直流），"Resistance"为"1 nΩ"，符合直流电流测量要求。

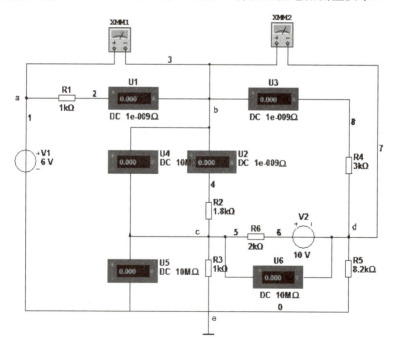

图 1-36　基尔霍夫定律仿真实验电路

④ 连接电路。

⑤ 启动 Place 菜单中的 Place Junction 命令，可以在导线上放置连接点；再启动 Place 菜单中的 Place Text 命令，在需添加端点的位置上单击鼠标，输入文字 a、b、c、d、e。

⑥ 仔细检查，确保输入的电路图无误、可靠。

⑦ 保存（注意路径和文件名，并及时保存）。

（4）启动窗口右上角的仿真电源开关，按表 1-3 测出各点间的电压及对应支路电流，将测量结果填入表 1-3 内。

表 1-3　测量值记录

U/V 或 I/mA	U_{ab}	U_{bc}	U_{bd}	U_{cd}	U_{ce}	U_{de}	I_{ab}	I_{bc}	I_{bd}
测量值									

（5）根据测量数据验证每个回路电路是否满足 KVL，节点 b 是否满足 KCL。

3. 实验报告要求

（1）实验的名称、时间、目的、电路和内容。

（2）整理测量记录，分析测量结果，并与理论值进行比较。

4. 常见问题及对策

若仿真结果不正常，可能由下列问题引起：

（1）电路连接不正确或未真正连通。注意元器件之间不可太靠近，否则可能会导致连接不正常。

（2）没有接地或"地"没有真正接通。

（3）元器件参数设置不当。

（4）测量仪器设置、使用不当。

本章小结
BENZHANGXIAOJIE

1. 分析电路的一般方法

理想电路元件是指实际元件的理想化模型，由理想元件构成的电路称为电路模型。在电路分析中，都是用电路模型来代替实际电路进行分析与研究的。

2. 电流、电压和电功率

电路中的主要物理量是指电流、电压和电功率。

① 在计算电流时，首先要设定电流的参考方向，一般用实线箭头表示。如果计算结果 I 为正值，表示实际方向与参考方向相同，若为负值表示相反。

② 电压的参考方向一般用"+""-"极性表示，如果计算结果 U 为正值，表示实际方向与参考方向相同，若为负值表示相反。

③ 在 U 与 I 为关联参考方向时，电功率 $P=UI$，并且 $P>0$ 表示元件吸收（或消耗）功率，$P<0$ 表示元件输出（或提供）功率。

3. 元件的约束关系

① 电阻 R 是反映元件对电流阻碍作用的一个参数，线性电阻在电压 u 与电流 i 为关联参考方向时有 $u=Ri$，即欧姆定律。

电阻的功率 $p=ui=Ri^2=Gu^2$。

② 直流理想电压源是一个二端元件，它的端电压是一固定值，用 US 表示，通过它的电

流由外电路决定。

③ 直流理想电流源是一个二端元件，它向外电路提供一恒定电流，用 I_S 表示，它的端电压由外电路决定。

实际电压源模型用一理想电压源与一电阻串联的组合模型表示，实际电压源不允许短路；实际电流源模型用一理想电流源与一电阻并联的组合模型表示，实际电流源不允许开路。

4. 电路互联的约束关系

基尔霍夫定律是分析电路的最基本定律，它贯穿整个电路。

① KCL 是对电路中任一节点而言的，运用 KCL 方程 $\sum I=0$ 时，应事先选定各支路电流的参考方向，规定流入节点的电流为正（或为负），流出节点的电流为负（或为正）。

② KVL 是对电路中任一回路来讲的，运用 KVL 方程 $\sum U=0$ 时，应事先选定各元件上电压参考方向及回路绕行方向，规定当电压方向与绕行方向一致时取正号，否则取负号。

③ 基尔霍夫定律的应用。基尔霍夫定律的应用，是分析、计算复杂电路的一种最基本方法。

5. 电路中电位的分析

电路中各点电位的分析是欧姆定律、KCL、KVL 的一种应用。在电子线路中经常用到，是一种十分有用的分析方法。电路中某点的电位是指该点到电路中参考点之间的电压，所以，电位是相对概念。参考点选择不同，电路中各点的电位值也随之而变。计算某点的电位，实际上是计算该点到参考点的电压。

习　　题

1.1　如图 1–37 所示，请用虚线箭头表示电流的实际方向，同时确定 i 是大于零还是小于零。

1.2　如图 1–38 所示，当 $U=-100\ \mathrm{V}$ 时，试写出 U_{AB} 和 U_{BA} 各为多少伏。

1.3　如图 1–39 所示，已知元件的吸收功率 $P=30\ \mathrm{W}$，求元件的端电压 U。若元件的发出功率 $P=30\ \mathrm{W}$，元件的端电压 U 又是多少？

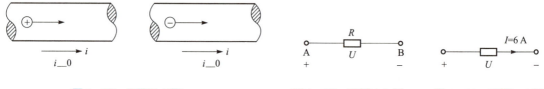

图 1–37　习题 1.1 图　　　　　图 1–38　习题 1.2 图　　　图 1–39　习题 1.3 图

1.4　如图 1–40 所示，所标的是各元件电压、电流的参考方向。求各元件功率，并判断它是耗能元件还是电源。

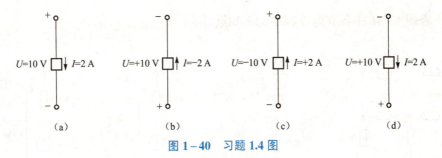

图 1-40 习题 1.4 图

1.5 求图 1-41 中电压 U_{ab}，并指出电流和电压的实际方向。已知电阻 $R=5\ \Omega$。

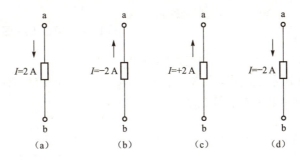

图 1-41 习题 1.5 图

1.6 求图 1-42 电路中的未知电流。

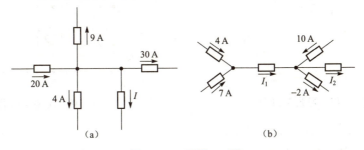

图 1-42 习题 1.6 图

1.7 图 1-43 中，已知 $I_1=10$ mA，$I_2=-15$ mA，$I_5=20$ mA，求电路中其他电流的值。

1.8 在图 1-44 中，已知 $I_1=-2$ mA，$I_2=1$ mA。试确定电路元件 3 中的电流 I_3 及其两端电压 U_3，并说明它是电源还是负载。

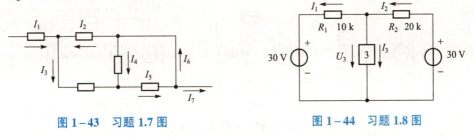

图 1-43 习题 1.7 图 图 1-44 习题 1.8 图

1.9 图 1-45 所示电路中，根据 KCL 列出方程，有几个方程是独立的？根据 KVL 列出所有的网孔方程。

1.10 求图1–46中各有源支路中的未知量。

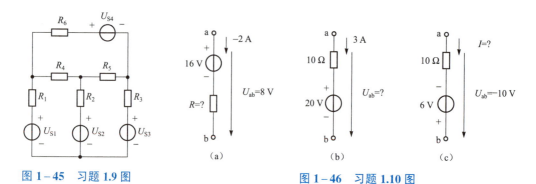

图1–45 习题1.9图

图1–46 习题1.10图

1.11 电路如图1–47所示，求解电路中的U_{ab}和U_{cd}。

1.12 如图1–48所示电路中，已知$I_{S1}=2$ A，$I_{S2}=3$ A，$R_1=1$ Ω，$R_2=2$ Ω，$R_3=2$ Ω，求I_3、U_{ab}和两理想电流源的端电压U_{cb}和U_{db}。

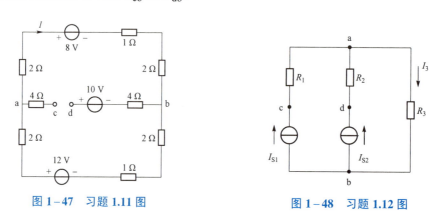

图1–47 习题1.11图

图1–48 习题1.12图

1.13 电路如图1–49所示，试求：

① 图（a）中的电压U和电流I；

② 串入一个电阻10 kΩ（图（b）），重求电压U和电流I；

③ 再并联一个2 mA的电流源（图（c）），重求电压U和电流I。

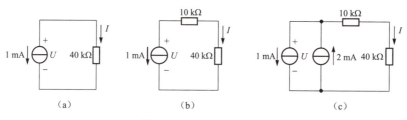

图1–49 习题1.13图

1.14 求图1–50所示电路中的电压U和电流I。

1.15 求题图1–51电路中的电压U_{ab}和U_{bc}。

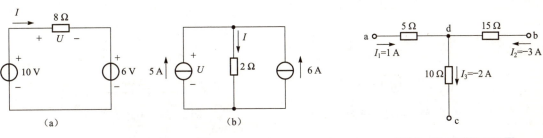

图 1－50　习题 1.14 图

图 1－51　习题 1.15 图

1.16　电路如图 1－52 所示，求解电路中 A 和 B 两点的电位。

1.17　试求图 1－53 所示电路中 a 和 b 两点的电位。如将 a、b 两点直接连接或接一电阻，对电路工作有无影响？

1.18　图 1－54 中，设发光二极管正常工作时电流为 5～15 mA，电压降为 2 V。

① 求图中电阻 R 的取值范围；

② 若以图中 0 点为电位 0 点，求 A、B 两点的电位；

③ 若断开 VD_1，再求 A、B 两点的电位；

④ 若 VD_1 连上，断开 VD_2，再求 A、B 两点的电位。

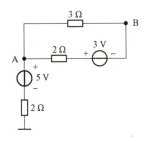

图 1－52　习题 1.16 图

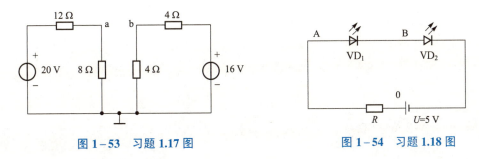

图 1－53　习题 1.17 图

图 1－54　习题 1.18 图

1.19　如图 1－55 所示，已知 U_{AB}=10 V，U_{CB}=20 V，U_{AD}=15 V，以 A 为参考点，试求 A、B、C、D 四点电位 V_A、V_B、V_C、V_D。若以 C 为参考点，上述各点电位又是多少？

1.20　求图 1－56 中 A 点对地的电位。

27

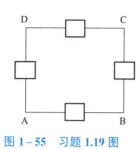

图 1－55　习题 1.19 图

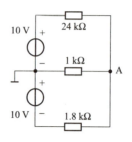

图 1－56　习题 1.20 图

1.21　已知题图 1－57 中三极管的基极电流 I_b=0.20 mA，集电极电流 I_c=10 mA，求图中 c、e 两极对地的电位。

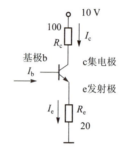

图 1－57　习题 1.21 图

第2章

直流电阻电路的分析

本章知识点

1. 掌握线性电阻电路等效变换的分析方法
2. 掌握线性电阻电路网络方程分析法
3. 掌握线性电阻电路网络定理的分析方法
4. 了解受控源的特性

先导案例

　　万用表是电子测量中最常用的工具，常见的万用表有指针式万用表和数字式万用表。指针式万用表是以表头为核心部件的多功能测量仪表，测量值由表头指针指示读取。指针式万用表如图2-1所示，指针式万用表内部结构如图2-2所示。通过选择不同的量程可以测量不同范围内的直流电压、直流电流值，那么量程的改变主要是通过怎样的电路实现的呢？

图2-1　指针式万用表

图2-2　指针式万用表内部结构

　　由线性电阻元件和电源元件组成的电路称为线性直流电路，对于不同结构的线性直流电路选择合适的分析法能给电路的分析计算带来方便。本章主要讨论直流电源作用下的线性电阻电路的基本分析方法，但当电源是交流时，这些方法同样适用。内容分为三部分：等效变换，线性电路的一般分析方法，线性电路的重要定理。

29

2.1 电路的等效

电路等效的一般概念

2.1.1 电路等效的一般概念

在电路分析中，可以把由多个元器件组成的电路作为一个整体看待。若这个整体只有两个端钮与外电路相连，则称为二端网络（two terminal network）或单端口网络。二端网络的一

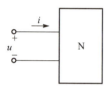

图 2-3　二端网络

般符号如图 2-3 所示。二端网络的端钮电流称为端口电流，两个端钮之间的电压称为端口电压。图 2-3 中标出的端口电流 i 和端口电压 u 为关联参考方向。

一个二端网络的特性由网络端口电压 u 与端口电流 i 的关系（即伏安关系）来表征。若两个二端网络内部结构完全不同，但端钮具有相同的伏安关系，则称这两个二端网络对同一负载（或外电路）而言是等效的，即互为等效网络（equivalent network）。相互等效的电路对外电路的影响是完全相同的，也就是说"等效"是指"对外等效"。

利用电路的等效变换分析电路，可以把结构较复杂的电路用一个较为简单的等效电路代替，简化电路分析和计算，它是电路分析中常用的分析方法。但要注意的是，若要求被代替的复杂电路中的电压和电流时，必须回到原电路中去计算。

电阻的串联、并联与混联

2.1.2 电阻的串联、并联与混联

1. 电阻的串联

两个或两个以上电阻首尾相连，中间没有分支，各电阻流过同一电流的连接方式，称为电阻的串联（series connection）。图 2-4（a）为三个电阻串联电路，a、b 两端外加电压 U，各电阻流过电流 I，参考方向如图所示。

由图 2-4（a）所示，根据 KVL 和欧姆定律，可得

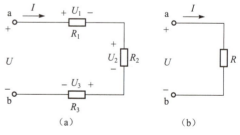

图 2-4　电阻的串联

$$U = U_1 + U_2 + U_3 = IR_1 + IR_2 + IR_3 = I(R_1 + R_2 + R_3) \tag{2.1}$$

由图 2-4（b）所示，根据欧姆定律，可得

$$U = IR \tag{2.2}$$

两个电路等效的条件是具有完全相同的伏安特性，即式（2.1）与式（2.2）完全一致，由此可得

$$R = R_1 + R_2 + R_3 \tag{2.3}$$

式（2.3）中 R 称为串联等效电阻，式（2.3）表明串联电阻的等效电阻等于各电阻之和。

推广到一般情况：n 个电阻串联等效电阻等于各个电阻之和。即

$$R = \sum_{k=1}^{n} R_k \tag{2.4}$$

电阻串联时电流相等，各电阻上的电压为

$$\left.\begin{array}{l} U_1 = IR_1 = \dfrac{U}{R} R_1 = \dfrac{R_1}{R} U \\[2mm] U_2 = IR_2 = \dfrac{U}{R} R_2 = \dfrac{R_2}{R} U \\[2mm] U_3 = IR_3 = \dfrac{U}{R} R_3 = \dfrac{R_3}{R} U \end{array}\right\} \tag{2.5}$$

写成一般形式

$$U_k = \dfrac{R_k}{R} U \tag{2.6}$$

式（2.6）为串联电阻的分压公式。

由此可见，电阻串联时，各个电阻上的电压与电阻值成正比，即电阻值越大，分得的电压越大。同理，电阻串联时每个电阻的功率也与电阻值成正比。

2. 电阻的并联

两个或两个以上电阻的首尾两端分别连接在两个节点上，每个电阻两端的电压都相同的连接方式，称为电阻的并联（parallel connection）。图 2-5（a）为三个电阻并联电路，a、b 两端外加电压 U，总电流为 I，各支路电流分别为 I_1、I_2 和 I_3，参考方向如图中所示。

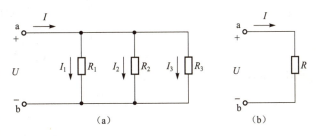

图 2-5　电阻的并联

对图 2-5（a），根据 KCL 和欧姆定律，可得

$$I = I_1 + I_2 + I_3 = \dfrac{U}{R_1} + \dfrac{U}{R_2} + \dfrac{U}{R_3} = \left(\dfrac{1}{R_1} + \dfrac{1}{R_2} + \dfrac{1}{R_3} \right) U \tag{2.7}$$

对图 2-5（b），根据欧姆定律，有

$$I = \dfrac{U}{R} \tag{2.8}$$

两个电路等效的条件是具有完全相同的伏安特性，即式（2.7）与式（2.8）完全一致，由此可得

$$\dfrac{1}{R} = \dfrac{1}{R_1} + \dfrac{1}{R_2} + \dfrac{1}{R_3} \tag{2.9}$$

或

$$G = G_1 + G_2 + G_3 \tag{2.10}$$

式（2.9）中 R 称为并联等效电阻；式（2.10）中 G_1、G_2、G_3 为各电阻的电导，G 称为并联等效电导。

推广到一般情况：n 个电阻并联，其等效电阻的倒数等于各个电阻的倒数之和。即 n 个电阻并联的等效电导等于各个电导之和。即

$$\dfrac{1}{R} = \sum_{k=1}^{n} \dfrac{1}{R_k} \quad 或 \quad G = \sum_{k=1}^{n} G_k \tag{2.11}$$

电阻并联等效时，计算等效电阻的表示式常用 $R=R_1//R_2//R_3\cdots$ 表示。

电阻并联时电压相等，各电阻上的电流为

$$\begin{cases} I_1 = \dfrac{U}{R_1} = G_1 U = \dfrac{G_1}{G} I \\[2mm] I_2 = \dfrac{U}{R_2} = G_2 U = \dfrac{G_2}{G} I \\[2mm] I_3 = \dfrac{U}{R_3} = G_3 U = \dfrac{G_3}{G} I \end{cases} \tag{2.12}$$

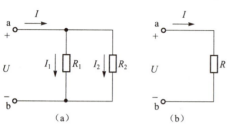

图 2-6　两个电阻的并联

式（2.12）为并联电阻的分流公式。

由式（2.12）可见，电阻并联时，各个电阻上的电流与电阻值成反比，即电阻值越大，分得的电流越小。同理，电阻并联时每个电阻的功率也与电阻值成反比。

常遇到两个电阻并联的情况，如图 2-6（a）所示，其等效电阻［见图 2-6（b）］为

$$R = \frac{R_1 R_2}{R_1 + R_2} \tag{2.13}$$

利用分流公式（2.12）得各支路电流为

$$\begin{cases} I_1 = \dfrac{R_2}{R_1 + R_2} I \\[2mm] I_2 = \dfrac{R_1}{R_1 + R_2} I \end{cases} \tag{2.14}$$

在应用分流公式时，要注意各支路电流与总电流的参考方向是否一致。

3. 电阻的混联

电阻的连接既有串联又有并联时，称为电阻的混联。这种电路在实际工作中应用广泛，形式多种多样。

在分析这样的电路时，往往先求出混联电路二端网络的等效电阻，然后利用定律和公式求出其他量。那么，关键就是求等效电阻，即判断出哪些电阻串联，哪些电阻并联。对于较简单的电路可以通过观察直接得出，如图 2-7 所示的混联电路中，可以直接看出 $R_1 \sim R_4$ 串并联关系，故可求出 a、b 两端的等效电阻 R_{ab} 为

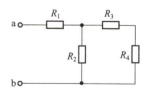

图 2-7　电阻的混联

$$R_{ab} = R_1 + \frac{R_2(R_3 + R_4)}{R_2 + R_3 + R_4}$$

当电阻串、并联关系不能直观地看出时，可以在不改变元件间连接关系的条件下将电路画成比较容易判断串、并联关系的直观图。下面通过例 2.1 来说明。

例 2.1　求图 2-8（a）所示电路 a、b 两端的等效电阻。

解：对于这样的电路，可以按如下步骤分析：

① 将电路中有分支的连接点依次用字母或数字编号并排序，如图 2-8（a）中 a、c、c′、

d、b。将无电阻导线（即短路线）两端的点 c、c′合并为同一点 c（c′）。

　　② 依次把电路元件画在各点之间，得到直观图，如图 2−8（b）所示。

　　③ 根据直观图，利用串、并联等效电阻公式求出其等效电阻。

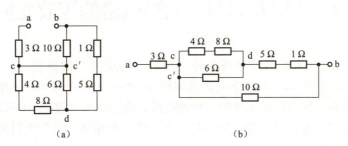

　　(a)　　　　　　　　　　　　　　　　　　(b)

图 2−8　例 2.1 电路图

根据图 2−8（b）可直观地看出等效电阻为

$$R_{ab} = \left\{ 3 + \left[(4+8) /\!/ 6 + 5 + 1 \right] /\!/ 10 \right\} \ \Omega$$

$$= 8 \ \Omega$$

2.1.3　理想电源的串联与并联

理想电源的串联与并联

　　n 个理想电压源串联，如图 2−9（a）所示，就端口特性而言可等效为一个理想电压源，如图 2−9（b）所示，其电压等于各电压源电压的代数和，即

$$U_S = \sum_{k=1}^{n} U_{Sk} \tag{2.15}$$

其中各电压源电压 U_{Sk} 的参考方向与等效电压源 U_S 的参考方向一致取正，反之取负。

　　n 个理想电流源并联，如图 2−10（a）所示，就端口特性而言可等效为一个理想电流源，如图 2−10（b）所示，其电流等于各电流源电流的代数和，即

$$I_S = \sum_{k=1}^{n} I_{Sk} \tag{2.16}$$

其中各电流源电流 I_{Sk} 的参考方向与等效电流源 I_S 的参考方向一致取正，反之取负。

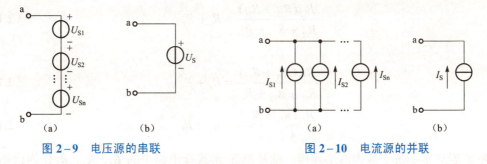

图 2−9　电压源的串联　　　　　　　　图 2−10　电流源的并联

　　只有电压相等、极性一致的电压源才允许并联，否则违背 KVL。其等效电压源为其中任一电压源。

只有电流相等、方向一致的电流源才允许串联，否则违背 KCL。其等效电流源为其中任一电流源。

2.2　电阻星形与三角形电路的等效变换

电阻的连接方式，除了串联和并联外，还有一种更复杂的连接——无源三端电路，如图 2-11 所示。其中图（a）将三个电阻首尾相连，形成一个三角形，三角形的三个顶点接到外电路的三个端钮，称为电阻元件的三角形连接，简称△形连接或 Π 形连接。图（b）将三个电阻的一端连在一起，另一端分别接到外电路的三个端钮，称为电阻元件的星形连接，简称 Y 形连接或 T 形连接。

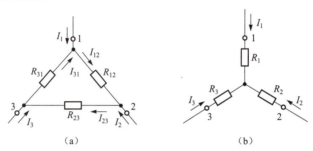

图 2-11　电阻△连接和 Y 形连接的等效变换

在分析含有电阻△形连接或 Y 形连接的电路时，就不能用简单的电阻串、并联来等效，常利用电阻△形连接与电阻 Y 形连接的等效变换来简化电路的计算。

2.2.1　星形电路等效变换为三角形电路

△形连接和 Y 形连接都是通过三个端钮与外电路相连，要使两个电路等效，应遵循外部等效原理，即当两种电路对应端钮间的电压相等时，流入对应端钮的电流也必须分别相等。根据上述原则，在△形和 Y 形两种连接方式中，当第三端钮断开时，两种电路中每一对相对应的端钮间的等效电阻也是相等的。在图 2-11（a）中，将对应端钮 3 断开，则两种电路中端钮 1、2 间的等效电阻必然相等，即

$$\frac{R_{12}(R_{23}+R_{31})}{R_{12}+R_{23}+R_{31}}=R_1+R_2 \tag{2.17}$$

同理

$$\frac{R_{23}(R_{31}+R_{12})}{R_{12}+R_{23}+R_{31}}=R_2+R_3 \tag{2.18}$$

$$\frac{R_{31}(R_{12}+R_{23})}{R_{12}+R_{23}+R_{31}}=R_3+R_1 \tag{2.19}$$

将 Y 形连接等效变换为△形连接，就是把 Y 形连接电路中的 R_1、R_2、R_3 作为已知量，把△形连接电路中的 R_{12}、R_{23}、R_{31} 作为待求量，联立式（2.17）、式（2.18）和式（2.19），可得 Y 形连接等效变换为△形连接的公式

$$R_{12} = \frac{R_1R_2 + R_2R_3 + R_3R_1}{R_3} = R_1 + R_2 + \frac{R_1R_2}{R_3}$$

$$R_{23} = \frac{R_1R_2 + R_2R_3 + R_3R_1}{R_1} = R_2 + R_3 + \frac{R_2R_3}{R_1}$$ 　　　（2.20）

$$R_{31} = \frac{R_1R_2 + R_2R_3 + R_3R_1}{R_2} = R_3 + R_1 + \frac{R_3R_1}{R_2}$$

式（2.20）可概括为

$$\triangle \text{形电阻} = \frac{\text{Y形中两两电阻的乘积之和}}{\text{Y形中不相连的一个电阻}}$$

当 Y 形连接的三个电阻相等时，即 $R_1=R_2=R_3=R_Y$，则 $R_{12}=R_{23}=R_{31}=3R_Y$。

2.2.2　三角形电路等效变换为星形电路

将△形连接等效变换为 Y 形连接，就是把△形连接电路中的 R_{12}、R_{23}、R_{31} 作为已知量，把 Y 形连接电路中的 R_1、R_2、R_3 作为待求量，联立式（2.17）、式（2.18）和式（2.19），可得△形连接等效变换为 Y 形连接的公式

$$R_1 = \frac{R_{12}R_{31}}{R_{12} + R_{23} + R_{31}}$$

$$R_2 = \frac{R_{23}R_{12}}{R_{12} + R_{23} + R_{31}}$$ 　　　（2.21）

$$R_3 = \frac{R_{31}R_{23}}{R_{12} + R_{23} + R_{31}}$$

式（2.21）可概括为

$$\text{Y 形电阻} = \frac{\triangle \text{形中相邻两电阻的乘积}}{\triangle \text{形中各电阻之和}}$$

当△形连接的三个电阻相等时，即 $R_{12}=R_{23}=R_{31}=R_\triangle$，则

$$R_1=R_2=R_3=\frac{1}{3}R_\triangle$$

例 2.2　利用 Y–△等效变换，求图 2–12（a）中的电压 U_{ab}。

解： 图 2–12（a）所示电路既含有△形电路又含有 Y 形电路，因此等效变换方案有两种。

解法一　利用△形等效变换为 Y 形。把 10 Ω、10 Ω、5 Ω构成的△形等效变换为 Y 形，如图 2–12（b）所示，其中各电阻阻值为

$$R_1 = \left(\frac{10 \times 10}{10 + 10 + 5}\right) \Omega = 4\ \Omega$$

$$R_2 = \left(\frac{10 \times 5}{10 + 10 + 5}\right) \Omega = 2\ \Omega$$

$$R_3 = \left(\frac{10 \times 5}{10 + 10 + 5}\right) \Omega = 2\ \Omega$$

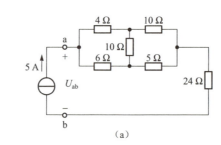

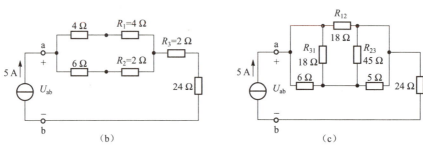

图 2-12　例 2.2 电路图

a、b 端等效电阻
$$R_{ab} = \left[\frac{(4+4)(6+2)}{(4+4)+(6+2)} + 2 + 24 \right] \Omega = 30\ \Omega$$

所以
$$U_{ab} = 5 \times R_{ab} = (5 \times 30)\ V = 150\ V$$

解法二　利用 Y 形等效变换为△形。把 4 Ω、10 Ω、10 Ω构成的 Y 形等效变换为△形，如图 2-12（c）所示，其中各电阻阻值为

$$R_{12} = \left(\frac{4 \times 10 + 10 \times 10 + 10 \times 4}{10} \right) \Omega = 18\ \Omega$$

$$R_{23} = \left(\frac{4 \times 10 + 10 \times 10 + 10 \times 4}{4} \right) \Omega = 45\ \Omega$$

$$R_{31} = \left(\frac{4 \times 10 + 10 \times 10 + 10 \times 4}{10} \right) \Omega = 18\ \Omega$$

a、b 端等效电阻 $R_{ab} = \left[\left(\frac{18 \times 6}{18 + 6} + \frac{45 \times 5}{45 + 5} \right) // 18 + 24 \right] \Omega = \left(\frac{9 \times 18}{9 + 18} + 24 \right) \Omega = 30\ \Omega$

所以
$$U_{ab} = 5 \times R_{ab} = (5 \times 30)\ V = 150\ V$$

2.3　两种电源模型的等效变换

两种电源模型的等效变换

2.3.1　两种电源模型的等效变换

在第 1 章中已介绍了实际电压源和实际电流源模型，分别如图 2-13（a）、（b）所示。那么，实际电源用哪一种电源模型来表示？对外电路而言，只要两种电源模型的外部特性一致，则它们

对外电路的影响是一样的。因此，实际电源可以用实际电压源模型表示，也可以用实际电流源模型表示。为了方便电路的分析和计算，我们常常把两种电源模型进行等效变换。

对于图 2-13（a），其伏安特性为

$$U = U_S - R_S I \qquad (2.22)$$

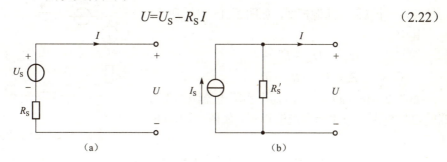

图 2-13　两种电源模型

对于图 2-13（b），其伏安特性为

$$U = R'_S I_S - R'_S I \qquad (2.23)$$

根据等效的定义，图 2-13（a）与（b）若要相互等效，则两者的伏安特性必须一致，比较式（2.22）与式（2.23），可得

$$I_S = \frac{U_S}{R_S}, \quad R'_S = R_S \qquad (2.24)$$

这就是两种电源模型等效的条件。在运用上式进行等效变换时要注意 U_S 和 I_S 参考方向的关系：I_S 的参考方向与 U_S 从负极指向正极的方向相一致。

需要强调的是，两种电源模型等效变换仅对外电路成立，对电源内部及内部功率是不等效的。对理想电压源和理想电流源来说，因为其不具备相同的伏安特性，因此不能进行等效变换。

例 2.3　试求图 2-14（a）、（c）所示电路的等效变换。

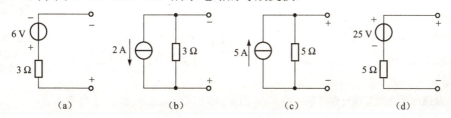

图 2-14　例 2.3 电路图

解：图 2-14（a）所示的实际电压源模型，可等效变换为图 2-14（b）所示实际电流源模型

$$I_S = \frac{U_S}{R_S} = \frac{6}{3} = 2\,A \qquad R'_S = R_S = 3\,\Omega$$

图 2-14（c）所示为一实际电流源模型，可等效变换为如图 2-14（d）所示实际电压源模型

$$U_S = R'_S I_S = 5 \times 5 = 25\,V \qquad R_S = R'_S = 5\,\Omega$$

2.3.2 几种有源支路的等效变换

如图2-15（a）所示，几个实际电压源模型串联时可等效为一个实际电压源模型，如图2-15（b）所示。
其中

$$U_S = -U_{S1} + U_{S2} + U_{S3}$$
$$R_S = R_{S1} + R_{S2} + R_{S3}$$

如图2-16（a）所示，几个实际电流源模型并联时可等效为一个实际电流源模型，如图2-16（b）所示。其中

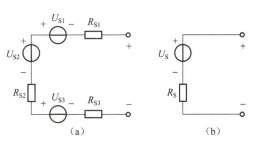

图2-15 实际电压源模型串联

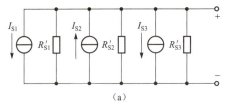 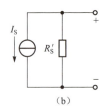

（a） （b）

图2-16 实际电流源模型并联

$$I_S = I_{S1} - I_{S2} + I_{S3}$$
$$\frac{1}{R'_S} = \frac{1}{R'_{S1}} + \frac{1}{R'_{S2}} + \frac{1}{R'_{S3}}$$

如图2-17（a）所示，理想电压源与任何二端元件（或支路）并联可等效为该理想电压源，如图2-17（b）所示。

如图2-18（a）所示，理想电流源与任何二端元件串联可等效为该理想电流源，如图2-18（b）所示。

两种电源模型等效变换的应用举例

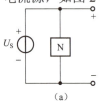 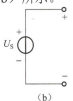 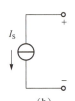

（a） （b） （a） （b）

图2-17 理想电压源与二端元件并联　　图2-18 理想电流源与二端元件串联

理想电压源、电流源的串、并联已在第2.1.3节中讨论。

例2.4 试求图2-19中所示各电路的等效电路。

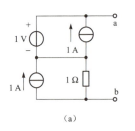 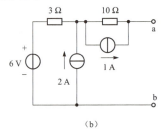

（a） （b）

图2-19 例2.4电路图

解： ① 图 2-19（a）中，1 V 的电压源与 1 A 的电流源并联可等效为 1 V 的电压源；1 A 的电流源与 1 Ω 的电阻并联可等效为 1 V 的电压源与 1 Ω 的电阻串联，如图 2-20（a）所示；最后对图 2-20（a）进行合并简化，得到图 2-20（b）所示的等效电路。

② 图 2-19（b）中，6 V 的电压源与 3 Ω 的电阻串联可等效为 2 A 的电流源与 3 Ω 的电阻并联，如图 2-21(a)所示，图 2-21（a）中两个并联电流源合并成一个电流源，如图 2-21（b）所示。图 2-21（b）中将两组电流源与电阻并联等效成电压源与电阻串联，如图 2-21（c）所示。最后对该电路进行合并简化，得到图 2-21（d）所示的等效电路。

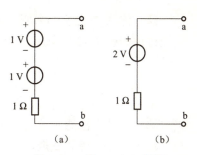

图 2-20　例 2.4（a）的解

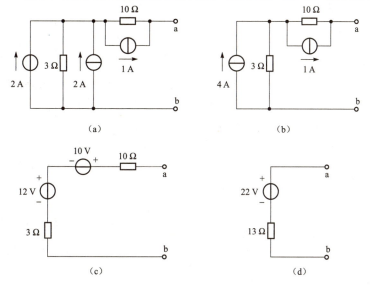

图 2-21　例 2.4（b）的解

例 2.5　利用电源的等效变换求图 2-22（a）所示电路中 2 Ω 电阻上的电流 I。

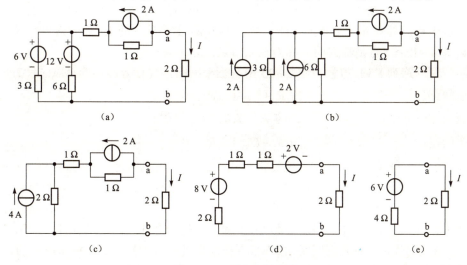

图 2-22　例 2.5 电路图

解：将图 2-22（a）所示电路中 a、b 端钮左边的电路利用电源的等效变换进行化简，化简过程如图 2-22（b）、（c）、（d）、（e）所示。由欧姆定律可得

$$I = \frac{6}{4+2} = 1 \text{ A}$$

从例 2.5 的分析过程可看出，利用电源等效变换分析电路，可将电路化简成单回路电路来求解，这种方法通常适用于多电源电路。但需注意的是，在整个变换过程中，所求量的所在支路不能参与等效变换，把它看成外电路始终保留，否则，变换不等效。

2.4 支路电流法

前几节中介绍的分析电路的方法是利用等效变换，将电路化简成单回路电路后求出待定支路的电流或电压。但是对于复杂电路（例如多回路多节点电路）往往不能很方便地化简为单回路电路，也不能用简单的串、并联方法计算其等效电阻，因此需考虑采用其他分析电路的方法。本节介绍其中最基本、最直观的一种方法——支路电流法（branch current method）。

支路电流法是以各支路电流为未知量，利用各元件上的 VAR、电路中各节点的 KCL 和回路的 KVL 约束关系，列出数目足够且相互独立的方程组，求解出各支路电流，然后根据电路的基本关系求出其他未知量。下面以图 2-23 为例来说明支路电流法的分析过程。

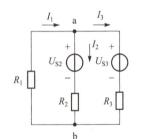

图 2-23 支路电流法举例

设图 2-23 中各电压源电压和电阻阻值均已知，求各支路电流。从图中可看出支路数 $b=3$，节点数 $n=2$，各支路电流的参考方向如图所示。未知量为三个，因此需列出三个方程来求解。

首先，根据电流的参考方向对节点列 KCL 方程：

节点 a	$I_1 - I_2 - I_3 = 0$	(2.25)
节点 b	$-I_1 + I_2 + I_3 = 0$	(2.26)

可以看出，式（2.25）、式（2.26）完全相同，故只有一个方程是独立的。这一结果可以推广到一般电路：具有 n 个节点的电路，只能列出 $n-1$ 个独立的 KCL 方程。所以，n 个节点中，只有 $n-1$ 个节点是独立的，称为独立节点。

其次，对回路列 KVL 方程，图 2-23 中有三个回路，绕行方向均选择顺时针方向。

左边回路：	$I_1 R_1 + U_{S2} + I_2 R_2 = 0$	(2.27)
右边回路：	$U_{S3} + I_3 R_3 - I_2 R_2 - U_{S2} = 0$	(2.28)
整个回路：	$I_1 R_1 + U_{S3} + I_3 R_3 = 0$	(2.29)

将式（2.27）与式（2.28）相加正好得到式（2.29），可见在这三个回路方程中独立的方程为任意两个，这个数目正好与网孔个数相等。由此可以推论：若电路有 n 个节点，b 条支路，m 个网孔，可列出 $[b-(n-1)]$ 个独立的 KVL 方程，且 $[b-(n-1)] = m$。通常情况下，可选取网孔作为回路列 KVL 方程，因为每个网孔都是一个独立回路（包含一条在已选回路中未出现过的新支路），对独立回路列 KVL 方程能保证方程的独立性。值得注意的是，网孔是独立回路，但独立回路不一定是网孔。

通过以上实例可得出，以支路电流为未知量的线性电路，应用 KCL 和 KVL 一共可列出 $(n-1) + [b-(n-1)] = b$ 个独立方程，可以解出 b 个支路电流。

综上所述，归纳支路电流法的计算步骤如下：

① 选定各支路电流的参考方向。

② 选择 $(n-1)$ 个独立节点列 KCL 方程。

③ 选取 $[b-(n-1)]$ 个独立回路，设定各独立回路的绕行方向，对其列 KVL 方程。

④ 联立求解上述 b 个独立方程，得出待求的各支路电流。

例 2.6　在图 2-23 电路中，已知 $R_1=6\,\Omega$，$R_2=R_3=5\,\Omega$，$U_{S2}=80\,V$，$U_{S3}=90\,V$，试求各支路电流。

解：设各支路电流的参考方向如图 2-23 所示，并指定网孔的绕行方向为顺时针方向，应用 KCL 和 KVL 列出式（2.25）、式（2.27）及式（2.28）的方程组，并将数据代入，可得

$$\begin{cases} I_1 - I_2 - I_3 = 0 \\ 6I_1 + 80 + 5I_2 = 0 \\ 90 + 5I_3 - 5I_2 - 80 = 0 \end{cases}$$

解得

$$I_1 = -10\,A，I_2 = -4\,A，I_3 = -6\,A$$

计算得出的结果可以采用以下两种方法进行验算：

① 将计算结果代入求解时未用过的回路方程中，得

$$I_1R_1 + U_{S3} + I_3R_3 = -10 \times 6 + 90 - 6 \times 5 = 0$$

表明计算正确。

② 利用电路中功率平衡关系进行验算：

电源的功率为　$U_{S2}I_2 + U_{S3}I_3 = [80 \times (-4) + 90 \times (-6)]\,W = -860\,W < 0\,W$

即产生功率 860 W。

电阻上的功率为

$$I_1^2 R_1 + I_2^2 R_2 + I_3^2 R_3 = [(-10)^2 \times 6 + (-4)^2 \times 5 + (-6)^2 \times 5]\,W$$
$$= 860\,W > 0\,W$$

即吸收功率 860 W。

吸收的功率等于产生的功率，即功率平衡，表明计算正确。

2.5　节点电位法

2.4 节介绍的支路电流法是应用 KCL 和 KVL 来分析电路的最基本的网络方程法，它是以支路电流为未知量，有 b 条支路，就有 b 个未知量，需列 b 个独立方程来求解。但是当支路数较多时，用支路电流法需求解的方程较多，计算过程较烦琐。因此，有必要寻求用较少的方程求解支路电流的方法，节点电位法和网孔电流法就是为此而建立的两种分析方法。本节主要介绍节点电位法（node potential method），这种方法对支路多、节点少（尤其是两个节点）的电路计算比较简便。

2.5.1　节点电位法

节点电位法是以节点电位为未知量列出节点电位方程，从而解出节点电位，然后求出支路电流。节点电位是指在电路中任选某一节点为参考点，其他节点到参考点之间的电压。

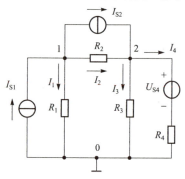

若电路中有 n 个节点，任选一个为参考点，则要求（$n-1$）个节点电位，需列（$n-1$）个独立方程。如何来列方程呢？我们还是从基尔霍夫定律入手。在电路中，所有支路电压都可以用节点电位来表示，分为两种：一种是接在独立节点与参考点之间，支路电压就是节点电位；另一种是接在各独立节点之间，支路电压是两个节点电位之差。这样就已经满足了 KVL 的约束，所以只需列 KCL 约束方程，而独立的 KCL 方程正好是（$n-1$）个。由此可见，节点电位法是由基尔霍夫电流定律演变而来的。

图 2-24　节点电位法举例

如图 2-24 所示电路中有三个节点 0、1、2。选节点 0 为参考点，则节点 1、2 的电位 V_1、V_2 为未知量。

各支路电流的参考方向如图所示，根据 KCL 方程可得

节点 1：

$$I_{S1}-I_1-I_2-I_{S2}=0 \tag{2.30}$$

节点 2：

$$I_2+I_{S2}-I_3-I_4=0 \tag{2.31}$$

根据欧姆定律和不闭合回路基尔霍夫电压定律可得

$$\left.\begin{aligned}
I_1 &= \frac{V_1}{R_1} = G_1 V_1 \\
I_2 &= \frac{U_{12}}{R_2} = \frac{V_1 - V_2}{R_2} = G_2(V_1 - V_2) \\
I_3 &= \frac{V_2}{R_3} = G_3 V_2 \\
I_4 &= \frac{V_2 - U_{S4}}{R_4} = \frac{V_2}{R_4} - \frac{U_{S4}}{R_4} = G_4 V_2 - G_4 U_{S4}
\end{aligned}\right\} \tag{2.32}$$

将式（2.32）代入式（2.30）、式（2.31），整理后得

$$\left.\begin{aligned}
(G_1 + G_2)V_1 - G_2 V_2 &= I_{S1} - I_{S2} \\
-G_2 V_1 + (G_2 + G_3 + G_4)V_2 &= I_{S2} + G_4 U_{S4}
\end{aligned}\right\} \tag{2.33}$$

这就是以节点电位 V_1、V_2 为未知量的节点电位方程。

将式（2.33）写成一般形式：

$$\left.\begin{aligned}
G_{11}V_1 + G_{12}V_2 &= I_{S11} \\
G_{21}V_1 + G_{22}V_2 &= I_{S22}
\end{aligned}\right\} \tag{2.34}$$

式（2.34）中 $G_{11}=G_1+G_2$ 表示节点 1 的自电导（self-conductance），其值等于直接连接在节点 1 的各条支路的电导之和。$G_{22}=G_2+G_3+G_4$ 表示节点 2 的自电导，其值等于直接连接在节点 2 的各条支路的电导之和。自电导的符号总为正。$G_{12}=G_{21}=-G_2$ 表示节点 1、2 间的互电导（mutual conductance），其值等于连接在节点 1 和节点 2 之间的各支路电导之和，其符号总为负。

$I_{S11}=I_{S1}-I_{S2}$ 表示流过节点 1 的所有电流源电流的代数和，$I_{S22}=I_{S2}+G_4U_{S4}$ 表示流过节点 2 的所有电流源电流的代数和。当电流源电流流入节点时，前面取正号；流出节点时，前面取负号。若是电压源和电阻串联支路，则将其等效变换成电流源和电阻并联后同前考虑。电路中每增加一个节点，就增加一个方程。

综上所述，归纳节点电位法的计算步骤如下：

① 选取参考节点，其余节点到参考点之间的电压为节点电位，这些节点电位为未知量。

② 列节点电位方程，联立方程解得节点电位。

③ 利用欧姆定律和 KVL 求出各支路电流。

例 2.7　电路如图 2-25 所示，已知电路中各电导均为 1 S，$I_{S1}=5$ A，$U_{S5}=10$ V，求各支路电流。

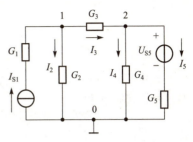

图 2-25　例 2.7 电路图

解：选取节点 0 为参考点，节点电位 V_1、V_2 为未知量。

因与电流源串联的电阻（G_1）不起作用，所以列方程时不予考虑，按式（2.34）可得

$$\left.\begin{array}{c}(G_2+G_3)V_1-G_3V_2=I_{S1}\\-G_3V_1+(G_3+G_4+G_5)V_2=G_5U_{S5}\end{array}\right\}$$

代入数据可得

$$\left.\begin{array}{c}2V_1-V_2=5\\-V_1+3V_2=10\end{array}\right\}$$

解得

$$V_1=5 \text{ V}, \quad V_2=5 \text{ V}$$

则

$$I_2=G_2V_1=(1\times5) \text{ A}=5 \text{ A}$$
$$I_3=G_3(V_1-V_2)=(1\times(5-5)) \text{ A}=0 \text{ A}$$
$$I_4=G_4V_2=1\times5=5 \text{ A}$$
$$I_5=G_5(V_2-U_{S5})=[1\times(5-10)] \text{ A}=-5 \text{ A}$$

当电路中含有的理想电压源支路时，因为没有电阻与之串联，则无法等效变换为电流源与电阻并联的组合，这时可以采取以下措施：

① 尽可能选取理想电压源支路的负极性端作为参考点。这时这条支路的另一端电位就成为已知量，等于该电压源电压，就不必再对这个节点列写节点电位方程。

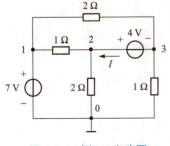

图 2-26　例 2.8 电路图

② 把理想电压源支路中的电流作为未知量，在列写节点方程时，理想电压源支路就当作一个未知的理想电流源支路对待，并将其电压与两端节点电位的关系作为补充方程进行求解。

例 2.8　用节点电位法求图 2-26 中的各节点电位。

解：选取 0 节点为参考点，则节点电位 $V_1=7$ V 为已知量，不需要对节点 1 列节点方程。设节点 2、3 间 4 V 电压源支路的电流为 I，作为未知量，参考方向如图所示，列出节点 2、3 的节点方程

$$\begin{cases} G_{21}V_1 + G_{22}V_2 + G_{23}V_3 = I \\ G_{31}V_1 + G_{32}V_2 + G_{33}V_3 = -I \end{cases}$$

代入数据可得

$$\begin{cases} -\dfrac{1}{1}V_1 + \left(\dfrac{1}{1} + \dfrac{1}{2}\right)V_2 = I \\ -\dfrac{1}{2}V_1 + \left(\dfrac{1}{2} + \dfrac{1}{1}\right)V_3 = -I \end{cases}$$

在上式中 V_1=7 V 已知，共有三个未知量（V_2、V_3、I），需补充一方程。在图中 4 V 的电压源为已知，因此可得

$$V_2 - V_3 = 4 \quad （补充方程）$$

弥尔曼定理

解得
$$V_2 = 5.5 \text{ V}, \quad V_3 = 1.5 \text{ V}$$

2.5.2 弥尔曼定理

节点电位法最适合于两个节点的电路，这种电路的各条支路都接在同一对节点之间，选取一个为参考节点，剩下一个节点的电位为所求量，因而只需列一个节点电位方程。

如图 2-27 所示，选取 0 为参考点，节点电位 V_1 为未知量，则

$$\left(\dfrac{1}{R_1} + \dfrac{1}{R_3}\right)V_1 = \dfrac{U_{S1}}{R_1} - I_{S2} - \dfrac{U_{S3}}{R_3}$$

$$V_1 = \dfrac{\dfrac{U_{S1}}{R_1} - I_{S2} - \dfrac{U_{S3}}{R_3}}{\dfrac{1}{R_1} + \dfrac{1}{R_3}} = \dfrac{G_1 U_{S1} - I_{S2} - G_3 U_{S3}}{G_1 + G_3}$$

写成一般形式：

$$V_1 = \dfrac{\sum I_{Si}}{\sum G_i} \tag{2.35}$$

式中 $\sum G_i$ 为各支路电导之和；$\sum I_{Si}$ 为流过节点 1 的电流源电流代数和，流入为正，流出为负。上式称为弥尔曼定理（Millman's Theorem）。

例 2.9 图 2-28 电路中，已知 $R_1 = R_2 = 2\ \Omega$，$R_3 = R_4 = 10\ \Omega$，$I_{S1} = 4.9\ \text{A}$，$U_{S2} = 5\ \text{V}$，$U_{S3} = 8\ \text{V}$，$U_{S4} = 4\ \text{V}$，试用弥尔曼定理求各支路电流。

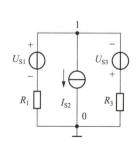

图 2-27 弥尔曼定理举例

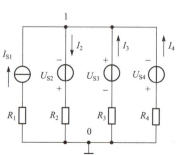

图 2-28 例 2.9 电路图

解：选取节点 0 为参考点，V_1 为未知量，利用弥尔曼定理可得

$$V_1 = \frac{I_{S1} - \dfrac{U_{S2}}{R_2} + \dfrac{U_{S3}}{R_3} - \dfrac{U_{S4}}{R_4}}{\dfrac{1}{R_2} + \dfrac{1}{R_3} + \dfrac{1}{R_4}}$$

$$= \left(\frac{4.9 - \dfrac{5}{2} + \dfrac{8}{10} - \dfrac{4}{10}}{\dfrac{1}{2} + \dfrac{1}{10} + \dfrac{1}{10}}\right) \text{V} = 4\ \text{V}$$

各支路电流参考方向如图所示，得

$$I_2 = \frac{V_1 + U_{S2}}{R_2} = \left(\frac{4+5}{2}\right)\text{A} = 4.5\ \text{A}$$

$$I_3 = \frac{U_{S3} - V_1}{R_3} = \left(\frac{8-4}{10}\right)\text{A} = 0.4\ \text{A}$$

$$I_4 = \frac{-U_{S4} - V_1}{R_4} = \left(\frac{-4-4}{10}\right)\text{A} = -0.8\ \text{A}$$

2.6 网孔电流法

节点电位法是以节点电位为未知量来建立方程，适用于支路多节点少（尤其是两个节点）的电路。电路中每增加一个节点，就增加一个节点方程。当电路中节点较多时，需求解的节点方程也较多，计算不方便。因此，可采用网孔电流法（mesh current method），它适用于节点多网孔少的电路。

2.6.1 网孔电流

下面以图 2−29 电路为例来说明网孔电流。图中有三条支路，支路电流为 I_1、I_2、I_3，参考方向如图所示；有两个网孔，假设沿网孔边界有流动的电流为 I_a、I_b，参考方向如图所示。从图中可看出，支路 oab 中的电路 I_1 等于电流 I_a；支路 bco 中的电流 I_2 等于电流 I_b；中间支路 bo 中的电流 I_3，根据对节点 b 列 KCL 方程可得：$I_3 = I_1 - I_2 = I_a - I_b$。由此可见，各支路电流可以用沿网孔流动的电流表示，即某一条支路电流等于通过该支路的各网孔电流的代数和。通常把假想沿着网孔流动的电流称为网孔电流。网孔电流数目等于电路的网孔数，比支路电流数大为减少。

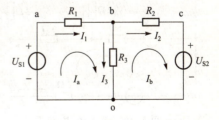

图 2−29 网孔电流法举例

2.6.2 网孔电流法

网孔电流法是以网孔电流为未知量，应用 KVL 列出网孔方程，联立方程求出网孔电流，各支路电流等于与之相关的网孔电流的代数和。

以图 2-29 为例，左边网孔为网孔 1，右边网孔为网孔 2，假设 I_a、I_b 为网孔电流，参考方向如图所示，选取网孔绕行方向与网孔电流参考方向一致，根据 KVL 可

$$
\left.
\begin{array}{l}
I_1 R_1 + I_3 R_3 - U_{S1} = 0 \\
I_2 R_2 - I_3 R_3 + U_{S2} = 0
\end{array}
\right\}
\tag{2.36}
$$

将式（2.36）中的支路电流用网孔电流代替可得

$$
\left.
\begin{array}{l}
R_1 I_a + R_3 (I_a - I_b) - U_{S1} = 0 \\
R_2 I_b - R_3 (I_a - I_b) + U_{S2} = 0
\end{array}
\right\}
$$

整理后可得

$$
\left.
\begin{array}{l}
(R_1 + R_3) I_a - R_3 I_b = U_{S1} \\
-R_3 I_a + (R_2 + R_3) I_b = -U_{S2}
\end{array}
\right\}
\tag{2.37}
$$

这就是以网孔电流为未知量列出的 KVL 方程，称为网孔方程。

将式（2.37）写成一般形式

$$
\left.
\begin{array}{l}
R_{11} I_a + R_{12} I_b = U_{S11} \\
R_{21} I_a + R_{22} I_b = U_{S22}
\end{array}
\right\}
\tag{2.38}
$$

式（2.38）中 $R_{11}=R_1+R_3$、$R_{22}=R_2+R_3$ 分别表示网孔 1、2 的自电阻（self resistance），其值为各网孔内全部电阻的总和。一般网孔绕行方向选择与网孔电流参考方向一致，所以自电阻总是正的。$R_{12}=R_{21}=-R_3$ 表示网孔 1 和网孔 2 的公共电阻，称为互电阻（mutual resistance）。当通过网孔 1、2 的公共电阻的两个网孔电流参考方向一致时，互电阻为正；相反时互电阻为负。在选定网孔电流都是顺时针或者都是逆时针方向的情况下，互电阻都是负的。$U_{S11}=U_{S1}$、$U_{S22}=-U_{S2}$ 分别表示网孔 1、2 中所有电压源电压的代数和。当电压源电压的参考方向与网孔电流的参考方向一致时，电压源电压取负号，反之取正号。

根据上述分析所得结论，将网孔电流法的计算步骤归纳如下：

① 选定各网孔电流的参考方向。一般选取网孔绕行方向与网孔电流的参考方向一致。

② 列网孔方程。方程个数与网孔个数相等。

③ 联立解方程，求出各网孔电流。

④ 选取支路电流的参考方向，根据支路电流与网孔电流的线性关系，求得各支路电流。

例 2.10 用网孔电流法求图 2-30 中的各支路电流。

解：图中有三个网孔，假设网孔 1、2、3 的网孔电流分别为 I_a、I_b、I_c，其参考方向如图 2-30 所示。并选定绕行方向与网孔电流的参考方向一致，列网孔方程：

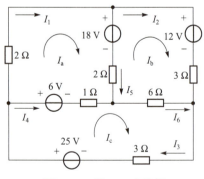

图 2-30　例 2.10 电路图

$$
(2+2+1)I_a - 2I_b - 1I_c = -18 + 6
$$
$$
-2I_a + (2+3+6)I_b - 6I_c = 18 - 12
$$
$$
-1I_a - 6I_b + (1+6+3)I_c = 25 - 6
$$

整理可得

$$5I_a - 2I_b - I_c = -12$$
$$-2I_a + 11I_b - 6I_c = 6$$
$$-I_a - 6I_b + 10I_c = 19$$

解得

$$I_a = -1\,\text{A} \qquad I_b = 2\,\text{A} \qquad I_c = 3\,\text{A}$$

则各支路电流分别为

$$I_1 = I_a = -1\,\text{A} \qquad I_2 = I_b = 2\,\text{A}$$
$$I_3 = I_c = 3\,\text{A} \qquad I_4 = I_c - I_a = 4\,\text{A}$$
$$I_5 = I_a - I_b = -3\,\text{A} \quad I_6 = I_c - I_b = 1\,\text{A}$$

例 2.11　用网孔电流法求图 2-31 中的各网孔电流。

解：图中有三个网孔，假设网孔 1、2、3 的网孔电流分别为 I_a、I_b、I_c，其参考方向如图 2-31 所示。

2 A 电流源在边界支路，该支路仅属于一个网孔，因此该网孔电流成为已知量。图中网孔电流与电流源电流方向相同，所以 I_c=2 A。

1 A 电流源在公共支路，有两个网孔电流 I_a、I_b 通过，需引入其端电压为新的未知量，其参考方向如图 2-31 所示。这时，因为新增一个未知量，所以必须增加一个网孔电流与该电流源电流之间的约束关系作为补充方程。

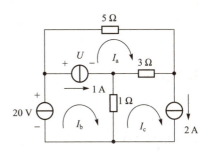

图 2-31　例 2.11 电路图

选定绕行方向与网孔电流的参考方向一致，列电流 I_a、I_b 的网孔方程

$$(5+3)I_a - 3I_c = U$$
$$1I_b - 1I_c = 20 - U$$

上式中 I_c=2 A。补充一方程为

$$I_b - I_a = 1$$

联立方程解得

$$I_a = 3\,\text{A} \qquad I_b = 4\,\text{A} \qquad U = 18\,\text{V}$$

2.7　叠加定理和齐性定理

前面几节讨论了电路分析的基本方法——支路电流法、节点电位法和网孔电流法，这些分析方法需要列一系列方程，亦称网络方程法。为了能更直接、简便地分析电路，减少烦琐的计算过程，下面介绍一些分析线性电路的常用定理。

2.7.1　叠加定理

叠加定理（superposition theorem）是线性电路的一个重要定理。现以图 2-32（a）所示电路为例来导出叠加定理的定义和应用。图中有两个独立电源，现求 I，电流参考方向如图 2-32 所示。

叠加定理

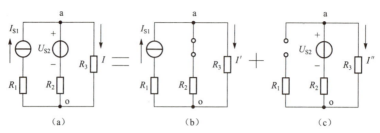

图 2-32　叠加定理举例

对图 2-32（a），选取节点 o 为参考点，根据弥尔曼定理可求得节点 a 的电位为

$$V_a = \frac{I_{S1} + \dfrac{U_{S2}}{R_2}}{\dfrac{1}{R_2} + \dfrac{1}{R_3}}$$

整理可得

$$V_a = \frac{R_2 R_3}{R_2 + R_3} I_{S1} + \frac{R_3}{R_2 + R_3} U_{S2}$$

根据欧姆定理可得

$$I = \frac{V_a}{R_3} = \frac{R_2}{R_2 + R_3} I_{S1} + \frac{1}{R_2 + R_3} U_{S2} \tag{2.39}$$

从式（2.39）可看出，通过 R_1 的电流由两部分组成。第一部分仅与 I_{S1}、R_2、R_3 有关，可看成只有 I_{S1} 单独作用时，通过电阻 R_3 的电流，此时 U_{S2} 不起作用，即 $U_{S2}=0$，用短路线代替，如图 2-32（b）所示。由图 2-32（b）可知，此时流过 R_3 的电流为

$$I' = \frac{R_2}{R_2 + R_3} I_{S1} \tag{2.40}$$

正好与式（2.39）中第一项相符。第二部分仅与 U_{S2}、R_2、R_3 有关，可看成只有 U_{S2} 单独作用时，通过电阻 R_3 的电流，此时 I_{S1} 不作用，即 $I_{S1}=0$，用开路代替，如图 2-32（c）所示。由图 2-32（c）可知，此时流过 R_3 的电流为

$$I'' = \frac{1}{R_2 + R_3} U_{S2} \tag{2.41}$$

正好与式（2.39）第二项相符。从上述分析可得：

$I=I_{S1}$ 单独作用时在 R_3 上产生电流 + U_{S2} 单独作用时在 R_3 上产生电流

这一特性被称为叠加定理。

　　将上述结论推广到一般线性电路，叠加定理可表述为：当线性电路中有几个独立电源共同作用时，各支路的电流（或电压）等于各个独立电源单独作用时在该支路产生的电流（或电压）的代数和（叠加）。

　　叠加定理在线性电路的分析中起着重要作用，它是分析线性电路的基础。线性电路的许多定理可以从叠加定理导出。在运用叠加定理时，也可以把电路中所有的电压源和电流源分成几组，按组计算电流和电压后再叠加。

　　使用叠加定理时，应注意以下几点：

　　① 叠加定理只能用来计算线性电路的电流和电压，对非线性电路叠加定理不适用。由于

功率不是电压或电流的一次函数，所以也不能应用叠加定理来计算。

② 叠加时，电路的连接及所有电阻保持不变。不作用的电压源用短路线代替；不作用的电流源用开路代替。

③ 所求响应分量叠加时，若分量的参考方向与原电路中该响应的参考方向一致，则该分量取正号，反之取负号。

例 2.12　如图 2−33（a）所示电路，已知 I_{S1}=10 A，U_{S2}=10 V，R_1=2 Ω，R_2=1 Ω，R_3=5 Ω，R_4=4 Ω，试用叠加定理计算 I 和 U_{S1}。

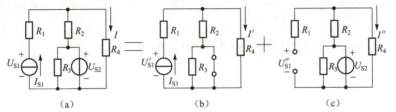

叠加定理的应用举例

图 2−33　例 2.12 电路图

解：按叠加定理，作出电流源和电压源分别作用的分电路，如图 2−33（b）和（c）所示。

① 电流源单独作用时，由分流公式可得

$$I' = \frac{R_2}{R_2 + R_4} I_{S1} = \frac{1}{1+4} \times 10 = 2 \text{ A}$$

$$U'_{S1} = R_4 I' + R_1 I_{S1} = 4 \times 2 + 2 \times 10 = 28 \text{ V}$$

② 电压源单独作用，由欧姆定律可得

$$I'' = \frac{U_{S2}}{R_2 + R_4} = \frac{10}{1+4} = 2 \text{ A}$$

$$U''_{S1} = R_4 I'' = 4 \times 2 = 8 \text{ V}$$

③ 将单独作用的分量进行叠加

$$I = I' + I'' = (2+2) \text{ A} = 4 \text{ A}$$

$$U_{S1} = U'_{S1} + U''_{S1} = (28+8) \text{ V} = 36 \text{ V}$$

例 2.13　如图 2−34（a）所示电路，已知 I_S=3 A，U_S=20 V，R_1=20 Ω，R_2=10 Ω，R_3=30 Ω，R_4=10 Ω，试用叠加定理计算 U。

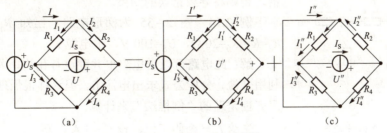

图 2−34　例 2.13 电路图

解：按叠加定理，作出电压源和电流源分别作用的分电路，如图 2−34（b）和（c）所示。

① 电压源单独作用：

$$I_1' = I_3' = \frac{U_S}{R_1 + R_3} = \left(\frac{20}{20 + 30}\right) A = 0.4 \, A$$

$$I_2' = I_4' = \frac{U_S}{R_2 + R_4} = \left(\frac{20}{10 + 10}\right) A = 1 \, A$$

$$U' = R_4 I_4' - R_3 I_3' = (10 \times 1 - 30 \times 0.4) \, V = -2 \, V$$

② 电流源单独作用：

$$I_1'' = \frac{R_3}{R_1 + R_3} I_S = \left(\frac{30}{20 + 30} \times 3\right) A = 1.8 \, A$$

$$I_2'' = \frac{R_4}{R_2 + R_4} I_S = \left(\frac{10}{10 + 10} \times 3\right) A = 1.5 \, A$$

$$U'' = R_2 I_2'' + R_1 I_1'' = (10 \times 1.5 + 20 \times 1.8) \, V = 51 \, V$$

③ 将单独作用的分量进行叠加：

$$U = U' + U'' = (-2 + 51) \, V = 49 \, V$$

2.7.2　齐性定理

对图 2-32（a）所示电路，已经求得电流 I 为

$$I = \frac{R_2}{R_2 + R_3} I_{S1} + \frac{1}{R_2 + R_3} U_{S2}$$

对于线性电路，设 $K_1 = \dfrac{R_2}{R_2 + R_3}$、$K_2 = \dfrac{1}{R_2 + R_3}$，则上式可表示为

$$I = K_1 I_{S1} + K_2 U_{S2} \tag{2.42}$$

在式（2.42）中，K_1、K_2 为比例常数。若 I_{S1} 和 U_{S2} 按同一比例变化，I 也按相同比例变化，这是线性电路的又一重要特性，称为齐次性（或比例性、均匀性）。该特性被总结成线性电路的另一重要定理——齐性定理（homogeneous theorem）。

齐性定理可表述为：在线性电路中，当所有电压源和电流源都增大或缩小 k 倍（k 为实常数），则支路电流和电压也将同样增大或缩小 k 倍。这个定理可以由叠加定理推导出。需要注意的是，必须是电路中全部电压源和电流源同时增大或缩小 k 倍，否则将导致错误的结果。

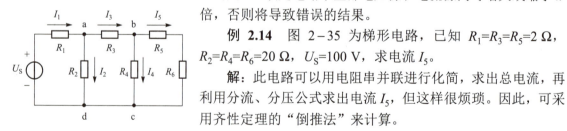

图 2-35　例 2.14 电路图

例 2.14　图 2-35 为梯形电路，已知 $R_1 = R_3 = R_5 = 2 \, \Omega$，$R_2 = R_4 = R_6 = 20 \, \Omega$，$U_S = 100 \, V$，求电流 I_5。

解： 此电路可以用电阻串并联进行化简，求出总电流，再利用分流、分压公式求出电流 I_5，但这样很烦琐。因此，可采用齐性定理的"倒推法"来计算。

先给 I_5 一个假定值，设 $I_5' = 1 \, A$，则

$$U_{bc}' = (R_5 + R_6) I_5' = [(20 + 2) \times 1] \, V = 22 \, V$$

$$I_4' = \frac{U_{bc}'}{R_4} = \left(\frac{22}{20}\right) A = 1.1 \, A$$

$$I'_3 = I'_4 + I'_5 = (1.1 + 1)\ \text{A} = 2.1\ \text{A}$$

$$U'_{ad} = R_3 I'_3 + U'_{bc} = (2 \times 2.1 + 22)\ \text{V} = 26.2\ \text{V}$$

$$I'_2 = \frac{U'_{ad}}{R_2} = \left(\frac{26.2}{20}\right)\ \text{A} = 1.31\ \text{A}$$

$$I'_1 = I'_2 + I'_3 = (1.31 + 2.1)\ \text{A} = 3.41\ \text{A}$$

$$U'_S = R_1 I'_1 + U'_{ad} = (2 \times 3.41 + 26.2)\ \text{V} = 33.02\ \text{V}$$

由题可知 $U_S = 100\ \text{V}$，所以电压源增大倍数 k 为

$$k = \frac{100}{33.02} = 3.03$$

故各支路电流也同样增大了 3.03 倍，即

$$I_5 = kI'_5 = (3.03 \times 1)\ \text{A} = 3.03\ \text{A}$$

*2.8 置 换 定 理

置换定理（replace theorem）是应用较广泛的又一重要定理，其表述为：具有唯一解的电路中，若已知某支路 k [见图 2−36（a）] 的电压为 U_k，电流为 I_k，则无论该支路是由什么元件组成的，均可用电压为 U_k 的电压源置换 [见图 2−36（b）]，或用电流为 I_k 的电流源置换 [见图 2−36（c）]，或用阻值为 U_k/I_k 的电阻置换 [见图 2−36（d）]。置换后其他支路的电压、电流、功率等均保持不变。

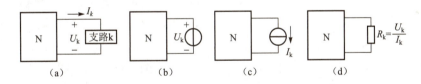

图 2−36 置换定理

置换定理适用于线性、非线性、时变、时不变电路的分析，尤其是线性时不变电路应用更为普遍。

下面用一个具体例子验证置换定理的正确性。如图 2−32（a）所示电路，为了验证方便，将其画于图 2−37（a）中。在上节已推导出 I，现求 U。

$$U = IR_3 + I_{S1} R_1 \tag{2.43}$$

将式（2.39）代入式（2.43），整理可得

$$U = \left(\frac{R_2 R_3}{R_2 + R_3} + R_1\right) I_{S1} + \frac{R_3}{R_2 + R_3} U_{S2} \tag{2.44}$$

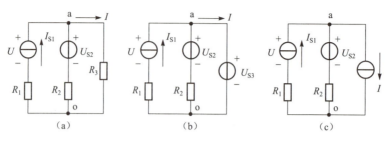

图 2-37 置换定理证明

在图 2-37（a）中，若用值为 $U_{S3}=IR_3$ 的理想电压源代替 R_3，如图 2-37（b）所示，在此图中计算电压 U。

从图 2-37（b）可得

$$U_{ao} = U_{S3} = U - R_1 I_{S1}$$

则

$$U = U_{S3} + R_1 I_{S1} \tag{2.45}$$

因为

$$U_{S3} = IR_3 = \frac{R_2 R_3}{R_2 + R_3} I_{S1} + \frac{R_3}{R_2 + R_3} U_{S2} \tag{2.46}$$

所以将式（2.46）代入式（2.45）后可得

$$
\begin{aligned}
U &= \frac{R_2 R_3}{R_2 + R_3} I_{S1} + \frac{R_3}{R_2 + R_3} U_{S2} + R_1 I_{S1} \\
&= \left(\frac{R_2 R_3}{R_2 + R_3} + R_1 \right) I_{S1} + \frac{R_3}{R_2 + R_3} U_{S2}
\end{aligned} \tag{2.47}
$$

式（2.47）与式（2.44）完全相同。

同理，若用值为 I 的理想电流源代替 R_3，如图 2-37（c）所示，在该图中计算电压 U，其结果与式（2.44）也完全相同。

例 2.15 已知图 2-38（a）中，$I_1=2$ A，$I_2=1$ A，求 U_S。

解：将图 2-38（a）中 a、b 端右面电路看成一整体，从图中可看出流经该整体的电流为 I_1，应用置换定理可等效成图 2-38（b），故

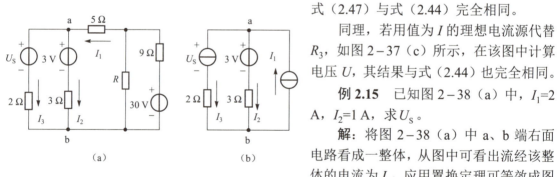

图 2-38 例 2.15 电路图

$$U_S = 3 + 3I_2 - 2(I_1 - I_2) = (3 + 3 \times 1 - 2 \times 1) \text{ V} = 4 \text{ V}$$

2.9 等效电源定理——戴维南定理与诺顿定理

在第 2.1 节中已介绍了二端网络和等效网络的相关概念。图 2-39（a）所示的二端网络，其内部不含有电源称为无源二端网络（passive two-terminal network），符号用图 2-39（b）表示。图 2-40（a）所示的二端网络，其内部含有电源称为有源二端网络（active two-terminal network），符号用图 2-40（b）表示。

根据前面所学知识可知，无源二端网络的等效电路仍然是一条无源支路，支路中的电阻等于二端网络内所有电阻化简后的等效电阻。那么，有源二端网络的等效电路是什么呢？本节介绍的戴维南定理（Thevenin's Theorem）和诺顿定理（Norton's Theorem）将回答这个问题。戴维南定理和诺顿定理统称为等效电源定理，也称等效发电机定理。

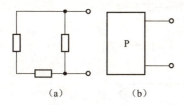

（a）　　　　　（b）

图 2–39　无源二端网络及其符号

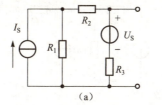

（a）　　　　　　（b）

图 2–40　有源二端网络及其符号

2.9.1　戴维南定理

戴维南定理

如要求图 2–41（a）中 R_L 以左的有源二端网络的等效电路，根据所学知识可采用以下方法：

① 利用电源两种模型的等效变换进行化简，如图 2–41（b）、（c）、（d）所示。最后化简成一个 8 V 电压源和一个 8 Ω电阻串联的模型，如图 2–41（e）所示。

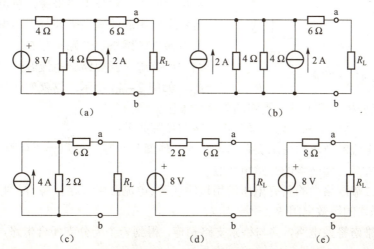

图 2–41　有源二端网络的化简

② 采用直接计算的方法：将 R_L 断开，求出 a、b 端的开路电压 U_{OC}，如图 2–42（a）所示。选取节点 o 为参考点，利用弥尔曼定理可得

$$V_1 = \left(\frac{\frac{8}{4} + 2}{\frac{1}{4} + \frac{1}{4}} \right) \text{V} = 8 \text{ V}$$

所以

$$U_{OC} = V_1 = 8 \text{ V}$$

再求将所有电源置为零值时的两端等效电阻，如图 2－42（b）所示。

$$R_{\mathrm{O}} = \left(\frac{4\times4}{4+4} + 6\right)\Omega = 8\ \Omega$$

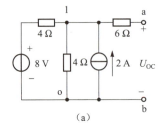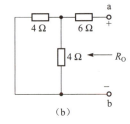

图 2－42　开路电压及等效电阻

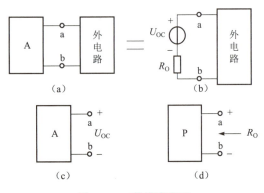

图 2－43　戴维南定理

比较这两种方法，求出的开路电压 U_{OC} 正好等于化简后的电压源的电压，求出的等效电阻 R_{O} 正好等于电压源串联电阻的阻值。因此，在求一个有源二端网络的等效电路时，可以采用直接求解的方法。

将上述分析进行总结可得：一个线性有源二端电阻网络，对外电路来说，总可以用一个电压源和电阻串联的模型来代替。该电压源的电压等于有源二端网络的开路电压 U_{OC}，电阻等于该网络中所有电压源短路、电流源开路时的等效电阻 R_{O}，如图 2－43 所示。这就叫作戴维南定理。戴维南定理常用来分析电路中某一支路的电流或电压。

综上所述，归纳应用戴维南定理分析电路的步骤如下：

① 将所求电流或电压的待求支路与电路的其他部分断开，得到一个有源二端网络。

② 求这个有源二端网络的开路电压 U_{OC}。

③ 将有源二端网络中的所有电压源用短路代替、电流源用开路代替，得到无源二端网络，求该无源二端网络的等效电阻 R_{O}。

④ 画出戴维南等效电路，并与待求支路相连，得到一个无分支闭合电路，再求所求电流或电压。

需要注意的是，画戴维南等效电路时，电压源的极性必须与开路电压的极性保持一致。此外，等效电路的参数 U_{OC}、R_{O} 除了用计算的方法外，还可采用实验的方法测得。

有源二端网络的开路电压 U_{OC}，可以用电压表直接测得，如图 2－44（a）所示。等效电阻 R_{O} 可以用电流表先测出短路电流 I_{SC}，如图 2－44（b）所示，再计算出 R_{O}

戴维南等效电路参数的
测量方法

$$R_{\mathrm{O}} = \frac{U_{\mathrm{OC}}}{I_{\mathrm{SC}}}$$

若二端网络不能短路，可串联一保护电阻 R'，再测出电流 I'_{SC}，如图 2－44（c）所示，

此时有

$$R'_{\mathrm{O}} = \frac{U_{\mathrm{OC}}}{I'_{\mathrm{SC}}} - R'$$

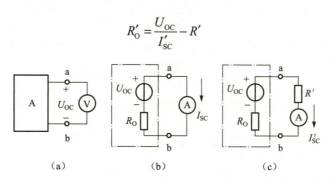

图 2-44　等效电路的参数测定

例 2.16　求图 2-45（a）所示电路的戴维南等效电路。

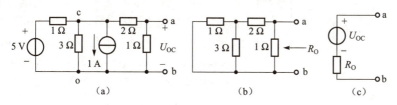

图 2-45　例 2.16 电路图

戴维南定理的应用举例

解： 先求有源二端网络的开路电压 U_{OC}。如图 2-45（a）所示电路，选取节点 o 为参考点，利用弥尔曼定理可得

$$V_{\mathrm{c}} = \left(\frac{\dfrac{5}{1} - 1}{\dfrac{1}{1} + \dfrac{1}{3} + \dfrac{1}{2+1}} \right) \mathrm{V} = \frac{12}{5}\ \mathrm{V}$$

利用分压公式可得

$$U_{\mathrm{OC}} = \frac{1}{2+1} V_{\mathrm{c}} = \left(\frac{1}{3} \times \frac{12}{5} \right) \mathrm{V} = 0.8\ \mathrm{V}$$

再求等效电阻 R_{O}，将有源二端网络转化成无源二端网络，如图 2-45（b）所示电路，得

$$R_{\mathrm{O}} = ([(1/3) + 2]/\!/1)\ \Omega = \frac{11}{15}\ \Omega$$

画出戴维南等效电路，如图 2-45（c）所示电路，其中

$$U_{\mathrm{OC}} = 0.8\ \mathrm{V}, \quad R_{\mathrm{O}} = \frac{11}{15}\ \Omega$$

例 2.17　试用戴维南定理求图 2-46（a）电路中流过 R_{L} 的电流 I。

解： 将电阻 R_{L} 移出，其余部分成为有源二端网络，如图 2-46（b）所示，先求该图的开路电压 U_{OC}，可得

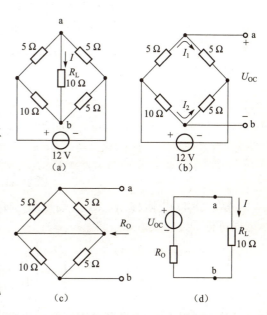

图 2-46　例 2.17 电路图

$$U_{OC} = 5I_1 - 5I_2 = \left(5 \times \frac{12}{5+5} - 5 \times \frac{12}{10+5}\right) V = 2 V$$

再求等效电阻 R_O，将有源二端网络转化成无源二端网络，如图 2-46（c）所示电路，得

$$R_O = \left(\frac{5 \times 5}{5+5} + \frac{10 \times 5}{10+5}\right) \Omega = 5.8 \Omega$$

画出戴维南等效电路，并将移出的支路接入等效电路，如图 2-46（d）所示，流过 R_L 的电流为

$$I = \frac{U_{OC}}{R_O + R_L} = \left(\frac{2}{5.8+10}\right) A = 0.13 A$$

2.9.2 诺顿定理

由两种电源模型的等效变换可知，电压源与电阻串联可等效为电流源与电阻并联。因此，一个线性有源二端网络可以用一个电流源与电阻并联的等效电路代替，如图 2-47（b）所示，这个结论称为诺顿定理（Norton's Theorem），其等效电路称为诺顿等效电路。电流源的电流等于有源二端网络端口短路电流 I_{SC}，如图 2-47（c）所示；电阻等于该网络中所有电压源短路、电流源开路时的等效电阻 R_O，如图 2-47（d）所示。

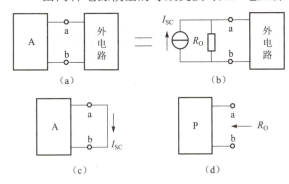

图 2-47 诺顿定理

例 2.18 用诺顿定理求图 2-48（a）电路中电阻 4 Ω 上的电流 I。

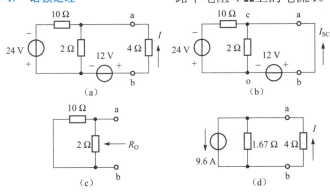

图 2-48 例 2.18 电路图

解：将 4 Ω 电阻移出，a、b 端短路，如图 2-48（b）所示，求短路电流 I_{SC}。根据叠加定理可得

$$I_{SC} = \left(\frac{24}{10} + \frac{12}{\frac{10 \times 2}{10+2}}\right) A = 9.6 A$$

再求等效电阻 R_O，将有源二端网络转化成无源二端网络，如图 2-48（c）所示，得

$$R_O = \left(\frac{10 \times 2}{10+2}\right) \Omega = 1.67 \Omega$$

画出诺顿等效电路，再把 4 Ω 电阻接上，如图 2-48（d）所示，由此可得

$$I = \left(9.6 \times \frac{1.67}{1.67 + 4} \right) \text{A} = 2.78 \text{ A}$$

2.10　最大功率传输定理

最大功率传输定理

在电子电路中，常常遇到电阻负载如何从电路获得最大功率的问题。这类问题可以抽象为图 2-49（a）所示电路模型来分析。二端网络 N 表示向电阻负载提供能量的有源线性电阻网络，它可以用戴维南等效电路来代替，如图 2-49（b）所示。现讨论在什么条件下，负载能获得最大的功率？这就是最大传输定理要回答的问题。

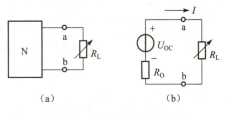

(a)　　　　　(b)

图 2-49　最大功率传输定理

根据图 2-49（b）所示，负载电阻 R_L 获得的功率为

$$P_L = I^2 R_L = \left(\frac{U_{OC}}{R_O + R_L} \right)^2 R_L$$

欲求 P_L 的最大值，应满足 $\dfrac{\mathrm{d}P_L}{\mathrm{d}R_L} = 0$，即

$$\frac{\mathrm{d}P_L}{\mathrm{d}R_L} = U_{OC}^2 \left[\frac{(R_O + R_L)^2 - 2(R_O + R_L)R_L}{(R_O + R_L)^4} \right] = \frac{U_{OC}^2 (R_O - R_L)}{(R_O + R_L)^3} = 0$$

由上式求得 R_L 获得最大功率的条件为

$$R_L = R_O \tag{2.48}$$

即负载从有源二端网络获得最大功率的条件是负载电阻等于二端网络的戴维南等效电路的电阻。这就是最大功率传输定理。当 $R_L = R_O$ 时，称为最大功率匹配。在工程上，最大功率传输的条件也称为阻抗匹配。此时负载的最大功率为

$$P_{L\max} = \frac{U_{OC}^2}{4R_O} \tag{2.49}$$

若用诺顿等效电路，则

$$P_{L\max} = \frac{I_{SC}^2 R_O}{4} \tag{2.50}$$

值得注意的是，式（2.48）所表达的负载 R_L 获得最大功率的条件是在 U_{OC}、R_O 不变，R_L 可变的前提下推导出来的。如果不满足上述条件，则不能套用式（2.48）这一条件。

由以上结论可知，当满足最大功率匹配条件 $R_L = R_O$ 时，R_O 吸收的功率与 R_L 吸收的功率相等，对电压源 U_{OC} 而言，功率传输效率为 $\eta = 50\%$。但是，有源二端网络和它的等效电路，就其内部功率而言是不等效的，由等效电阻 R_O 算得的功率一般并不等于网络内部消耗的功率。因此，实际上负载获得最大功率时，其功率传递效率不一定是 50%。

在电子技术中，常常注重将微弱信号进行放大，而不注重效率的高低，因此常使用最大功率传输的条件，要求负载与电源之间实现阻抗匹配。例如扩音器的负载扬声器，应选择扬声器的电阻等于扩音器的电阻，使扬声器获得最大的功率。在电力系统中，输送功率很大，效率非常重要，要求尽可能提高电源的效率，以便充分地利用能源，故应使电源内阻（以及输电线路电阻）远小于负载电阻。

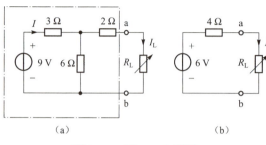

图 2-50　例 2.19 电路图

例 2.19　电路如图 2-50（a）所示，试求：（1）R_L 为何值时获得最大功率；（2）R_L 获得的最大功率；（3）电压源的功率传输效率。

解：断开图 2-50（a）电路中负载 R_L，求点画线框中有源二端网络的戴维南等效电路的参数：

$$U_{OC} = \left(6 \times \frac{9}{3+6}\right) \text{V} = 6 \text{ V} \qquad R_O = \left(\frac{3 \times 6}{3+6} + 2\right) \Omega = 4 \Omega$$

如图 2-50（b）所示，由此可知当 $R_L = R_O = 4 \Omega$ 时可获得最大功率。此时最大功率为

$$P_{Lmax} = \frac{U_{OC}^2}{4R_O} = \left(\frac{6^2}{4 \times 4}\right) \text{W} = 2.25 \text{ W}$$

由图 2-50（b）

$$I_L = \frac{6}{4+4} = 0.75 \text{ A}$$

所以

$$I = 2I_L = 1.5 \text{ A}$$

9 V 电压源发出的功率为

$$P_S = -9I = (-9 \times 1.5) \text{ W} = -13.5 \text{ W}$$

功率传输效率为

$$\eta = \left|\frac{P_{Lmax}}{P_S}\right| = \frac{2.25}{13.5} = 16.7\%$$

2.11　受　控　源

受控源

2.11.1　受控源的概念

以上所讨论的电压源和电流源都称为独立电源（independent source），即电压源的电压和电流源的电流是一固定值或是一固定的时间函数，不受其他电流或电压的控制。在电子电路中还会遇到另一种类型的电源：电压源的电压和电流源的电流受电路中其他部分的电压或电流的控制，这种电源称为受控电源（controlled source），又称非独立电源，简称受控源。例如晶体管的集电极电流受到基极电流的控制，运算放大器的输出电压受到输入电压的控制，这类器件的电路模型要用到受控源。

需要注意的是，受控源和独立源虽然同为电源，但两者有本质区别。独立源在电路中直接起"激励"作用，这样才能在电路中产生电压和电流（即响应），并能独立地向电路提供能量和功率；而受控源不能直接起到激励的作用，不能独立地产生响应，它的电压或电流要受到电路中其他电压或电流的控制。控制量存在，则受控源存在，当控制量为零时，则受控源

也为零。受控源不能产生电能，其输出的能量和功率是由独立源提供。

2.11.2　受控源的分类

受控源有两对端钮：一对为输入端钮，输入控制量，用以控制输出电压或电流；一对为输出端钮，输出受控电压或电流，所以受控源是一个二端口元件。为了区别于独立源符号，受控源在电路中用菱形符号表示。

根据控制量是电压还是电流，受控的是电压源还是电流源，受控源分为四种：电压控制电压源（VCVS）、电流控制电压源（CCVS）、电压控制电流源（VCCS）、电流控制电流源（CCCS）。它们的电路符号分别如图 2–51（a）、（b）、（c）、（d）所示。其中 μ 为电压放大系数，γ 为转移电阻，g 为转移电导，β 为电流放大系数。这四个系数为常数时，受控制量与控制量成正比，这种受控源称为线性受控源；否则，称为非线性受控源。以下只讨论线性受控源。

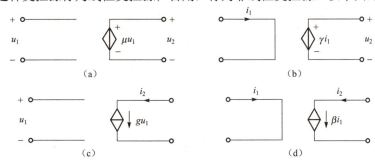

图 2–51　四种受控源

2.11.3　含受控源电路的分析

在分析含受控源电路时，KCL、KVL 和 VAR 仍然是分析计算的基本依据。因此，以上介绍的方法和定理都可以用来计算含受控源的电路。但考虑到受控源的特性，在分析计算时要注意一些特殊问题，说明如下：

①　受控电压源与电阻串联组合可以和受控电流源与电阻并联组合进行等效变换，方法和独立源等效变换一样。但需注意的是，在变换过程中不能消去控制量。若要消去，必须先将控制量转化为不会被消去的量以后，进行等效变换。

②　在运用节点电位法和网孔电流法时，可将受控源当成独立源处理。

③　在运用叠加定理求每个独立源单独作用下的响应时，把受控源看成电阻一样进行处理，将其保留在电路的原位。求戴维南等效电阻时也如此。

例 2.20　将图 2–52（a）所示电路进行化简。

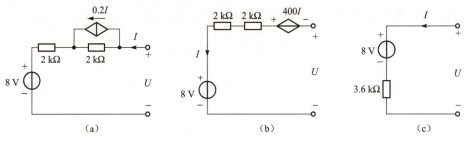

图 2–52　例 2.20 电路图

解：先将受控电流源与电阻并联变换为受控电压源与电阻串联，如图 2－52（b）所示。写出 U 与 I 的关系为

$$\begin{aligned}U &= -400I + 2\,000I + 2\,000I + 8 \\ &= 3\,600I + 8\end{aligned}$$

上式对应的等效电路如图 2－52（c）所示。

图 2－53　例 2.21 电路图

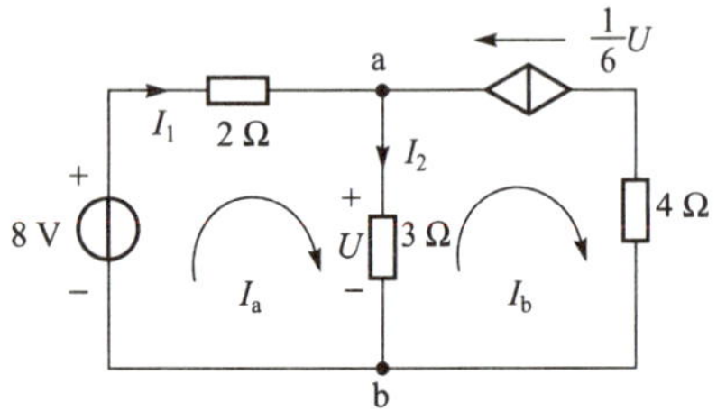

例 2.21　求图 2－53 所示电路中电流 I_2。

解：① 用网孔电流法求解。设网孔电流为 I_a、I_b，方向如图所示，列出网孔方程：

$$(2+3)I_a - 3I_b = 8$$

$$I_b = -\frac{1}{6}U$$

两个方程解三个未知数，还需建立一个方程：

$$I_2 = I_a - I_b = \frac{U}{3}$$

联立上述方程，解得 I_2=2 A。

② 用节点电位法求解。选取 b 节点为参考点，利用弥尔曼定理可得

$$V_a = \frac{\frac{8}{2} + \frac{1}{6}U}{\frac{1}{2} + \frac{1}{3}} = U$$

解得 U=6 V。则

$$I_2 = \frac{U}{3} = \left(\frac{6}{3}\right) \text{A=2 A}$$

例 2.22　试用叠加定理求图 2－54（a）所示电路中 I_1、I_2 和 U。

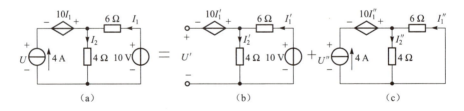

图 2－54　例 2.22 电路图

解：① 10 V 电压源单独作用，如图 2－54（b）所示，此时有：

$$I_1' = I_2' = \left(\frac{10}{6+4}\right) \text{A} = 1 \text{ A}$$

$$U' = -10I_1' + 4I_2' = (-10\times1 + 4\times1) \text{ V} = -6 \text{ V}$$

② 4 A 电流源单独作用，如图 2－54（c）所示，此时有：

$$I_1'' = \left(-\frac{4}{6+4} \times 4 \right) \text{A} = -1.6 \text{ A}$$

$$I_2'' = \left(\frac{6}{6+4} \times 4 \right) \text{A} = 2.4 \text{ A}$$

$$U'' = -10I_1'' + 4I_2'' = (-10 \times (-1.6) + 4 \times 2.4) \text{ V} = 25.6 \text{ V}$$

③ 将分量进行叠加，可得

$$I_1 = I_1' + I_1'' = [1 + (-1.6)] \text{ A} = -0.6 \text{ A}$$

$$I_2 = I_2' + I_2'' = (1 + 2.4) \text{ A} = 3.4 \text{ A}$$

$$U = U' + U'' = (-6 + 25.6) \text{ V} = 19.6 \text{ V}$$

例2.23　如图 2−55（a）所示，试问当 R_L 为何值时获得最大功率？最大功率为多少？

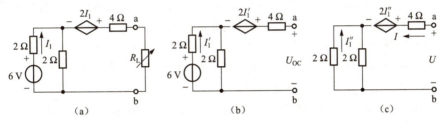

图 2−55　例 2.23 电路图

解：先将 R_L 所在支路移出，如图 2−55（b）所示。求开路电压 U_{OC}：

$$I_1' = \left(\frac{6}{2+2} \right) \text{A} = 1.5 \text{ A}$$

$$U_{OC} = 2I_1' + 2I_1' = (4 \times 1.5) \text{ V} = 6 \text{ V}$$

再在图 2−55（b）中将独立源置零，受控源保留在电路中，如图 2−55（c）所示，通过求 U 与 I 的关系，得到等效电阻 R_O

$$I_1'' = -\frac{2}{2+2} I = -\frac{1}{2} I$$

$$U = 4I + 2I_1'' - 2I_1'' = 4I + I - I = 4I$$

$$R_O = \frac{U}{I} = 4 \text{ }\Omega$$

即当 $R_L = R_O = 4 \text{ }\Omega$ 时，R_L 获得最大功率，为

$$P_{Lmax} = \frac{U_{OC}^2}{4R_O} = \left(\frac{36}{4 \times 4} \right) \text{ W} = 2.25 \text{ W}$$

知识拓展

以上介绍的分析线性电阻电路的电源等效变换法、节点电压法、叠加定理及戴维南定理等方法是电路最常用分析方法，除此以外还有一些分析方法，如：割集分析法、回路分析法、

特勒根定理、互易定理等。

先导案例解决

指针万用表直流电流的测量挡位变换是通过在表头并接不同阻值的电阻实现的，利用了并联分流原理；直流电压的测量挡位变换是通过在表头串接不同阻值的电阻实现的，利用了串联分压原理。

● 任务训练 ●

一、叠加定理仿真实验

1. 实验目的

（1）熟悉 Multisim 10 的仿真实验法，熟悉元器件故障设置的方法。

（2）进一步熟悉 Multisim 10 中数字万用表、电压表、电流表的设置及使用方法。

（3）验证叠加定律的正确性，加深叠加定律的应用。

2. 实验内容及步骤

（1）进入 Windows 环境并建立用户文件夹。例如 D:\仿真实验。

（2）双击 Multisim 10 图标，启动 Multisim 10。

（3）在 Multisim 10 窗口界面的电路工作区创建如图 1−36 所示电路。或者在 Multisim 10 工作界面单击 File 菜单，再单击 Open 命令，查找第 1 章任务训练中基尔霍夫定律仿真实验所保存的文件，打开即可。

（4）按图 1−36 所示的线路，将 10 V 电压源短路后启动仿真开关，按表 2−1 测出各点间电压及支路电流，填入表内。电压源短路的方法是：双击电压源图标，在弹出的对话框中，单击 Fault 按钮，用鼠标选中 short，将电压源设置为短路（设置时要选两个端点，若无法设置短路可以在该电压源两端画一条导线将电压源短路）。

（5）将 10 V 电压源恢复正常工作状态，再将 6 V 电压源短路后启动仿真开关，按表 2−1 测出各点间电压及支路电流，填入表内。

（6）将表 2−1 内两次测量的结果相加后填入表内，并与表 1−3 的数据比较，看结果是否相同，以验证叠加定理。

表 2−1　叠加定理验证数据记录

U/V 或 I/mA	U_{ab}	U_{bc}	U_{bd}	U_{cd}	U_{ce}	U_{de}	I_{ab}	I_{bc}	I_{bd}
6 V 电压源单独作用									
10 V 电压源单独作用									
叠加结果									

（7）将图 1−36 中电压源的电压值分别由 10 V 改为 5 V，6 V 改为 3 V，按表 2−1 测出各支路电流和各点间电压。

3. 实验报告要求

（1）实验的名称、时间、目的、电路和内容。

（2）整理测量记录，分析测量结果是否合理。

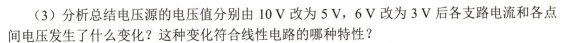

（3）分析总结电压源的电压值分别由 10 V 改为 5 V，6 V 改为 3 V 后各支路电流和各点间电压发生了什么变化？这种变化符合线性电路的哪种特性？

二、戴维南定理仿真实验

1. 实验目的

（1）熟悉 Multisim 10 的仿真实验法，进一步熟悉元器件故障设置的方法。

（2）掌握含独立源的线性二端网络外特性测试方法。

（3）掌握实验测定戴维南等效电路参数的方法，并验证戴维南定理。

2. 实验内容及步骤

（1）测量只含独立电源的线性二端网络外特性。

① 双击 Multisim 10 图标，启动 Multisim 10，创建如图 2−56 所示电路。

② 双击数字万用表 XMM1 图标，在面板上单击"V"和"−"（直流）按钮，即万用表所测量的是直流电压值；双击电流表图标，在其"Value"的默认设置中，"Mode"为"DC"（即测量直流），"Resistance"为"1 nΩ"，符合直流电流测量要求。

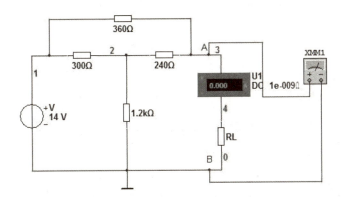

图 2−56　戴维南定理仿真实验电路

③ 按表 2−2 所列数据改变 R_L 值，用数字万用表及电流表测量 R_L 两端的电压 U 及流过 R_L 的电流 I_L，测量数据记录在表 2−2 中。根据数据表中的数据画出外特性曲线（称曲线 1）。

表 2−2　含独立电源的线性二端网络外特性测量数据表

R_L/Ω	1 000	800	600	400	200	100
U/V						
I_L/mA						

（2）戴维南等效电路参数的测定。

① 在图 2−56 中，双击数字万用表 XMM1 图标，在面板上单击"A"和"−"（直流）按钮，即万用表所测量的是直流电流值。启动仿真开关，测量 A、B 两端的短路电流值 I_{SC}（即含源线性二端网络的短路电流）。

② 双击电阻 R_L 图标，将电阻 R_L 设置为开路（在弹出的对话框中，单击 Fault 按钮，选中 open，并选一个断开端点）。双击万用表 XMM1 图标，在面板上选择"V"和"−"，即万用表所测量的是直流电压值。启动仿真开关，测量 A、B 两端开路电压值 U_{OC}（即负载 R_L 开

路时含源线性二端网络的开路电压）。

③ 根据戴维南等效电阻等于电路的开路电压和短路电流的比值。故图2－56电路的戴维南等效电阻$R_O = U_{OC}/I_{SC}$。

④ 根据实验方法测得A、B两端开路电压值U_{OC}及等效电阻R_O，并与理论计算得到的开路电压及等效电阻值进行比较。

（3）戴维南等效电路的验证。

根据实验测得的图2－56含源二端网络的戴维南等效电路参数U_{OC}及R_O，创建如图2－57所示的戴维南等效电路。

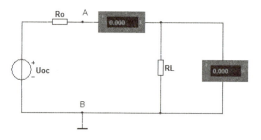

图2－57　戴维南等效电路

按表2－3所列数据改变R_L值，用数字万用表及电流表测量R_L两端的电压U及流过R_L的电流I_L，测量数据记录在表2－3中，根据表内的数据画出外特性曲线（称曲线2）。

表2－3　戴维南等效电路外特性测量数据表

R_L/Ω	1 000	800	600	400	200	100
U/V						
I_L/mA						

3. 实验报告要求

（1）实验的名称、时间、目的、电路和内容。

（2）理论计算图2－56中A、B两端含源二端网络的戴维南等效电路参数，并与测量所得结果进行比较。

（3）根据表2－3记录的数据画出图2－57所示戴维南等效电路的外特性曲线2，并与图2－56所示二端网络的外特性曲线1加以比较（为便于比较，两条曲线可画在同一坐标平面上，但应用虚、实线将两条曲线分开来），并得出结论。

（4）测量含源线性二端网络的开路电压U_{OC}和短路电流I_{SC}，讨论由$R_O = U_{OC}/I_{SC}$计算的方法，有什么使用条件？

三、指针式万用表装配实训

1. 实训目的

（1）熟悉MF－47型万用表的结构和工作原理，进一步掌握万用表的使用方法。

（2）掌握MF－47型万用表的装配、调试与校验方法，进一步加强电子装配的综合训练。

（3）学会运用所学理论知识分析和解决电子装调过程中出现的各种实际问题。

2. 实训内容及步骤

MF－47型万用表电路原理图如图2－58所示。

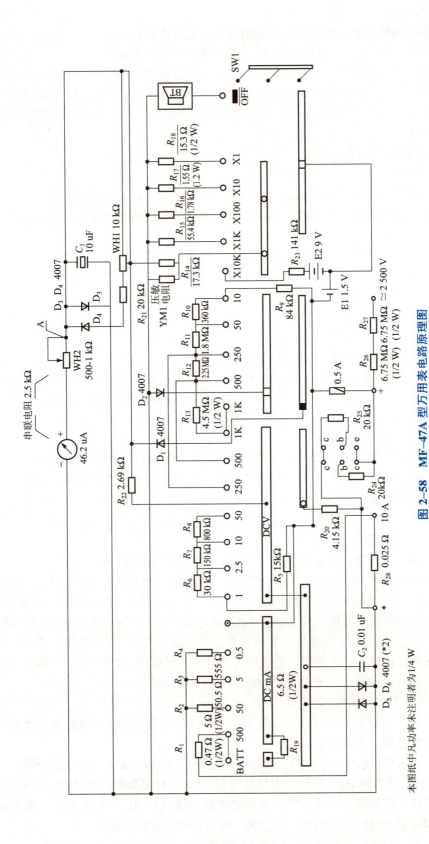

图 2-58 MF-47A 型万用表电路原理图

本图纸中凡功率未注明者为1/4 W

（1）根据结构件清单、元器件清单对结构件、元器件核对。

（2）对表头、保险丝、二极管、电容、电阻等元器件检测好坏。

（3）各部分电路装配。根据原理图分别将万用表直流电流挡电路、直流电压挡电路、交流电压挡电路、直流电阻挡电路、晶体管 h_{FE} 测试电路等电路进行装配。在各部分电路装配完毕后，对整个印制电路板进行整理。整理的内容包括元器件的安装高度是否符合工艺要求，安装是否美观等。

（4）MF–47 型万用表总装配。

① 前盖的装配。

a. 铆前盖挡位接触片。挡位接触片一般在出厂前已安装，可免去此步骤。

b. 用空心钉铆紧 1.5 V 电池架，注意铆紧时空心钉的端面与电池架要用垫铁垫平保持紧密接触。

c. 安装晶体管测试座。先将 6 个插针尾部插入测试座垫片，然后放入测试座孔内固定，再用胶将测试座、测试座垫片与前盖板粘合起来。

d. 粘挡位刻度牌。在挡位刻度牌反面和前盖挡位刻度牌位置均匀涂上适量的黏合剂，对准相应位置粘牢。

e. 截取直径 1.5 mm 的康铜丝按要求形状绕成 0.6 Ω 电阻，焊接双引线焊片。

f. 安装表笔接线柱。将两个长接线柱套上接线柱绝缘套分别插入前盖挡位刻度牌 "COM" 和 "5 A" 位置，按要求位置装好 R_1 两端焊片，用螺母将其紧固，用同样的方法将短接线柱插入前盖挡位刻度牌 "2 500 V" 和 "+" 孔内，按要求位置将焊片用螺母紧固。

g. 安装调零电位器。将电位器 R_{46} 的紧固螺母、垫圈卸下，按要求位置装好 R_{46}，从前盖正面装上垫圈、螺母并将其紧固。

h. 安装保险架。在前盖保险架位置放好保险架，并用 M2×3 螺钉将其紧固。

i. 安装挡位旋钮。在三只弹簧上涂上适量凡士林，分别装在挡位旋钮和前盖弹簧位置孔内，在挡位旋钮弹簧上面位置装入小电刷，在前盖弹簧上面分别装入钢珠，再将挡位旋钮中心轴从前盖正面的挡位中心孔装入，安装到位后两者按在一起翻转过来，用 Ω 型开口垫片插入挡位旋钮中心轴的槽内将其锁住。

j. 安装表头。从前盖正面装入表头，用 M3×6 螺钉将表头紧固。

② 前盖板、装配板的连接与装配。先将支架装配板接线面上的引出导线焊牢。焊接完成后，装配板下端两小孔穿入长接线柱，装上垫圈、螺母，上端小孔装入 M3×6 螺钉，将其紧固。在挡位旋钮中心轴依次装上 φ5 垫圈、大电刷（与挡位旋钮指示位置一致）、M5 螺母，将其紧固。

③ 后盖装配。用 2 只旋导螺钉分别依次套提手垫圈、提手、提手垫圈后穿入后盖两侧面孔内，分别在后盖内旋上提手螺母，适当用力上紧（提手旋转、支撑自如），装上电池盖，待整机调试完毕后将后盖与前盖通过 3 只 M3×25 十字螺钉紧固。

（5）MF–47 型万用表调试。

本表是 2.5 级指针表，精度要求不是太高，所以在没有专用校调试设备的情况下，用数字万用表可简单校验，方法如下。

将数字万用表挡位打至 20 K 挡，黑表棒接指针万用表 COM 一端，红表棒接二极管 D_1 负极（或 A 点），调整 WH2，使数字表显示值为 2.5 K，只要装配没有错误，该表基本准确。

另一种方法，焊好表头引线正端，数字表拨至 20 K 挡，红表棒接 A 点，黑表棒接表头负端，调可调电阻 WH2，使显示值为 2.5 K，调好后焊好表头线负端。

3. 实训报告要求

（1）实训的名称、时间、目的、电路和内容。

（2）归纳 MF-47 型万用表安装过程。

（3）总结 MF-47 型万用表调试过程。

（4）总结本次实训的心得体会。

本章小结 BENZHANGXIAOJIE

本章主要以"直流电阻电路的分析"为中心，介绍了三个方面的内容：等效变换、电路分析方法、电路定理的应用。另外，还介绍了受控源及其电路。

1. 等效变换

（1）等效网络的概念。

端口电压、电流关系相同的两个网络称为等效网络。"等效"是指"对外等效"。

（2）无源二端网络的等效变换。

① n 个电阻串联的等效电阻公式为

$$R = \sum_{k=1}^{n} R_k$$

分压公式为

$$U_k = \frac{R_k}{R} U$$

② n 个电阻并联的等效电导公式为

$$G = \sum_{k=1}^{n} G_k$$

两电阻并联的等效电阻公式为

$$R = \frac{R_1 R_2}{R_1 + R_2}$$

两电阻并联的分流公式为

$$I_1 = \frac{R_2}{R_1 + R_2} I$$

$$I_2 = \frac{R_1}{R_1 + R_2} I$$

③ 电阻 △ 形连接与电阻 Y 形连接的等效变换

Y→△ 变换公式

$$R_{12} = \frac{R_1 R_2 + R_2 R_3 + R_3 R_1}{R_3}$$

$$R_{23} = \frac{R_1 R_2 + R_2 R_3 + R_3 R_1}{R_1}$$

$$R_{31} = \frac{R_1 R_2 + R_2 R_3 + R_3 R_1}{R_2}$$

△→Y 变换公式

$$R_1 = \frac{R_{12} R_{31}}{R_{12} + R_{23} + R_{31}}$$

$$R_2 = \frac{R_{23} R_{12}}{R_{12} + R_{23} + R_{31}}$$

$$R_3 = \frac{R_{31} R_{23}}{R_{12} + R_{23} + R_{31}}$$

（3）有源二端网络的等效变换。

戴维南等效电路，一个线性有源二端电阻网络，对外电路来说，总可以用一个电压源和电阻串联的模型来代替。该电压源的电压等于有源二端网络的开路电压 U_{OC}，电阻等于该网络中所有电压源短路、电流源开路时的等效电阻 R_0。

（4）电源两种模型的等效变换。

电压源与电阻串联的模型和电流源与电阻并联的模型可以进行等效变换，等效变换公式为

$$I_S = \frac{U_S}{R_S}, \quad R'_S = R_S$$

2. 电路分析方法

（1）支路电流法。

支路电流法是以支路电流为未知量，利用 KVL 和 KCL 列出独立的支路电流方程和独立的回路电压方程，联立方程求出各支路电流，然后根据电路的基本关系求出其他未知量。

（2）节点电位法。

节点电位法是以节点电位为未知量列出节点电位方程，从而解出节点电位，然后求出支路电流。其中最常用的是适用于两个节点的弥尔曼定理。

（3）网孔电流法。

以网孔电流为未知量列出网孔电流方程，从而解出网孔电流，用网孔电流来表示支路电流和支路电压。

3. 电路定理

（1）叠加定理。

当线性电路中有几个独立电源共同作用时，各支路的电流（或电压）等于各个独立电源单独作用时在该支路产生的电流（或电压）的代数和（叠加）。

（2）齐性定理。

在线性电路中，当所有电压源和电流源都增大或缩小 k 倍（k 为实常数），则支路电流和电压也将同样增大或缩小 k 倍。

（3）置换定理。

具有唯一解的电路中，若已知某支路 k 的电压为 U_k，电流为 I_k，则无论该支路是由什么元件组成的，均可用电压为 U_k 的电压源置换，或用电流为 I_k 的电流源置换，或用阻值为 U_k/I_k 的电阻置换。

（4）最大功率传输定理。

负载 R_L 从有源二端网络获得最大功率的条件是负载电阻等于二端网络的戴维南等效电路的电阻，即 $R_L = R_0$。此时，R_L 获得的功率为

$$P_{Lmax} = \frac{U_{OC}^2}{4R_0}$$

4. 受控源

电压源的电压和电流源的电流受电路中其他部分的电压或电流的控制，这种电源称为受控源。

受控源分为四种：电压控制电压源（VCVS）、电流控制电压源（CCVS）、电压控制电流源（VCCS）、电流控制电流源（CCCS）。

在分析含受控源电路时，本章介绍的方法和定理都可以用来计算含受控源的电路。但考

虑到受控源的特性，在分析计算时要注意一些特殊问题。

习　　题

2.1　求如图 2-59 所示电路的等效电阻 R_{ab}。

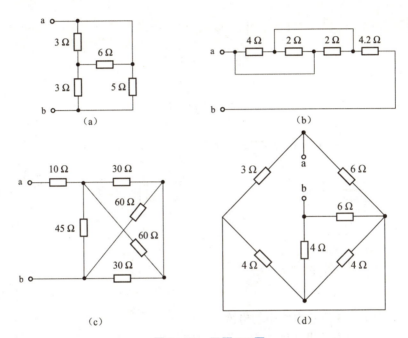

图 2-59　习题 2.1 图

2.2　求图 2-60 电路中 a、b 端的等效电阻。

2.3　求如图 2-61 所示电路中 3 Ω电阻的电流 I。

2.4　求如图 2-62 所示电路的端口等效电源模型。

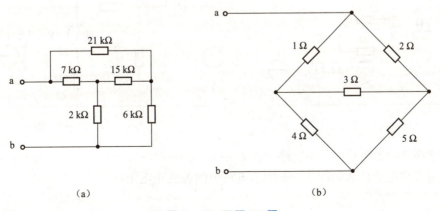

图 2-60　习题 2.2 图

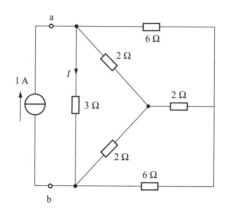

图 2-61 习题 2.3 图

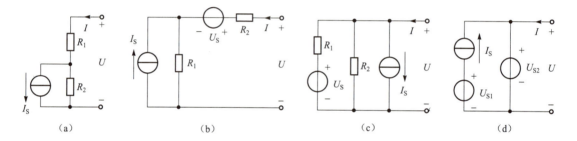

图 2-62 习题 2.4 图

2.5 计算如图 2-63 所示电路中的电流 I。

2.6 应用等效变换方法求如图 2-64 所示电路的 U。

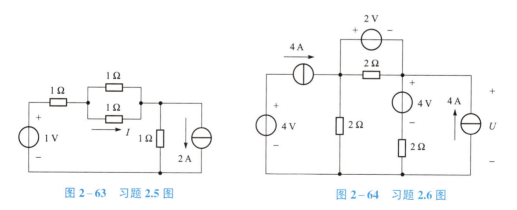

图 2-63 习题 2.5 图   图 2-64 习题 2.6 图

2.7 求图 2-65 所示电路中支路电流 I。

2.8 用支路电流法求如图 2-66 所示电路中的各支路电流。

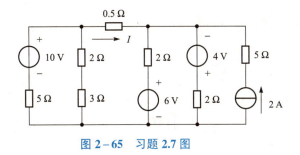

图 2-65　习题 2.7 图

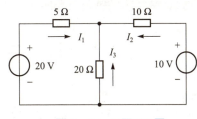

图 2-66　习题 2.8 图

2.9　用节点电位法求如图 2-67 所示电路中的电流 I。

2.10　如图 2-68 所示电路，试用节点电位法求电压 U 的大小。

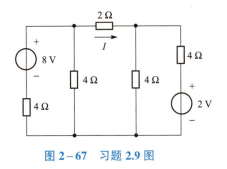

图 2-67　习题 2.9 图

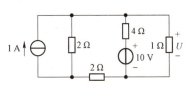

图 2-68　习题 2.10 图

2.11　用弥尔曼定理求如图 2-69 所示电路中 a 点的电位和电压 U_{ac}。

2.12　求图 2-70 所示电路中的节点电位 V_a。

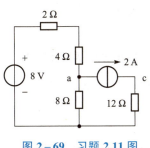

图 2-69　习题 2.11 图

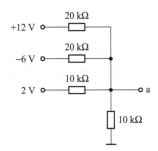

图 2-70　习题 2.12 图

2.13　用网孔电流法求图 2-71 所示电路各支路电流。

2.14　用网孔电流法求图 2-72 所示电路中流过 40 Ω电阻的电流 I。

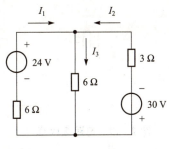

图 2-71　习题 2.13 图

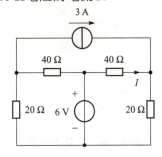

图 2-72　习题 2.14 图

2.15 用网孔电流法求如图 2−73 所示电路中的网孔电流和电压 U。

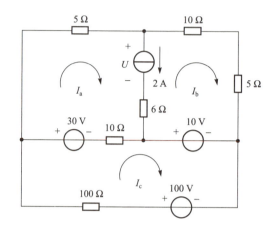

图 2−73 习题 2.15 图

2.16 试用叠加定理求如图 2−74 所示电路中 6 Ω电阻的电压 U。

2.17 试用叠加定理求如图 2−75 所示电路的 I_2、I_3、U_{S1}。

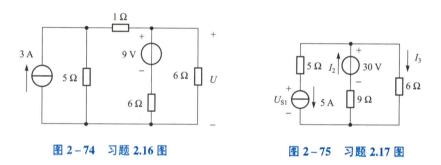

图 2−74 习题 2.16 图   图 2−75 习题 2.17 图

2.18 如图 2−76 所示，用叠加定理求 2 Ω电阻所消耗的功率。

2.19 电路如图 2−77 所示，请完成：

（1）当将开关 S 接在 a 点时，求电流 I_1、I_2 和 I_3；

（2）当将开关 S 接在 b 点时，利用（1）的结果，用叠加定理求电流 I_1、I_2 和 I_3。

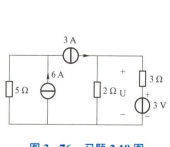   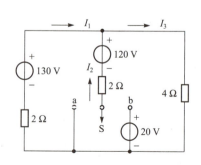

图 2−76 习题 2.18 图   图 2−77 习题 2.19 图

2.20 用齐性定理求如图 2-78 所示电路中的 I。

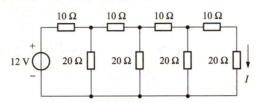

图 2-78 习题 2.20 图

2.21 试用戴维南定理求图 2-79 所示电路中的电流 I。

2.22 试求图 2-80 所示电路中 R_L 的电流 I_L。

2.23 用戴维南定理计算如图 2-81 所示电路中的电流 I。

2.24 试用戴维南定理求如图 2-82 所示电路中二极管的电流。

2.25 试求图 2-83 所示电路中 R_L 为多大时能获得最大功率？最大功率为多少？

2.26 在图 2-84 所示电路中，当可变电阻 R_L 等于多大时从电路中吸收最大功率，并求此时最大功率。

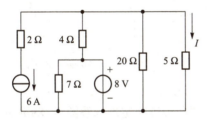

图 2-79 习题 2.21 图

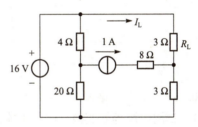

图 2-80 习题 2.22 图

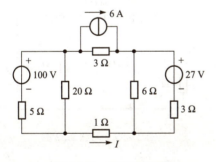

图 2-81 习题 2.23 图

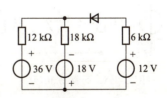

图 2-82 习题 2.24 图

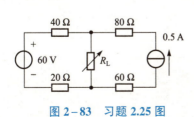

图 2-83 习题 2.25 图

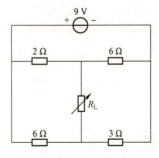

图 2-84 习题 2.26 图

2.27 求图 2−85 所示电路的等效电路。

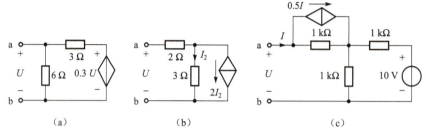

图 2−85 习题 2.27 图

2.28 用节点电位法求图 2−86 所示电路中 U 和 I 的值。

2.29 用叠加定理求图 2−87 所示电路中的电流 U_2。

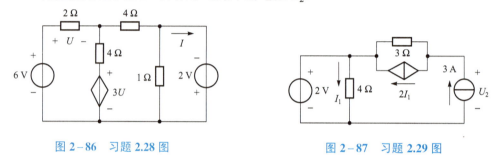

图 2−86 习题 2.28 图

图 2−87 习题 2.29 图

2.30 用戴维南电路求图 2−88 所示电路中的电压 U_O。

2.31 试用电源等效变换、网孔电流法、叠加定理和戴维南定理求解图 2−89 所示电路的电流 I。

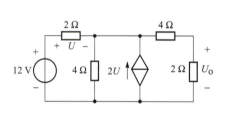

图 2−88 习题 2.30 图

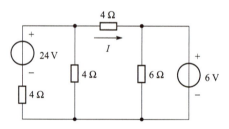

图 2−89 习题 2.32 图

第3章

线性动态电路的时域分析

本章知识点

1. 掌握电容元件、电感元件的特性及伏安关系
2. 掌握换路定律及初始值的计算
3. 了解一阶电路的零输入响应、零状态响应、全响应
4. 掌握一阶电路的三要素分析方法
5. 了解过渡过程的应用

先导案例

在楼道、门厅、地下室、车库等场所，使用普通的照明开关只能实现灯泡的开或关功能，而许多时候，这些照明灯又成了一盏盏长明灯，造成能源浪费。如图 3-1 所示为可直接替换现有墙壁开关的延时开关，使用延时开关（电路框图如图 3-2 所示）后可以解决这个问题，它与普通开关的不同之处在于灯泡点亮后，灯泡会延时一段时间后自动熄灭，避免了使用手动开关引起的长明灯弊端，具有安全、节能、方便等优点。那么，如何才能实现这一功能呢？

图 3-1　延时开关

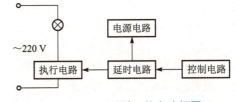

图 3-2　延时开关电路框图

在许多实际电路中，并不是只有电阻元件和电源元件来构成它的模型，往往不可避免地要包含电容元件和电感元件。这类电路在任一时刻 t 的响应不仅与同一时刻的激励有关，而且与过去的激励有关，这和电阻电路是完全不同的。因此电容元件和电感元件称为"有记忆"元件，也叫"动态元件"，含有电容元件、电感元件的电路称为动态电路。

动态电路的时域分析，也就是分析含有动态元件的电路中的电压、电流与时间之间的函

数关系。本章首先讨论电容元件、电感元件的伏安关系及特性，然后讨论一阶动态电路的分析与计算方法，重点讨论采用三要素法分析一阶动态电路。

3.1 电容元件

3.1.1 电容器和电容元件

在工程技术中，电容器的应用极为广泛。实际电容器的种类和规格很多，但它们的构成原理都是由两片金属板中间隔以介质（如云母，空气，绝缘纸或电解质等）所组成。由于介质的隔离，电容器本身并不导电。当外加电源后，与电源正极相连的金属板上就积聚有正电荷（$+q$），与电源负极相联的金属板上就积聚有负电荷（$-q$），异性的正负电荷量相等，于是就在介质中形成电场，并储存有电场能量。当电源移走后，由于电场力的吸引，异性电荷仍然积聚在正负金属板上，继续储有电场能量。所以，电容器是一种能储存电荷（电场能量）的实际器件。但由于介质不理想，会在介质中有一定的损耗或多少有点导电能力，然而一般优质的电容器其介质损耗和漏电流是很微小的，可忽略不计，因此电容器的主要物理特性是储存电场能量，这样就可以近似用一个只有储存电场能量而无其他任何作用的电容元件作为实际电容器的理想化模型，简称电容元件。

3.1.2 电容元件的伏安关系

电容器是一种能储存电荷的器件，电容元件是电容器的理想化模型。

电容元件的定义为：如果一个二端元件，在任一时刻 t 其存储的电荷 $q(t)$ 与其两端电压 $u(t)$ 之间的关系可以用 $u-q$ 平面上的一条曲线来确定，则此二端元件称为电容元件，若该曲线为 $u-q$ 平面上的一条过原点的直线，如图 3-3 所示，则此电容元件称为线性、非时变电容元件。本书讨论的仅指线性非时变电容元件。

电容元件的伏安特性

当规定电容元件上电压的参考方向（极性）由正极板指向负极板时，则它的库伏关系为

$$q = Cu \qquad (3.1)$$

式（3.1）中 C 称为该元件的电容量，简称电容（capacitance）。C 既表示电容元件储存电荷的能力，是一个与 q、u 无关的正实常数，也表示电容元件。在国际单位制中，电荷单位是库仑（C），电压单位为伏特（V），则电容单位为法拉（F）。电容的常用单位有微法（μF）和皮法（pF）。它们之间的换算关系为

图 3-3　电容元件的库伏特性

$$1\ \mu F = 10^{-6}\ F \qquad 1\ pF = 10^{-12}\ F$$

由式（3.1）可知，由于积聚在电容两极的电荷量与两极间的电压成正比，当加在极板两端的电压发生变化时，极板上的电荷量也随着改变，电荷量的改变必然要在电容电路中出现电流（实际电流并没有通过电容元件本身）。按图 3-4 所标电压电流的关联参考方向，

可得电流

$$i = \frac{dq}{dt} = C\frac{du}{dt} \qquad (3.2)$$

这就是电容元件的伏安关系（VAR）的微分形式。当 $\frac{du}{dt} > 0$ 时，电流的真实方向是流向电容的正极板，极板上的电荷增多，对电容充电；当 $\frac{du}{dt} < 0$ 时，电流的真实方向从正极板流出，极板上的电荷减少，电容放电。显然，电容在充放电过程中，就在电路中形成电流。

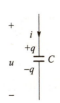

图 3-4　电容元件的符号

　　式（3.2）表明，通过电容的电流正比于电容上电压的变化率。当电容上电压变化时，才有电流，即只有电压在动态条件才有电流，所以电容元件又称动态元件。当电压不随时间变化时，即电压变化率为零，电容电流为零。故电容在直流情况下其两端电压恒定，这时电容电流为零，则电容相当于开路，所以称电容有隔断直流的作用。

　　式（3.2）还表明，如果任一时刻电容电流为有限值，则电容电压的变化率也必为有限值，这就意味着电容电压不能跃变，而只能是连续变化。如果电容电压发生跃变的话，那么电容电流就为无穷大值，即 $i = C\frac{du}{dt} \to \infty$，显然这是不可能的，因为实际中电容上存储的电荷量不可能发生突然变化，因此，通过电容的电流总是为有限值，也就是说，电容电压的变化率为有限值，这是电容的一个重要性质。如果电容突然接入一个理想电压源，则是另一种情况在此暂不讨论。

　　和欧姆定律公式类似，如果电容的电压和电流的参考方向相反（非关联参考方向）则有

$$i = -C\frac{du}{dt} \qquad (3.3)$$

对式（3.2）两边同时积分，电容的伏安关系还可写成

$$u(t) = \frac{1}{C}\int_{-\infty}^{t} i(\xi)d\xi \qquad (3.4)$$

上式中把积分变量 t 用 ξ 表示，以区分积分上限 t。式（3.4）称为电容元件伏安关系的积分形式。式（3.4）表明，某一时刻 t 电容电压 $u(t)$ 取决于电容电流 $i(t)$ 从 $-\infty$ 到 t 的积分，即与电容电流过去的全部历史有关，说明电容有"记忆"电流的作用，故电容是一种记忆元件。

　　将式（3.4）改写为

$$u(t) = \frac{1}{C}\int_{-\infty}^{t_0} i(\xi)d\xi + \frac{1}{C}\int_{t_0}^{t} i(\xi)d\xi = u(t_0) + \frac{1}{C}\int_{t_0}^{t} i(\xi)d\xi \qquad (3.5)$$

上式中 t_0 为任意选定的初始时刻，$u(t_0)$ 是 t_0 时刻的电容电压值，称为初始电压。它是电容电流从 $-\infty$ 到 t_0 时间的积分，反映了 t_0 以前电容电流的全部历史。式（3.5）表明：如果已知 t_0 时刻的初始电压 $u(t_0)$ 和电容电流 i，就可以确定 $t \geq t_0$ 时的电容电压 u。

　　例 3.1　图 3-5（a）所示电路中，已知电容 $C = 1\ F$，电容电压 $u(t)$ 的波形如图 3-5（b）所示，试求电容电流 $i(t)$ 的表达式。

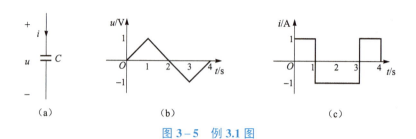

图 3-5　例 3.1 图

解： 先写出电容电压 $u(t)$ 的表达式

$$u(t)=\begin{cases} t & 0\leqslant t<1\,\text{s} \\ -t+2 & 1\,\text{s}\leqslant t<3\,\text{s} \\ t-4 & 3\,\text{s}\leqslant t<4\,\text{s} \\ 0 & \text{其他}\,t \end{cases}$$

由式（3.2）可得

在 $0\leqslant t<1\,\text{s}$ 时

$$u(t)=t$$

$$i(t)=C\frac{\mathrm{d}u(t)}{\mathrm{d}t}=1\times\frac{\mathrm{d}(t)}{\mathrm{d}t}=1\,\text{A}$$

在 $1\,\text{s}\leqslant t<3\,\text{s}$ 时

$$u(t)=-t+2$$

$$i(t)=C\frac{\mathrm{d}u(t)}{\mathrm{d}t}=1\times\frac{\mathrm{d}(-t+2)}{\mathrm{d}t}=-1\,\text{A}$$

在 $3\,\text{s}\leqslant t<4\,\text{s}$ 时

$$u(t)=t-4$$

$$i(t)=C\frac{\mathrm{d}u(t)}{\mathrm{d}t}=1\times\frac{\mathrm{d}(t-4)}{\mathrm{d}t}=1\,\text{A}$$

其他 t 时，$u(t)=0$

$$i(t)=C\frac{\mathrm{d}u(t)}{\mathrm{d}t}=0\,\text{A}$$

所以 $i(t)$ 的表达式为

$$i(t)=\begin{cases} 1\,\text{A} & 0\leqslant t<1\,\text{s} \\ -1\,\text{A} & 1\,\text{s}\leqslant t<3\,\text{s} \\ 1\,\text{A} & 3\,\text{s}\leqslant t<4\,\text{s} \\ 0 & \text{其他}\,t \end{cases}$$

$i(t)$ 的波形如图 3-5（c）所示。

3.1.3　电容的储能

根据功率定义，在 u、i 为关联参考方向下，电容所吸收的瞬时功率仍是电容电压 $u(t)$ 和电流 $i(t)$ 的乘积，即

$$p(t) = u(t)i(t) = Cu(t)\frac{\mathrm{d}u(t)}{\mathrm{d}t} \tag{3.6}$$

由式（3.6）可知：电容的瞬时功率可正可负，正值表示电容从电路中吸收功率（能量），储存于电场中；负值时表示电容向电路释放功率（能量），而电容本身不消耗功率。从 $-\infty$ 到 t 的时间内，电容上所储存或释放的能量应为

$$\begin{aligned} W(t) &= \int_{-\infty}^{t} p(\xi)\mathrm{d}\xi = \int_{-\infty}^{t} Cu(\xi)\frac{\mathrm{d}u(\xi)}{\mathrm{d}\xi}\mathrm{d}\xi \\ &= C\int_{u(-\infty)}^{u(t)} u(\xi)\mathrm{d}u(\xi) \\ &= \frac{1}{2}Cu^2(t) - \frac{1}{2}Cu^2(-\infty) \end{aligned} \tag{3.7}$$

若电容在充电开始时电压为零，即 $u(-\infty)=0$，则上式可写为

$$W(t) = \frac{1}{2}Cu^2(t) \tag{3.8}$$

式（3.8）表明：电容在某一时刻的储能，只取决于该时刻的电容电压值，与电流无关。尽管电容的瞬时功率可正可负，但储能总是为正值。不过有时增加，有时减少，有时为定值。当储能增加时，瞬时功率为正，电容充电，吸收的能量全部转换为电场能量；当储能减少时，瞬时功率为负，电容放电，将储存的电场能量释放回电路中；当储能为恒定值时，瞬时功率为零，电流为零值，这时电容既不充电也不放电。电容元件本身不消耗能量，也不会释放出多于它所吸收的能量，所以又称电容为储能元件或非耗能元件。

例 3.2　有 3 A 的电流源从 $t=0$ 开始对 $C=1$ F 的电容充电，求 20 s 后电容所储存的能量是多少？设电容的初始电压 $u(0)=0$ V。

解：由

$$u(t) = \frac{1}{C}\int_{-\infty}^{t} i(\xi)\mathrm{d}\xi = u(0) + \frac{1}{C}\int_{0}^{t} i(\xi)\mathrm{d}\xi = \int_{0}^{t} 3\mathrm{d}\xi = 3t$$

可得 $t=20$ s 时，电容电压 $u(t)=3\times 20 = 60$ V，所以

$$W(20) = \frac{1}{2}Cu^2(t)\Big|_{t=20} = \left(\frac{1}{2}\times 60^2\right)\text{J} = 1\,800\text{ J}$$

3.1.4　电容器的串、并联

1. 电容器的串联

把几个电容器首尾相接连成一个无分支的电路，称为电容器的串联，如图 3-6 所示。

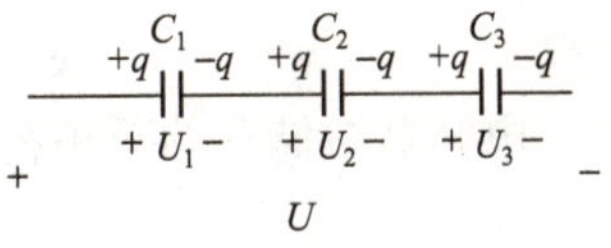

串联时每个电容器极板上的电荷量都是 q。设每个电容器的电容分别为 C_1、C_2、C_3，电压分别为 U_1、U_2、U_3，则

$$U_1 = \frac{q}{C_1}, \qquad U_2 = \frac{q}{C_2}, \qquad U_3 = \frac{q}{C_3}$$

总电压 U 等于各个电容器上的电压之和，所以

图 3-6　电容器的串联

电容器的串并联

79

$$U = U_1 + U_2 + U_3 = \frac{q}{C_1} + \frac{q}{C_2} + \frac{q}{C_3}$$

$$= q\left(\frac{1}{C_1} + \frac{1}{C_2} + \frac{1}{C_3}\right)$$

设串联总电容（等效电容）为 C_{eq}，则由 $U = \dfrac{q}{C_{eq}}$，可得

$$\frac{1}{C_{eq}} = \frac{1}{C_1} + \frac{1}{C_2} + \frac{1}{C_3} \qquad (3.9)$$

式（3.9）表明：电容串联的总电容的倒数等于各电容器电容的倒数之和。

例3.3 如图 3-6 中，$C_1 = C_2 = C_3 = 200\ \mu F$，额定工作电压为 50 V，总电压 $U = 120$ V，求串联电容器的等效电容是多大？每只电容器两端的电压是多大？在此电压下工作是否安全？

解：三只电容器串联后的等效电容为

$$C_{eq} = \left(\frac{200}{3}\right)\mu F \approx 66.67\ \mu F$$

每只电容器上所带的电荷量为

$$q = C_1 U_1 = C_2 U_2 = C_3 U_3 = CU$$

$$= (66.67 \times 120)\ C \approx 8 \times 10^{-3}\ C$$

每只电容器上的电压为

$$U_1 = U_2 = U_3 = \frac{q}{C_1} = \left(\frac{8 \times 10^{-3}}{200}\right) V \approx 40\ V$$

电容器上的电压小于它的额定电压，因此电容在这种情况下工作是安全的。

2. 电容器的并联

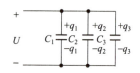

图 3-7 电容器的并联

把几个电容器的一端连在一起，另一端也连在一起的连接方式，称为电容器的并联。如图 3-7 所示。

电容器并联时，加在每个电容器上的电压都相等。设每个电容器的电容分别为 C_1、C_2、C_3，电荷量分别为 q_1、q_2、q_3，则

$$q_1 = C_1 U、\quad q_2 = C_2 U、\quad q_3 = C_3 U$$

电容器组储存的总电荷量 q 等于各个电容器所带电荷量之和，即

$$q = q_1 + q_2 + q_3 = (C_1 + C_2 + C_3)U$$

设并联电容器的总电容（等效电容）为 C_{eq}，由 $q = C_{eq}U$ 得

$$C_{eq} = C_1 + C_2 + C_3 \qquad (3.10)$$

式（3.10）表明：并联电容器的总电容等于各个电容器的电容之和。

例3.4 电容器 A 的电容为 10 μF，充电后电压为 30 V，电容器 B 的电容为 20 μF，充电后电压为 15 V，把它们并联在一起，其电压是多少？

解：电容器 A、B 连接前的所带电荷量分别为

$$q_1 = C_1 U = (10 \times 10^{-6} \times 30)\ C = 3 \times 10^{-4}\ C$$

$$q_2 = C_2 U = (20 \times 10^{-6} \times 15) \text{ C} = 3 \times 10^{-4} \text{ C}$$

它们的总电荷量为

$$q = q_1 + q_2 = (3 \times 10^{-4} + 3 \times 10^{-4}) \text{ C} = 6 \times 10^{-4} \text{ C}$$

并联后的总电容为

$$C_{eq} = C_1 + C_2 = (10 + 20) \ \mu\text{F} = 30 \ \mu\text{F}$$

并联后的共同电压为

$$U = \frac{q}{C_{eq}} = \left(\frac{6 \times 10^{-4}}{30 \times 10^{-6}} \right) \text{V} = 20 \text{ V}$$

3.2　电　感　元　件

3.2.1　电感线圈和电感元件

在工程中广泛用到利用导线绕制的线圈。把金属导线绕在一骨架上，就构成了一个实际电感线圈，如图 3-8 所示。当电感线圈中有电流通过时，就会在其周围产生磁场，并存储磁场能量。

当电流 $i(t)$ 流过电感线圈时，就会产生磁通 Φ，若线圈有 N 匝，则与线圈交链的总磁通为 $N\Phi$，称为磁链 Ψ，即 $\Psi = N\Phi$。磁通 Φ、磁链 Ψ 都是由线圈本身的电流 $i(t)$ 产生的，故又称为自感磁通、自感磁链，电流 $i(t)$ 称为施感电流。显然自感磁链 Ψ 是施感电流 $i(t)$ 的函数，即

$$\Psi = f(i)$$

由于磁场是具有能量的，当电流增大时，磁通增加，磁链也增大，这时储存的磁场能量就增加；当电流减小，磁通相应减小，磁链也减少，这时储存的磁场能量也减少，把一部分能量释放给电路。当电流减小为零时，磁通和磁链也相应减小为零，这时线圈把原先储存的磁场能量全部释放出来。所以电感线圈也是一种储能的器件。

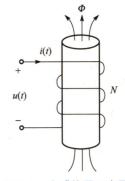

图 3-8　电感线圈示意图

但是电感线圈除了具有储存磁场能量这一物理特性外，还有绕线电阻要消耗能量以及匝间电容要储存电场能量，通常绕线电阻和匝间电容都很小，所以消耗的功率和储存的电场能量可以忽略不计。因此，可以近似用一个只储存磁场能量的理想电感元件作为它的模型，简称电感元件。

3.2.2　电感元件的伏安关系

电感线圈是一种能储存磁场能的器件，电感元件是电感线圈的理想化模型。

电感元件的定义为：如果一个二端元件，在任一时刻 t 其磁链 Ψ 与产生该磁链的电流 $i(t)$ 之间的关系可以用 $\Psi - i$ 平面上的一条曲线来确定，则此二

电感元件的伏安特性

端元件称为电感元件，若该曲线为 $\Psi - i$ 平面上的一条过原点的直线，如图 3-9 所示，则此电感元件称为线性、非时变电感元件。本书讨论的仅指线性非时变电感元件，电感元件符号如图 3-10 所示。

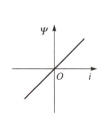

图 3-9　电感元件的韦安特性　　　　图 3-10　电感元件的符号

若规定磁链 Ψ 的参考方向与电流 i 的参考方向满足右手螺旋定则，则它的韦安关系为

$$\Psi = Li \tag{3.11}$$

式（3.11）中 L 称为电感元件的自感系数或电感系数，简称电感。它是一个正实常数。在国际单位制中，磁通和磁链的单位为韦伯（Wb），电感的单位为亨利（H），常用单位有毫亨（mH）和微亨（μH），它们的换算关系是

$$1 \text{ mH} = 10^{-3} \text{ H} \qquad 1 \text{ μH} = 10^{-6} \text{ H}$$

如果把电感元件的自感磁链 Ψ 取为纵（横）坐标，电流 i 取为横（纵）坐标，画出 Ψ 和 i 的关系曲线，这条曲线称为电感元件的韦安特性。线性电感元件的韦安特性是一条通过 $\Psi - i$ 平面上坐标原点的直线，如图 3-9 所示。

当在电感中通过的电流 i 随时间变化时，磁链 Ψ 也随时间变化，将在线圈两端产生感应电压 u。若电压 u 和电流 i 为关联参考方向，且 i 与 Ψ 满足右手螺旋法则时，根据楞茨定律则感应电压为

$$u = \frac{\mathrm{d}\psi}{\mathrm{d}t} \tag{3.12}$$

把式（3.11）代入式（3.12）得

$$u = L\frac{\mathrm{d}i}{\mathrm{d}t} \tag{3.13}$$

这就是电感元件的伏安关系（VAR）的微分形式。式（3.13）表明：在任何时刻，线性电感元件上的电压与该时刻电流的变化率成正比。电流的变化率越大，感应电压 u 也越大，反之感应电压越小。如果电流恒定不变，则电流的变化率为零，感应电压 u 也为零。故电感在直流情况下通过其电流恒定，这时感应电压为零，这时电感元件相当于短路。

式（3.13）还表明：如果感应电压为有限值，那么 $\frac{\mathrm{d}i}{\mathrm{d}t}$ 也为有限值，则通过电感的电流不能跃变，而只能连续变化。这和电容上的电压不能跃变的原理是相似的，所以电感电流不能跃变也是它的一个重要特性。如果电感突然接入一个理想电流源则是另一种情况，在此暂不讨论。

如果 u 和 i 的为非关联参考方向，则式（3.13）应写为

$$u = -L\frac{\mathrm{d}i}{\mathrm{d}t} \tag{3.14}$$

对式（3.13）两边同时积分，电感的伏安关系还可写成

$$i(t) = \frac{1}{L}\int_{-\infty}^{t} u(\xi)\mathrm{d}\xi \tag{3.15}$$

式（3.15）称为电感元件伏安关系的积分形式。式（3.14）表明，某一时刻 t 电感电流 $i(t)$ 取决于电感电压 $u(t)$ 从 $-\infty$ 到 t 的积分，即与电感电压过去的全部历史有关，说明电感有"记忆"电压的作用，故电感是一种记忆元件。

将式（3.15）改写为

$$i(t) = \frac{1}{L}\int_{-\infty}^{t_0} u(\xi)\mathrm{d}\xi + \frac{1}{L}\int_{t_0}^{t} u(\xi)\mathrm{d}\xi = i(t_0) + \frac{1}{L}\int_{t_0}^{t} u(\xi)\mathrm{d}\xi \tag{3.16}$$

式（3.16）中 t_0 为任意选定的初始时刻，$i(t_0)$ 是 t_0 时刻的电感电流值，称为初始电流。它是电感电压从 $-\infty$ 到 t_0 时间的积分，反映了 t_0 以前电感电压的全部历史。式（3.16）表明：如果已知 t_0 时刻的初始电流 $i(t_0)$ 和电感电压 u，就可以确定 $t \geqslant t_0$ 时的电感电流 i。

3.2.3　电感的储能

在电压 $u(t)$ 和电流 $i(t)$ 的关联参考方向下，电感上的功率和储能公式的推导与电容的有关公式推导类似，即电感的瞬时功率为

$$p(t) = u(t)i(t) = L\frac{\mathrm{d}i(t)}{\mathrm{d}t}i(t)$$

可见电感的瞬时功率也有时为正有时为负。正值表示电感从电路中吸收能量储存于磁场中；负值表示电感放出储存在磁场中的能量，它本身并不消耗功率。

电感的储能 $W(t)$ 也是对瞬时功率的时间积分即

$$\begin{aligned}
W(t) &= \int_{-\infty}^{t} p(\xi)\,\mathrm{d}\xi = \int_{-\infty}^{t} L\frac{\mathrm{d}i(\xi)}{\mathrm{d}\xi}i(\xi)\,\mathrm{d}\xi \\
&= \int_{i(-\infty)}^{i(t)} Li(\xi)\,\mathrm{d}i(\xi) = \frac{1}{2}Li^2(t) - \frac{1}{2}Li^2(-\infty)
\end{aligned} \tag{3.17}$$

如果电感开始充电时的电流为零，即 $i(-\infty)=0$，则式（3.17）可写为

$$W(t) = \frac{1}{2}Li^2(t) \tag{3.18}$$

式（3.18）表明，电感某一时刻的储能取决于该时刻的电感电流值，尽管电感的瞬时功率有时为正有时为负，但储能总是为正值。

3.3　换路定律与初始值的计算

3.3.1　过渡过程的概念

自然界中的物质运动过程通常都存在稳定状态（稳态）和过渡过程。例如电动机从静止状态（一种稳定状态）启动，其转速由零逐渐上升，需要一个加速过程，最后到达恒速状态（另一种稳定状态）；同样当电动机制动时，电动机的转速将由原来的恒速逐渐下降，即需要

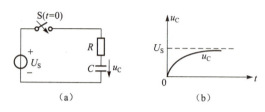

（a）　　　　　　　　　（b）

图 3-11　*RC* 充电电路的过渡过程

经过一个减速过程，最后下降到零。这就是说物质从一种稳定状态转变到另一种新的稳定状态往往需要一个过程，这个过程称为过渡过程或暂态过程。

电路中也存在过渡过程。如图 3-11（a）所示的由 *R*、*C*、开关 S 和直流电源 U_S 组成的充电电路。当开关 S 未闭合前电容上的电压 u_C＝0（一种稳定状态），当开关闭合后，直流电源 U_S 给电容充电，但电容上的端电压 u_C 也不是马上就等于 U_S，而是由零逐渐过渡到 U_S（新的稳定状态）。电容上电压 u_C 的变化规律如图 3-11（b）所示。可见，电路从原来的稳定状态变化到另一个稳定状态是需要一个过程的，这个过程就是电路的过渡过程。

一个含有电感或电容的电路在确定的直流激励下，电路中的任一支路电压或电流在经历一个变化的过程后，最终将稳定在某个值上，这时称电路处于稳定状态。如果电路的激励（电源）突然发生变化（如电源的突然接入或断开）或元件参数和电路结构发生改变，我们通常统称为"换路"，那么电路（电阻电路除外）一般将从原来的稳定状态逐渐过渡到一个新的稳定状态，这需要经历一定的时间过程。电路从一种稳态进入到另一种稳态的中间过程称为电路的过渡过程或暂态过程。这里的暂态是相对于稳态而言的。引起过渡过程的原因是电路状态和结构发生变化破坏了电路原有的稳定状态，实质原因在于物质能量不能发生跃变，即电路中储能元件电容的电场能或电感的磁场能不能发生突变，需经历一段时间才能达到新的稳态。

研究电路的过渡过程在工程中颇为重要。在电子技术中常利用 *RC* 电路电容的充放电过渡过程的特性来构成各种脉冲电路或延时电路。在电力系统中，由于过渡过程的存在将会出现过电压或过电流现象，有时会损坏电气设备，造成严重事故。因此，人们必须认识过渡过程的规律，从而在工程实践上既能充分利用它，又能设法防止它的危害。

3.3.2　换路定律

含有电感或电容的动态电路的一个重要特征是当电路的结构、元件的参数或电源发生变化时，可能使电路改变原来的工作状态，进而转变到另一个工作状态，这种转变往往需要经历一个过程，即过渡过程。

从 3.1 节和 3.2 节中讨论的电容元件和电感元件可知，这两种元件的伏安关系是关于时间的微分或积分关系。因此，在分析动态电路的过渡过程时，根据 KCL 和 KVL 以及元件的 VAR 建立的电路方程是以电流和电压为变量的微分方程。也就是说，动态电路的数学模型是微分方程，分析动态电路的过

换路定律

渡过程实际上就是求解微分方程，求解微分方程必须知道初始条件，否则无法求解出微分方程的解。由于动态电路中的变量是电压或电流，因此，动态电路的初始条件就是待求电压或电流的初始值。确定电压、电流的初始值是对动态电路进行暂态分析的一个重要环节。为了求解初始条件，我们引入了换路定律（switching law）。

分析电路的过渡过程时，为了研究方便，一般认为换路是在 *t*＝0 时刻进行的。用 $t=0_-$ 表示换路前瞬间，$t=0_+$ 表示换路后瞬间，换路所经历的时间为 $t=0_-$ 到 $t=0_+$。换路时，电路

中电容元件储存的电场能 $W_C(t) = \frac{1}{2}Cu_C^2(t)$ 和电感元件储存的磁场能 $W_L(t) = \frac{1}{2}Li_L^2(t)$ 不能突变，由此可知电容电压和电感电流不能突变，即在换路时，电容上电压和电感电流在换路前瞬间和换路后瞬间的值相等。因此，换路定律可表示为

$$u_C(0_+) = u_C(0_-) \atop i_L(0_+) = i_L(0_-) \Bigg\}$$

（3.19）

例 3.5　电路如图 3-12 所示，当开关闭合时，分析电路中的三个灯的变化过程。

解： ① 当开关闭合后，由于电阻元件不是储能元件，该支路不存在过渡过程，换路后立即进入新的稳态。所以，灯泡会立即发亮，而且亮度不变化。

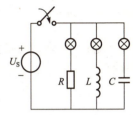

图 3-12　例 3.5 电路

② 当开关闭合后，由于电感元件的储能特性，该支路存在过渡过程，换路时电感电流不能突变，换路后，电感电流逐渐增大，最后进入新的稳态，电流不变。所以，电感支路的灯泡开始由暗渐渐变亮，最后亮度不变。

③ 当开关闭合后，由于电容元件的储能特性，该支路存在过渡过程，换路时电容电压不能突变，换路后瞬时电容电压仍为零，电灯两边电压为 U_S，电源通过电灯对电容充电，电容电压开始增大，电灯上的电流逐渐减小，直到电容电压等于 U_S，进入新的稳态，电流为零。所以，电容支路的灯泡开始由亮渐渐变暗，最后熄灭。

由例 3.5 也可以得出过渡过程出现的条件是：

① 电路中存在储能元件电容或电感。

② 电路发生换路。

3.3.3　初始值的计算

换路定律表明电容电压或电感电流从一个数值到另一个数值必定是一个连续变化的过程。在随后的讨论中将看到，换路定律在暂态分析中的作用是为电路的微分方程的解提供初始条件。事实上，可以利用换路定律由电路在换路前一瞬间 $t = 0_-$ 时的电容电压 $u_C(0_-)$ 或电感电流 $i_L(0_-)$ 完全确定换路后一瞬间 $t = 0_+$ 时电路中的电压和电流。初始值（initial value）的计算可按如下步骤进行：

初始值的计算

① 首先根据换路前的稳态电路求出 $t = 0_-$ 时，电路中的电容电压 $u_C(0_-)$ 和电感电流 $i_L(0_-)$，然后再利用换路定律 $u_C(0_+) = u_C(0_-)$、$i_L(0_+) = i_L(0_-)$，确定出 $t = 0_+$ 时的电容电压 $u_C(0_+)$ 和电感电流 $i_L(0_+)$。

② 根据换路后的电路，将电容元件和电感元件分别用电压源和电流源代替，其值分别等于 $u_C(0_+)$ 和 $i_L(0_+)$，画出 $t = 0_+$ 时刻的等效电路。

③ 根据 $t = 0_+$ 时刻的等效电路，利用 KCL、KVL 和欧姆定律求出电路中其他元件或支路上的电压或电流的初始值 $u(0_+)$ 和 $i(0_+)$。注意，独立源则取 $t = 0_+$ 时的值。

例 3.6　图示 3-13（a）电路中，设开关 S 在 $t = 0$ 时断开，断开前电路已处于稳态，已知 $U_S = 8\text{ V}$，$R_1 = 6\ \Omega$、$R_2 = 2\ \Omega$、$R_3 = 2\ \Omega$、$C = 1\text{ F}$。求 $t = 0_+$ 时的 i_1、i_2、i_3 和 u_C。

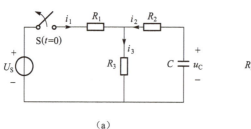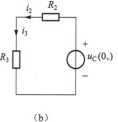

（a）　　　　　　　　　　　　　　　（b）

图 3－13　例 3.6 电路

解： ① 确定初始值 $u_C(0_+)$。由于开关 S 断开前电路已处于稳态，所以电容相当于开路。故有

$$u_C(0_-) = \frac{R_3}{R_1 + R_3} U_s = \left(\frac{2}{6+2} \times 8\right) \text{V} = 2 \text{ V}$$

由换路定律得

$$u_C(0_+) = u_C(0_-) = 2 \text{ V}$$

② 换路后一瞬间将电容用电压源代替，其值等于 $u_C(0_+) = 2 \text{ V}$，画出 $t = 0_+$ 时刻的等效电路如图 3－13（b）所示。

③ 求出相关初始值。由图 3－13（b）可求得

$$i_2(0_+) = i_3(0_+) = \frac{u_C(0_+)}{R_2 + R_3}$$

$$= \left(\frac{2}{2+2}\right) \text{A} = 0.5 \text{ A}$$

显然

$$i_1(0_+) = 0 \text{ A}$$

由计算结果可以看出：除了电容电压和电感电流的初始值不能跃变，其他初始值可能跃变也可能不跃变。如电容上电流由零跃变到 0.5 A，电阻 R_1 的电流由 1 A 跃变到零。

例 3.7　图示 3－14(a)电路中，设开关 S 在 $t = 0$ 时闭合，闭合前电路已处于稳态，求 $t = 0_+$ 时的 i_1、i_2、i_L、i_C、u_L 和 u_C。

解： ① 首先确定初始值 $u_C(0_+)$ 和 $i_L(0_+)$。由于开关 S 闭合前电路已处于稳态，所以电容相当于开路，电感相当于短路。故有

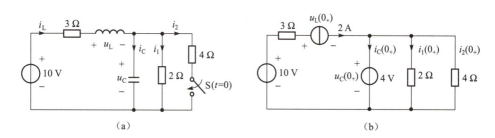

（a）　　　　　　　　　　　　　　　（b）

图 3－14　例 3.7 电路

$$u_C(0_-) = \left(\frac{2}{3+2} \times 10\right) \text{V} = 4 \text{ V}$$

$$i_L(0_-) = \left(\frac{10}{3+2}\right) \text{A} = 2 \text{ A}$$

由换路定律得

$$u_C(0_+) = u_C(0_-) = 4 \text{ V}$$

$$i_L(0_+) = i_L(0_-) = 2 \text{ A}$$

② 换路后一瞬间，将电容用值等于 $u_C(0_+) = 4$ V 的电压源代替，电感用值等于 $i_L(0_+) = 2$ A 的电流源代替，画出 $t = 0_+$ 时刻的等效电路如图 3–14（b）所示。

③ 求出相关初始值。由图 3–14（b）可求得

$$i_1(0_+) = \left(\frac{4}{2}\right) \text{A} = 2 \text{ A}$$

$$i_2(0_+) = \left(\frac{4}{4}\right) \text{A} = 1 \text{ A}$$

$$i_C(0_+) = 2 - i_1(0_+) - i_2(0_+)$$
$$= (2 - 2 - 1) = -1 \text{ A}$$

$$u_L(0_+) = (10 - 4 - 3 \times 2) \text{ V} = 0 \text{ V}$$

3.4　一阶电路的零输入响应

所谓一阶电路（first order circuit），就是可用一阶微分方程描述的电路，实际上也就是仅有一类储能元件（电容或电感）的电路。

对于电阻电路，没有独立源（激励）作用，电路中就没有响应。而对于动态电路，由于含有储能元件，即使没有独立源激励，只要储能元件的 $u_C(0_+)$ 或 $i_L(0_+)$ 不为零，就由储能元件的初始储能引起响应。即在动态电路中，独立源、储能元件（电容或电感）的初始储能均能作为激励引起响应。在一阶电路中，若所有独立源（激励）为零，仅由储能元件的初始储能引起的响应称为零输入响应（zero-input response）。下面分别讨论由电阻和电容构成的 RC 电路和由电阻和电感构成的 RL 电路的零输入响应。

3.4.1　RC 串联电路的零输入响应

如图 3–15（a）所示 RC 电路中，如在 $t<0$ 时开关 S 打到位置"1"，电源 U_S 通过电阻 R_S 对电容充电，直至 $u_C(t) = U_S$ 时电路处于稳态。在 $t = 0$ 时刻，开关 S 的位置由"1"掷到"2"，电路进入过渡过程。换路前，电容已储存有初始储能，当 $t>0$ 后，电源 U_S 失去作用，电容将通过电阻 R 放电，直至 $u_C(t) = 0$ 时电路进入新的稳态。电路中无独立源（激励）作用，电路的响应均是由电容元件的初始储能引起的，故属于零输入响应。

其零输入响应可作如下数学分析：

由于 $u_C(0_-)=U_S$，在换路瞬间，电容电压不能跃变，由换路定律可得初始条件 $u_C(0_+)=u_C(0_-)=U_S$。当 $t=0$ 时刻，开关 S 断开时，其电路如图 3–15（b）所示。根据 KVL 及电阻、电容的 VAR 可得

$$-u_C + u_R = 0$$

$$u_R = iR$$

$$i = -C\frac{\mathrm{d}u_C}{\mathrm{d}t}$$

整理可得

$$RC\frac{\mathrm{d}u_C}{\mathrm{d}t} + u_C = 0 \qquad\qquad (3.20)$$

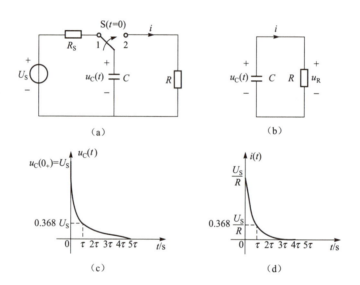

图 3–15 一阶 *RC* 电路的零输入响应

式（3.20）是一阶线性常微分齐次方程。其通解形式为

$$u_C(t) = k\mathrm{e}^{pt} \qquad t \geqslant 0 \qquad\qquad (3.21)$$

式（3.21）k 为待定的积分常数，可由初始条件 $u_C(0_+)$ 确定。p 为式（3.20）对应的特征方程的根。将式（3.21）代入式（3.20）可得特征方程为

$$RCp + 1 = 0$$

解之特征根为

$$p = -\frac{1}{RC}$$

故得式（3.20）一阶线性常微分齐次方程的通解为

$$u_C(t) = k\mathrm{e}^{-\frac{1}{RC}t} \qquad t \geqslant 0 \qquad\qquad (3.22)$$

将初始条件 $u_C(0_+) = U_S$ 代入式（3.22），求得待定的积分常数

$$k = U_S$$

最后得到满足初始值的一阶线性常微分齐次方程的解为

$$u_C(t) = U_S e^{-\frac{1}{RC}t} \quad t \geqslant 0 \tag{3.23}$$

电路中的放电电流为

$$i(t) = \frac{U_S}{R} e^{-\frac{1}{RC}t} \quad t \geqslant 0 \tag{3.24}$$

令 $\tau = RC$，它具有时间的量纲，即当 C 用法拉（F），R 用欧姆（Ω）为单位时，τ 的单位为秒（s）。故称 τ 为时间常数（time constant），这样式（3.23）和式（3.24）可改写为

$$u_C(t) = U_S e^{-\frac{t}{\tau}} \quad t \geqslant 0 \tag{3.25}$$

$$i(t) = \frac{U_S}{R} e^{-\frac{t}{\tau}} \quad t \geqslant 0 \tag{3.26}$$

它们的响应变化波形如图 3−15（c）和图 3−15（d）所示。由图可见，在换路后，电容电压 $u_C(t)$ 和电流 $i(t)$ 分别由各自的初始值 $u_C(0_+) = U_S$ 和 $i(0_+) = \dfrac{U_S}{R}$ 随时间 t 的增大按相同的指数规律衰减变化，当 $t \to \infty$ 时衰减到零，达到稳定状态 $[u_C(\infty) = 0, i(\infty) = 0]$，这一变化过程称为过渡过程或暂态过程。显然电压和电流衰减的快慢取决于时间常数 τ 的大小，τ 越大，电压、电流衰减得越慢；τ 越小，电压、电流衰减的越快。以电压 $u_C(t)$ 为例，当 $t = \tau$ 时，$u_C(\tau) = U_S e^{-1} = 0.368\,U_S = 36.8\% U_S$，即时间常数 τ 等于零输入响应衰减到初始值的 $\dfrac{1}{e}$（36.8%）所经历的时间。故电容电压 $u_C(t)$ 下降到约为初始值 U_S 的 36.8% 时所经历的时间就等于时间常数 τ；当 $t = 4\tau$ 时，$u_C(4\tau) = 0.018\,3\,U_S$，电压已下降到初始值 U_S 的 1.83%。理论上，只有 $t = \infty$ 时才能衰减为零，但在工程上一般认为，换路时间经 $3\tau \sim 5\tau$ 后，此时电压已衰减至 $0.05\,U_S \sim 0.006\,7\,U_S$，电压值基本上与稳态值接近，放电过程便基本结束。

3.4.2 RL 串联电路的零输入响应

另一种典型的一阶电路是 RL 电路如图 3−16（a）所示，设在 $t < 0$ 时，开关 S 闭合。这时电感 L 由电流源 I_S 供电，直至 $i_L(t) = I_S$ 时电路处于稳态。设在 $t = 0$ 时，开关 S 迅速断开，电路进入过渡过程。这时，电流源 I_S 失去作用，但换路前电感已储存有初始储能，当 $t > 0$ 后，电感将通过电阻 R 放电，直至 $i_L(t) = 0$ 电路进入新的稳态。在这一过程中，RL 电路中的电压和电流

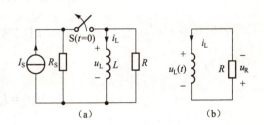

图 3−16 一阶 RL 电路的零输入响应

都是由电感元件的初始储能产生的，所以以为零输入响应。

其零输入响应可作如下数学分析。

由于 $i_L(0_-) = I_S$，在换路瞬间，电感电流不能跃变，由换路定律可得初始条件

$i_L(0_+) = i_L(0_-) = I_S$。当 $t=0$ 时刻，开关 S 断开时，其电路如图 3−16（b）所示。根据 KVL 及电阻、电感的 VAR 可得

$$u_L + u_R = 0$$

$$u_R = Ri_L$$

$$u_L = L\frac{di_L}{dt}$$

整理可得

$$L\frac{di_L}{dt} + Ri_L = 0 \tag{3.27}$$

式（3.27）是一阶线性常微分齐次方程。其通解形式为

$$i_L(t) = ke^{pt} \qquad t \geqslant 0 \tag{3.28}$$

式（3.28）k 为待定的积分常数，可由初始条件 $i_L(0_+)$ 确定。p 为式（3.27）对应的特征方程的根。将式（3.28）代入到式（3.27）可得特征方程为

$$Lp + R = 0$$

解之特征根为

$$p = -\frac{R}{L}$$

故得式（3.27）一阶线性常微分齐次方程的通解为

$$i_L(t) = ke^{-\frac{R}{L}t} \qquad t \geqslant 0 \tag{3.29}$$

将初始条件 $i_L(0_+) = I_S$ 代入式（3.29），求得待定的积分常数

$$k = I_S$$

最后得到满足初始值的一阶线性常微分齐次方程的解为

$$i_L(t) = I_S e^{-\frac{R}{L}t} \qquad t \geqslant 0 \tag{3.30}$$

电路中的电压为

$$u_L(t) = -u_R(t) = RI_S e^{-\frac{R}{L}t} \qquad t \geqslant 0 \tag{3.31}$$

若同样令 $\tau = \dfrac{L}{R}$，它是 RL 电路的时间常数，也具有时间的量纲，同样式（3.30）和式（3.31）可改写为

$$i_L(t) = I_S e^{-\frac{t}{\tau}} \qquad t \geqslant 0 \tag{3.32}$$

$$u_L(t) = -u_R(t) = RI_S e^{-\frac{t}{\tau}} \qquad t \geqslant 0 \tag{3.33}$$

它们对应的变化波形如图 3−17（a）和图 3−17（b）所示。

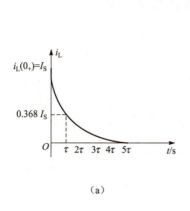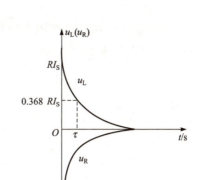

(a) (b)

图 3-17　一阶 RL 电路的零输入响应 i_L、u_L、u_R 的波形

由图 3-17 可知，在换路后，一阶 RL 电路中的电压和电流也都是分别由各自的初始值 $u_L(0_+) = -RI_S$、$u_R(0_+) = RI_S$ 和 $i_L(0_+) = I_S$ 随时间 t 的增大按相同的指数规律衰减变化，当 $t \to \infty$ 时衰减到零，达到稳定状态。衰减快慢取决于时间常数 τ 的大小，这与一阶 RC 电路零输入响应情况相同。但这里应注意，R 越大，τ 越小，衰减越快，而 RC 电路则相反，R 越大，τ 越大，衰减越慢。

从以上求得的一阶 RC 和 RL 电路的零输入响应进一步分析可知，对于一阶电路，不仅电容电压、电感电流，而且电路中其他电压和电流的零输入响应，都是从其初始值按指数规律衰减变化到零的。且同一电路中的时间常数 τ 相同。

例3.8　图示 3-18(a)电路中，设开关 S 在 $t = 0$ 时断开，断开前电路已处于稳态，求 $t \geqslant 0$ 时的 u_C、u_R 和 i。

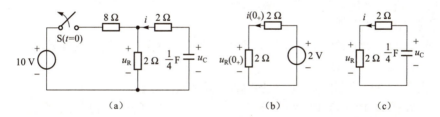

(a) (b) (c)

图 3-18　例 3.8 电路

解：由于 $t = 0_-$ 时电路处于稳态，在直流电源作用下，电容相当于开路，所以

$$u_C(0_-) = \left(\frac{2}{8+2} \times 10 \right) \text{V} = 2 \text{ V}$$

由换路定律，可得换路后瞬间（$t = 0_+$）时电容电压的初始值为

$$u_C(0_+) = u_C(0_-) = 2 \text{ V}$$

图 3-18（b）是 $t = 0_+$ 时的等效电路，可得

$$i(0_+) = \left(\frac{2}{2+2} \right) \text{A} = 0.5 \text{ A}$$

$$u_R(0_+) = 2i(0_+) = (2 \times 0.5)\ \text{V} = 1\ \text{V}$$

图 3-18（c）是换路后的等效电路，换路后电容两端看进去的等效电阻

$$R_O = (2+2)\ \Omega = 4\ \Omega$$

故得电路时间常数为

$$\tau = R_O C = \left(4 \times \frac{1}{4}\right)\ \text{s} = 1\ \text{s}$$

因此，得

$$u_C(t) = u_C(0_+)\mathrm{e}^{-\frac{t}{\tau}} = 2\mathrm{e}^{-t} \quad t \geqslant 0$$

$$u_R(t) = \frac{2}{2+2}u_C(t) = \mathrm{e}^{-t}\ \text{V} = u_R(0_+)\mathrm{e}^{-t} \quad t \geqslant 0$$

$$i(t) = \frac{u_C(t)}{2+2} = 0.5\mathrm{e}^{-t}\ \text{A} = i(0_+)\mathrm{e}^{-t} \quad t \geqslant 0$$

由例 3.8 可得出：若用 $f(t)$ 表示一阶电路中的零输入响应，用 $f(0_+)$ 表示其初始值，则零输入响应可用以下通式表示

$$f(t) = f(0_+)\mathrm{e}^{-\frac{t}{\tau}} \quad t \geqslant 0 \tag{3.34}$$

因此可总结一阶电路的零输入响应 $f(t)$ 的求法归纳为以下步骤：

① 首先求出换路前电容电压 $u_C(0_-)$ 和电感电流 $i_L(0_-)$，利用换路定律求出换路后瞬间电容电压和电感电流的初始值 $u_C(0_+)$ 和 $i_L(0_+)$。

② 画出换路后 $t = 0_+$ 时的等效电路，利用 KVL、KCL、欧姆定律和元件的 VAR 求出所求电压或电流 $f(t)$ 的初始值 $f(0_+)$。

③ 画出换路后 $t \geqslant 0$ 时的等效电路，求出电容或电感两端看进去的等效电阻 R_O，确定出时间常数 $\tau = R_O C$ 或 $\tau = L/R_O$。

④ 利用式（3.34）写出一阶电路的零输入响应 $f(t)$ 的表达式。

例 3.9 图示 3-19（a）电路中，设开关 S 在 $t = 0$ 时断开，断开前电路已处于稳态，已知 $U_S = 12\ \text{V}$、$R_1 = 2\ \Omega$、$R_2 = 3\ \Omega$、$R_3 = 6\ \Omega$、$L = 0.9\ \text{H}$。求 $t \geqslant 0$ 时的 u_L、u_R 和 i_L。

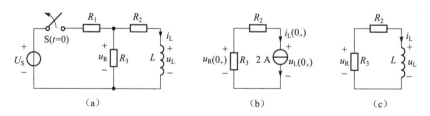

图 3-19 例 3.9 电路

解： ① 首先求出换路前电感电流 $i_L(0_-)$。由于换路前电路处于稳态，电感相当于短路，故得

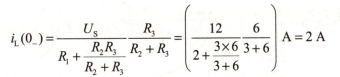

$$i_L(0_-) = \frac{U_S}{R_1 + \dfrac{R_2 R_3}{R_2 + R_3}} \frac{R_3}{R_2 + R_3} = \left(\frac{12}{2 + \dfrac{3 \times 6}{3 + 6}} \frac{6}{3 + 6}\right) \text{A} = 2\text{ A}$$

由换路定律可得换路后瞬间电感电流的初始值为

$$i_L(0_+) = i_L(0_-) = 2\text{ A}$$

② 画出换路后 $t = 0_+$ 时的等效电路如图 3–19（b）所示，利用 KVL、KCL、欧姆定律和元件的 VAR，可得

$$u_R(0_+) = -i_L(0_+)R_3 = (-2 \times 6)\text{ V} = -12\text{ V}$$

$$u_L(0_+) = -i_L(0_+)(R_3 + R_2) = (-2 \times (6 + 3))\text{ V} = -18\text{ V}$$

③ 画出换路后 $t \geqslant 0$ 时的等效电路如图 3–19（c）所示，则电感两端看进去的等效电阻

$$R_O = R_2 + R_3 = (3 + 6)\ \Omega = 9\ \Omega$$

则时间常数

$$\tau = \frac{L}{R_O} = \left(\frac{0.9}{9}\right)\text{ s} = 0.1\text{ s}$$

④ 将 $u_R(0_+)$、$u_L(0_+)$、$i_L(0_+)$ 和 τ 代入式（3.34），得

$$u_R(t) = u_R(0_+)\text{e}^{-\frac{t}{\tau}} = -12\text{e}^{-10t}\text{ V} \qquad t \geqslant 0$$

$$u_L(t) = u_L(0_+)\text{e}^{-\frac{t}{\tau}} = -18\text{e}^{-10t}\text{ V} \qquad t \geqslant 0$$

$$i_L(t) = i_L(0_+)\text{e}^{-\frac{t}{\tau}} = 2\text{e}^{-10t}\text{ V} \qquad t \geqslant 0$$

3.5　一阶电路的零状态响应

3.4 节讨论了一阶电路的零输入响应，其本质是由储能元件的非零初始储能引起的。若动态电路储能元件的初始储能为零，而在外加输入信号（激励）作用下所产生的响应，称为零状态响应（zero-state response）。本节仅讨论一阶电路在外加输入信号（激励）是直流电源时的零状态响应。

3.5.1　*RC* 串联电路的零状态响应

直流电压源 U_S 通过电阻对电容充电的电路如图 3–20（a）所示，开关 S 闭合前电容未充电，即电容电压为零，故称电容处于"零初始状态"。在 $t = 0$ 时刻开关 S 闭合，电路进入过渡过程。

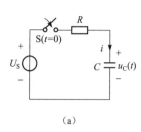
（a）

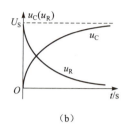
（b）

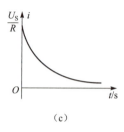
（c）

图 3-20　一阶 RC 电路的零状态响应

开关 S 闭合以后，直流电压源 U_S 开始对电容充电，在充电过程中，电路中的电压和电流的变化均是由外加电源引起的，故称零状态响应。

开关 S 闭合后瞬间，根据换路定律，得

$$u_C(0_+) = u_C(0_-) = 0$$

上式表明电容在换路瞬间相当于短路。$t \geq 0$ 时，电容被充电，电容电压 u_C 逐渐增加，电阻电压 u_R 逐渐减小，当 $t \to \infty$ 时，电容电压充电至等于电源电压 U_S 时充电结束，电路进入新的稳态，此时，$u_C(\infty) = U_S$、$i(\infty) = 0$、$u_R(\infty) = 0$，称为稳态值，过渡过程结束。

其过程可作如下数学分析。

当 $t \geq 0$ 时，根据 KVL 及电阻、电容的 VAR 可得

$$u_C + u_R = U_S$$

$$u_R = iR$$

$$i = C\frac{\mathrm{d}u_C}{\mathrm{d}t}$$

整理可得

$$RC\frac{\mathrm{d}u_C}{\mathrm{d}t} + u_C = U_S \quad t \geq 0 \tag{3.35}$$

初始条件为
$$u_C(0_+) = 0$$

式（3.35）是一阶线性非齐次常微分方程。其通解由两部分组成：一部分是式（3.35）相应的齐次微分方程的通解 u_{Ch}，也称齐次解；另一部分是式（3.35）一阶线性非齐次常微分方程的特解 u_{Cp}，即

$$u_C = u_{Ch} + u_{Cp} \tag{3.36}$$

由于式（3.35）相应的齐次微分方程与一阶 RC 电路零输入响应式（3.20）完全相同，即

$$u_{Ch} = k\mathrm{e}^{-\frac{t}{\tau}} \quad t \geq 0 \tag{3.37}$$

式（3.37）中 k 为待定的积分常数，$\tau = RC$ 为时间常数。

特解 u_{Cp} 取决于式（3.35）一阶线性非齐次常微分方程等号右边的激励，当激励为常量时其特解也为一常量，故设特解 $u_{Cp} = A$，代入式（3.35）得

$$u_{Cp} = A = U_S \tag{3.38}$$

则式（3.35）一阶线性非齐次常微分方程的解为

$$u_C = u_{Ch} + u_{Cp} = k\mathrm{e}^{-\frac{t}{\tau}} + U_S \quad t \geqslant 0 \tag{3.39}$$

将初始条件 $u_C(0_+) = 0$ 代入到式（3.39），求得积分常数 $k = -U_S$，所以

$$u_C = -U_S\mathrm{e}^{-\frac{t}{\tau}} + U_S = U_S\left(1 - \mathrm{e}^{-\frac{t}{\tau}}\right) \quad t \geqslant 0 \tag{3.40}$$

由于稳态值 $u_C(\infty) = U_S$，式（3.40）也可写成

$$u_C = u_C(\infty)\left(1 - \mathrm{e}^{-\frac{t}{\tau}}\right) \quad t \geqslant 0 \tag{3.41}$$

电路中的充电电流和电阻上的电压为

$$i(t) = C\frac{\mathrm{d}u_C}{\mathrm{d}t} = \frac{U_S}{R}\mathrm{e}^{-\frac{t}{\tau}} \quad t \geqslant 0 \tag{3.42}$$

$$u_R(t) = Ri(t) = U_S\mathrm{e}^{-\frac{t}{\tau}} \quad t \geqslant 0 \tag{3.43}$$

由式（3.41）、式（3.42）和式（3.43）可画出 u_C、i 和 u_R 的变化波形，如图 3–20（b）和图 3–20（c）所示。由图 3–20（b）可见，$t = 0$ 时刻开关 S 闭合后，电容电压从初始值 $u_C(0_+) = 0$ 开始按指数规律充电，当 $t \to \infty$ 时，进入稳态，其稳态值 $u_C(\infty) = U_S$。由图 3–20（c）可见，电容电流 i 按指数规律衰减，当进入稳态时，电容电压为常数，故电流稳态值 $i(\infty) = 0$。

3.5.2 *RL* 串联电路的零状态响应

如图 3–21（a）所示一阶 *RL* 电路，U_S 为直流电压源，开关 S 闭合前，即 $t < 0$ 时，电感电流为零，故称电感处于"零初始状态"。在 $t = 0$ 时刻开关 S 闭合，电路进入过渡过程。

开关 S 闭合后瞬间，根据换路定律，得

$$i_L(0_+) = i_L(0_-) = 0$$

上式表明电感在换路瞬间相当于断路。$t \geqslant 0$ 时，直流电压源 U_S 与电路接通，电感电流 i_L 由零初始值逐渐增加，电阻电压 u_R 逐渐增加，当 $t \to \infty$ 时，电感电流等于 $\dfrac{U_S}{R}$ 时，电路进入新的稳态，此时，$i_L(\infty) = \dfrac{U_S}{R}$、$u_L(\infty) = 0$、$u_R(\infty) = U_S$，称为稳态值，过渡过程结束。

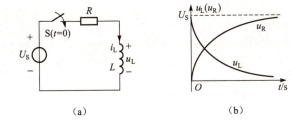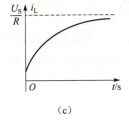

图 3–21 一阶 *RL* 电路的零状态响应

其过程可作如下数学分析。

当 $t \geq 0$ 时，根据 KVL 及电阻、电感的 VAR 可得

$$u_L + u_R = U_S$$

$$u_R = i_L R$$

$$u_L = L \frac{di_L}{dt}$$

整理可得

$$L \frac{di_L}{dt} + i_L R = U_S \quad t \geq 0 \qquad (3.44)$$

初始条件为

$$i_L(0_+) = 0$$

式（3.44）是一阶线性非齐次常微分方程。其通解同样由齐次微分方程的通解 i_{Lh} 和特解 i_{Lp} 组成，即

$$i_L = i_{Lh} + i_{Lp} \qquad (3.45)$$

同一阶 RC 电路的零状态响应解法相同，可得

$$i_{Lh} = k e^{-\frac{t}{\tau}} \quad t \geq 0 \qquad (3.46)$$

式（3.46）中 k 为待定的积分常数，$\tau = \frac{L}{R}$ 为时间常数，显然与激励形式无关。

设特解 $i_{Lp} = A$，代入式（3.44）得

$$i_{Lp} = A = \frac{U_S}{R} \qquad (3.47)$$

则式（3.45）一阶线性非齐次常微分方程的解为

$$i_L = i_{Lh} + i_{Lp} = k e^{-\frac{t}{\tau}} + \frac{U_S}{R} \quad t \geq 0 \qquad (3.48)$$

将初始条件 $i_L(0_+) = 0$ 代入到式（3.48），求得积分常数 $k = -\frac{U_S}{R}$，所以

$$i_L = -\frac{U_S}{R} e^{-\frac{t}{\tau}} + \frac{U_S}{R} = \frac{U_S}{R} \left(1 - e^{-\frac{t}{\tau}} \right) \quad t \geq 0 \qquad (3.49)$$

由于稳态值 $i_L(\infty) = \frac{U_S}{R}$，式（3.49）也可写成

$$i_L = i_L(\infty) \left(1 - e^{-\frac{t}{\tau}} \right) \quad t \geq 0 \qquad (3.50)$$

电路中的电感和电阻上的电压为

$$u_L = L \frac{di_L}{dt} = U_S e^{-\frac{t}{\tau}} \quad t \geq 0 \qquad (3.51)$$

$$u_R = i_L R = U_S \left(1 - e^{-\frac{t}{\tau}} \right) \quad t \geq 0 \qquad (3.52)$$

由式（3.50）、式（3.51）和式（3.52）可画出 u_R、u_L 和 i_L 的变化波形，如图 3-21（b）和图 3-21（c）所示。由图 3-21（b）可见，$t=0$ 时刻换路后，电感电压从初始值 $u_L(0_+)=U_S$ 开始按指数规律衰减，当 $t \rightarrow \infty$ 时，进入稳态，其稳态值 $u_L(\infty)=0$；电阻电压 u_R 按指数规律增加，当进入稳态时，电感相当于短路，故电阻电压 $u_R(\infty)=U_S$。由图 3-21（c）可见，$t=0$ 时刻开关 S 闭合后，电感电流从初始值 $i_L(0_+)=0$ 开始按指数规律增加，当 $t \rightarrow \infty$ 时，进入稳态，其稳态值 $i_L(\infty)=\dfrac{U_S}{R}$。

例 3.10　图示 3-22（a）电路中，设开关 S 闭合前电路已达稳态，在 $t=0$ 时开关 S 闭合。已知 $U_S=10$ V、$R_1=2$ kΩ、$R_2=3$ kΩ、$R_3=0.8$ kΩ、$C=10$ μF。试求 $t \geq 0$ 时的 u_C。

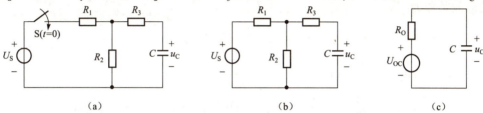

图 3-22　例 3.10 电路

解：开关 S 闭合前瞬间电容电压初始值 $u_C(0_-)=0$，则由换路定律可得开关 S 闭合后瞬间电容电压为

$$u_C(0_+)=u_C(0_-)=0$$

开关 S 闭合后（$t \geq 0$），电路如图 3-22（b）所示，利用戴维南定理，易求得电容 C 两端看进去的戴维南等效电路，如图 3-22（c）所示。

$$U_{OC}=\frac{R_2}{R_2+R_1}U_S=\left(\frac{3}{3+2}\times10\right)\text{V}=6\text{ V}$$

$$R_O=\frac{R_1R_2}{R_2+R_1}+R_3=\left(\frac{2\times3}{2+3}+0.8\right)\text{V}=2\text{ k}\Omega$$

电路的时间常数

$$\tau=R_OC=(2\times10^3\times10\times10^{-6})\text{ ms}=20\text{ ms}$$

代入式（3.40）可得

$$u_C(t)=U_{OC}\left(1-\mathrm{e}^{-\frac{t}{\tau}}\right)=6(1-\mathrm{e}^{-50t})\text{ V} \qquad t\geq0$$

例 3.11　图示 3-23（a）电路中，设开关 S 闭合前电路已达稳态，在 $t=0$ 时开关 S 闭合。已知 $U_S=48$ V、$R_1=12$ Ω、$R_2=6$ Ω、$R_3=4$ Ω、$L=2$ H。试求 $t \geq 0$ 时的 u_L 和 i_L。

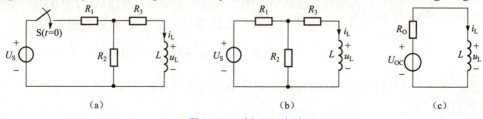

图 3-23　例 3.11 电路

解： $t<0$ 时，电感电流的初始值 $i_L(0_-)=0$，由换路定律，可得 $t=0_+$ 时的电感电流

$$i_L(0_+)=i_L(0_-)=0$$

开关 S 闭合后（$t\geqslant 0$），电路如图 3-23（b）所示，利用戴维南定理，易求得电感 L 两端看进去的戴维南等效电路，如图 3-23（c）所示。

$$U_{OC}=\frac{R_2}{R_2+R_1}U_S=\left(\frac{6}{12+6}\times 48\right)\text{V}=16\text{ V}$$

$$R_O=\frac{R_1 R_2}{R_2+R_1}+R_3=\left(\frac{12\times 6}{12+6}+4\right)\Omega=8\ \Omega$$

电路的时间常数为

$$\tau=\frac{L}{R_O}=\left(\frac{2}{8}\right)\text{s}=0.25\text{ s}$$

代入式（3.49）和式（3.51）可得

$$i_L(t)=\frac{U_{OC}}{R_O}\left(1-\text{e}^{-\frac{t}{\tau}}\right)=\frac{16}{8}\left(1-\text{e}^{-\frac{t}{0.25}}\right)\text{A}=2(1-\text{e}^{-4t})\text{ A} \qquad t\geqslant 0$$

$$u_L(t)=U_{OC}\text{e}^{-\frac{t}{\tau}}=16\text{e}^{-4t}\text{ V} \qquad t\geqslant 0$$

因此可总结一阶电路的零状态响应 $f(t)$ 的求法归纳为以下步骤：

① 求出换路后电容元件或电感元件两端看进去的戴维南等效电路，即求出开路电压 U_{OC} 和戴维南等效电阻 R_O。

② 利用戴维南等效电路求出时间常数 $\tau=R_O C$ 或 $\tau=L/R_O$。

③ 由式（3.41）和式（3.50）写出 $u_C(t)$ 和 $i_L(t)$ 表达式。

④ 求出 $u_C(t)$ 和 $i_L(t)$ 后，再利用 KVL、KCL、欧姆定律和元件的 VAR 求出其他支路电压和电流的零状态响应 $f(t)$。

3.6　一阶电路的全响应

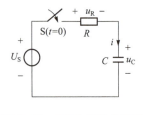

图 3-24　RC 电路的全响应

前面我们讨论了一阶电路的零输入响应和零状态响应。当一个非零初始状态的一阶电路外加激励时，电路中所产生的响应称为全响应（complete response）。

图 3-24 电路中，设 $u_C(0_-)=U_0$，直流电压源 U_S 在 $t=0$ 时接入电路，显然电路中的响应为全响应。换路后（$t\geqslant 0$）以电容电压 u_C 为电路变量，列出描述电容电压 u_C 的微分方程为

$$RC\frac{\text{d}u_C}{\text{d}t}+u_C=U_S \quad t\geqslant 0 \tag{3.53}$$

显然，式（3.53）与 RC 电路的零状态响应电路的微分方程式（3.35）完全相同，其解的形式必然相同，即

$$u_C = u_{Ch} + u_{Cp} = ke^{-\frac{t}{\tau}} + U_S \quad t \geqslant 0$$

代入初始条件 $u_C(0_+) = u_C(0_-) = U_0$，得

$$k = U_0 - U_S$$

故得电路电容电压的全响应为

$$u_C = (U_0 - U_S)e^{-\frac{t}{\tau}} + U_S \quad t \geqslant 0 \tag{3.54}$$

并得电阻电压、电流的全响应分别为

$$u_R = U_S - u_C = (U_S - U_0)e^{-\frac{t}{\tau}} \quad t \geqslant 0 \tag{3.55}$$

$$i = \frac{u_R}{R} = \frac{(U_S - U_0)}{R}e^{-\frac{t}{\tau}} \quad t \geqslant 0 \tag{3.56}$$

通过对式（3.53）微分方程的分析可知，当 $U_S = 0$ 时，即为 RC 电路的零输入响应的微分方程；当 $u_C(0_+) = 0$ 时，即为 RC 电路的零状态响应的微分方程。这表明零输入响应和零状态响应都是全响应的一种特殊情况。

下面，以 u_C 为例介绍对任何线性一阶电路的全响应都适用的两种分解方法。

① 全响应分解为暂态响应和稳态响应之和。式（3.54）可分为两项，第一项 $(U_0 - U_S)e^{-\frac{t}{\tau}}$ 为 u_C 的齐次解，它是按指数规律衰减变化的，其规律取决于电路的特性，与激励的形式无关，当 $t \to \infty$ 时，其值为零。故称之为暂态响应（自由响应）；第二项 U_S 为 u_C 的特解，显然取决于激励的形式，一般情况下，当 $t \to \infty$ 时，其值不为零。故称之为稳态响应（强制响应）。即电路的全响应可表示为

全响应 = 稳态响应(强制响应)+ 暂态响应(自由响应)

② 全响应分解为零输入响应和零状态响应之和。将式（3.54）改写为

$$u_C = U_0 e^{-\frac{t}{\tau}} + U_S\left(1 - e^{-\frac{t}{\tau}}\right) \tag{3.57}$$

式（3.57）中第一项 $U_0 e^{-\frac{t}{\tau}}$ 是零输入响应（令 $U_S = 0$），第二项 $U_S\left(1 - e^{-\frac{t}{\tau}}\right)$ 是零状态响应 [令 $u_C(0_+) = U_0 = 0$]。可见电路的全响应等于零输入响应与零状态响应之和。即

全响应 = 零状态响应 + 零输入响应

这体现了线性电路的叠加性。零输入响应是由非零初始状态产生的，零状态响应是由外加激励产生的。

把全响应分解为稳态响应和暂态响应，能较明显地反映电路的工作状态，便于分析过渡过程的特点。把全响应分解为零输入响应和零状态响应，明显反映了响应与激励在能量方面的因果关系，并且便于计算。但电路真实显现出来的是全响应。

一阶 RC 电路的全响应 u_C 曲线（设 $U_S > U_0$）如图 3-25

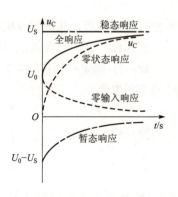

图 3-25　RC 电路 u_C 的全响应波形

99

所示。从图中可见，按零输入响应和零状态响应相加与按稳态响应和暂态响应相加，所得的全响应是一致的。

3.7　一阶电路的三要素法

从以上求解一阶电路的全响应中可知：在外加直流电源激励下的非零初始状态的一阶电路中，各处的电压和电流都是从其初始值开始，按指数 $e^{-\frac{t}{\tau}}$ 规律衰减或增长到稳态值的，而且在同一电路中，各处的电压和电流变化的时间常数 τ 都是相同的。因此，在上述一阶电路中，任意电压或电流都是由其初始值、稳态值和时间常数这三个参数确定的。若用 $f(t)$ 表示一阶电路中的响应（电压或电流），$f(0_+)$ 表示其初始值，$f(\infty)$ 表示其稳态值，τ 表示电路的时间常数，则一阶电路中的响应 $f(t)$ 可表示为

一阶电路的
三要素法

$$f(t) = f(\infty) + \left[f(0_+) - f(\infty)\right]e^{-\frac{t}{\tau}} \qquad t \geq 0 \tag{3.58}$$

式（3.58）中，$f(0_+)$、$f(\infty)$ 和 τ 通常称为一阶电路的三要素，利用这三个要素可直接求出在直流电源激励下的一阶电路任一电压或电流的响应，这种方法就称为分析一阶电路响应的三要素法（three elements method）。式（3.58）为三要素法公式。

由于零输入响应和零状态响应是全响应的特殊情况，故式（3.58）同样适应于求解一阶电路的零输入响应和零状态响应。

分析一阶电路响应的三要素法，只要求计算出响应的初始值、稳态值和时间常数，即可直接写出一阶电路任一电压或电流的响应表达式，故求解一阶电路的响应问题就转化成求解三要素的问题。其步骤如下：

① 确定初始值：初始值 $f(0_+)$ 是指任一响应换路后瞬间 $t = 0_+$ 时的值，其求法见 3.3.3 节。

② 确定稳态值：稳态值 $f(\infty)$ 是指任一响应在换路后电路达到稳态时的值，其求法可画出 $t = \infty$ 时的等效电路。稳态时对于直流电源激励下一阶电路，电容相当于开路，电感相当于短路，按照求解直流电路的方法求解出响应的值，即为稳态值。

③ 求时间常数：RC 电路中，$\tau = R_O C$；RL 电路中，$\tau = \dfrac{L}{R_O}$。其中，R_O 是将电路中所有独立源置零后，从电容或电感两端看进去的等效电阻（即戴维南等效电阻）。

例 3.12　试用三要素法求解例 3.11。

解： ① 确定初始值：由于 $t < 0$ 时，电感电流的初始值 $i_L(0_-) = 0$，由换路定律，可得 $t = 0_+$ 时的电感电流

$$i_L(0_+) = i_L(0_-) = 0$$

表明换路瞬间电感相当于开路。故

$$u_L(0_+) = \frac{R_2}{R_1 + R_2} U_S = \left(\frac{6}{12 + 6} \times 48\right) V = 16\ V$$

② 确定稳态值：显然当 $t = \infty$ 时，电感相当于短路，故得

$$i_L(\infty) = \frac{U_S}{\dfrac{R_3 R_2}{R_2 + R_3} + R_1} \times \frac{R_2}{R_2 + R_3}$$

$$= \left(\frac{48}{\dfrac{4 \times 6}{6 + 4} + 12} \times \frac{6}{6 + 4} \right) \text{A} = 2 \text{ A}$$

$$u_L(\infty) = 0 \text{ V}$$

③ 求时间常数：求法见例 3.11。即

$$R_O = \frac{R_1 R_2}{R_2 + R_1} + R_3 = \left(\frac{12 \times 6}{12 + 6} + 4 \right) \Omega = 8 \ \Omega$$

电路的时间常数为

$$\tau = \frac{L}{R_O} = \left(\frac{2}{8} \right) \text{s} = 0.25 \text{ s}$$

分别将 i_L 和 u_L 的初始值、稳态值和时间常数代入式（3.58）中，得

$$i_L(t) = i_L(\infty) + \left[i_L(0_+) - i_L(\infty) \right] e^{-\frac{t}{\tau}}$$

$$= \left[2 + (0 - 2) e^{-4t} \right] \text{A} = 2(1 - e^{-4t}) \text{ A} \quad t \geqslant 0$$

$$u_L(t) = u_L(\infty) + \left[u_L(0_+) - u_L(\infty) \right] e^{-\frac{t}{\tau}}$$

$$= \left[0 + (16 - 0) e^{-4t} \right] \text{V} = 16 e^{-4t} \text{ V} \quad t \geqslant 0$$

显然结果同例 3.11。

例 3.13　图 3-26（a）所示电路中，设 $t < 0$ 时开关 S 断开已久，在 $t = 0$ 时开关 S 闭合。试求 $t \geqslant 0$ 时的 $i(t)$。

解：① 确定初始值：开关 S 闭合前瞬间，电感相当于短路，电感电流为

$$i_L(0_-) = \left(\frac{18}{3 + 6} \right) \text{A} = 2 \text{ A}$$

由换路定律，得

$$i_L(0_+) = i_L(0_-) = 2 \text{ A}$$

画出如图 3-26（b）所示的 $t = 0_+$ 等效电路，利用叠加定理可求得

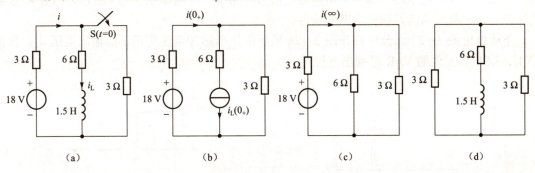

图 3-26　例 3.13 图

101

$$i(0_+) = \frac{18}{3+3} + \frac{3}{3+3} \times i_L(0_+) = 4 \text{ A}$$

② 确定稳态值：当 $t = \infty$ 时，电感相当于短路，画出 $t = \infty$ 时如图 3−26（c）所示等效电路。易求得

$$i(\infty) = \left(\frac{18}{3 + \dfrac{3 \times 6}{3+6}} \right) \text{A} = 3.6 \text{ A}$$

③ 求时间常数：将电路中电压源置零，相当于短路，如图 3−26（d）所示。从电感两端看进去的等效电阻为

$$R_0 = \left(6 + \frac{3 \times 3}{3+3} \right) \Omega = 7.5 \ \Omega$$

故得电路的时间常数

$$\tau = \frac{L}{R_0} = \left(\frac{1.5}{7.5} \right) \text{s} = \frac{1}{5} \text{ s}$$

将 $i(t)$ 的初始值、稳态值和时间常数代入式（3.58）中，得

$$\begin{aligned}
i(t) &= i(\infty) + \left[i(0_+) - i(\infty) \right] \mathrm{e}^{-\frac{t}{\tau}} \\
&= 3.6 + (4 - 3.6)\mathrm{e}^{-5t} \qquad t \geqslant 0 \\
&= 3.6 + 0.4\mathrm{e}^{-5t} \text{ A}
\end{aligned}$$

*3.8 过渡过程的应用

微分电路和积分电路是矩形脉冲激励下的 RC 电路。若选取不同的时间常数，可构成输出电压波形与输入电压波形之间的特定（微分或积分）的关系。这两种电路处理的信号多为矩形脉冲信号，实际中常用于脉冲的产生和整形。

3.8.1 微分电路

微分电路（differentiating circuit）是输出信号与输入信号的微分成正比关系的电路。一般可用于电子开关加速电路、整形电路和触发信号电路中。电路如图 3−27 所示，当 R 和 C 参数选择合适时就可以满足微分电路的条件。

下面分析图 3−27 微分电路在图 3−28 所示的矩形脉冲电压作用下的输出电压 u_o。根据 KVL、KCL 和元件的 VAR 可列出方程

图 3−27 微分电路

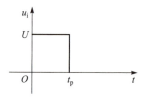

图 3−28 矩形脉冲电压

$$u_{\mathrm{i}} = u_{\mathrm{C}} + u_{\mathrm{o}}, \quad u_{\mathrm{o}} = iR, \quad i = C\frac{\mathrm{d}u_{\mathrm{C}}}{\mathrm{d}t}$$

整理得

$$u_{\mathrm{i}} = u_{\mathrm{C}} + RC\frac{\mathrm{d}u_{\mathrm{C}}}{\mathrm{d}t}$$

当 R 很小时，即 $\tau = RC \ll t_{\mathrm{p}}$，可知 u_{o} 很小，有

$$u_{\mathrm{i}} \approx u_{\mathrm{C}}$$

可得

$$u_{\mathrm{o}} = RC\frac{\mathrm{d}u_{\mathrm{C}}}{\mathrm{d}t} \approx RC\frac{\mathrm{d}u_{\mathrm{i}}}{\mathrm{d}t} \tag{3.59}$$

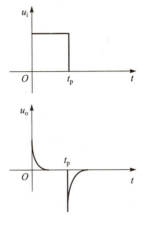

式（3.59）表明：输出电压 u_{o} 近似与输入电压 u_{i} 对时间的微分成正比。

显然微分电路具有两个条件：①　$\tau = RC \ll t_{\mathrm{p}}$（一般 $\tau < 0.2t_{\mathrm{p}}$）；②　电压从电阻两端输出。

可求得微分电路如图 3−28 所示的矩形脉冲电压作用下的输出电压 u_{o} 波形如图 3−29 所示。

在脉冲电路中，常应用微分电路把矩形脉冲变换为尖脉冲，作为触发信号。

图 3−29　微分电路的输出波形

3.8.2　积分电路

积分电路（integrating circuit）是输出信号与输入信号的积分成正比关系的电路，一般可用于电视机的扫描电路中。电路如图 3−30 所示，当 R 和 C 参数选择合适时就可以满足积分电路的条件。

下面分析图 3−30 积分电路在图 3−31 所示的矩形脉冲电压作用下的输出电压 u_{o}。根据 KVL、KCL 和元件的 VAR 可列出方程

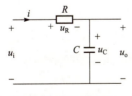

图 3−30　积分电路

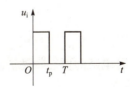

图 3−31　矩形脉冲电压

$$u_{\mathrm{i}} = u_{\mathrm{C}} + u_{\mathrm{R}}, \quad u_{\mathrm{R}} = iR, \quad i = C\frac{\mathrm{d}u_{\mathrm{C}}}{\mathrm{d}t}, \quad u_{\mathrm{o}} = u_{\mathrm{C}}$$

整理得

$$u_{\mathrm{i}} = u_{\mathrm{C}} + RC\frac{\mathrm{d}u_{\mathrm{C}}}{\mathrm{d}t}$$

当 R 很大时，即 $\tau = RC \gg t_{\mathrm{p}}$，可知 u_{C} 很小，有

$$u_i \approx u_R = RC \frac{\mathrm{d}u_o}{\mathrm{d}t}$$

可得

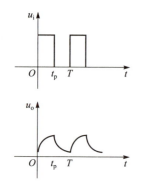

$$u_o \approx \frac{1}{RC} \int_{-\infty}^{t} u_i(\xi)\mathrm{d}\xi \tag{3.60}$$

式（3.60）表明：输出电压 u_o 近似与输入电压 u_i 对时间的积分成正比。

显然积分电路具有两个条件：① $\tau = RC \gg t_p$；② 电压从电容两端输出。

可求得积分电路在图 3-31 所示的矩形脉冲电压作用下的输出电压 u_o 波形如图 3-32 所示。积分电路可将矩形波转换成锯齿波或三角波。

图 3-32　积分电路的输出波形

积分电路可构成电视机场扫描电路中的场积分电路，此电路可在混合的同步信号中，提取出场脉冲信号。

 知识拓展

当一阶电路的激励是直流电源时，三要素公式提供了求解电路响应的捷径，然而在实际应用中，复指数信号和正弦信号都是典型的基本信号，这些信号作为激励信号时，电路中的响应不能直接采用三要素公式，而是通过列解微分方程进行分析。

先导案例解决

延时开关电路中当开关断开时，被控灯泡延时一段时间后才自动熄灭，是由于电路中含有动态元件——电容。开关在闭合状态电容两端充得一定的电压，当开关断开瞬间，电容两端电压不能突变，所充的电压通过放电回路进行放电，使灯泡仍能持续发光，直到电容放电结束为止。

任务训练

一、一阶电路的暂态特性仿真实验

1. 实验目的

（1）熟悉 Multisim 10 的仿真实验法，熟悉 Multisim 10 中示波器的设置和使用方法。

（2）利用 Multisim 10 中虚拟示波器观察电容充放电这一暂态过程。

（3）分析一阶电路时间常数对暂态过程的影响，学习时间常数的测定方法。

2. 实验内容及步骤

（1）观察电容的充放电过程。

① 双击 Multisim 10 图标，启动 Multisim 10，从元件库中选取电压源、电阻、电容和开关（开关在窗口左侧元件工具栏的基本器件库中打开"SWITCH"选"SPDT"），从仪器库中选出示波器，创建如图 3-33 所示电路。

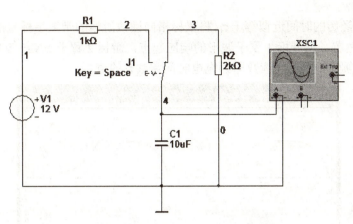

图 3-33　*RC* 充放电仿真实验电路

② 当开关 J_1（由空格键 Space 控制开关从一边连接到另一边）打在左边时，电源 V_1 通过 R_1 对电容 C_1 充电，打在右边时，电容 C_1 通过 R_2 放电。

③ 观察充放电过程。

a. 双击示波器图标打开面板，如附录中附图 10(b) 所示。

b. 设置示波器参数，参考值为："Time base" 设置为 "50 ms/div"；"Y/T" 显示方式；"Channel A" 设置为 "5 V/div"、"DC" 输入方式；"Trigger" 设置为 "Auto" 触发方式。

c. 运行仿真开关，再反复按下空格键 Space，使开关 J_1 反复打开和闭合，就会在示波器显示屏上观察到电容 C_1 的充放电曲线。

（2）一阶 *RC* 电路暂态响应的研究。

① 从元器件库中选取电压源、电阻、电容和开关，从仪器库中选出示波器，创建如图 3-34 所示电路。

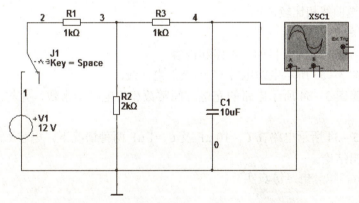

图 3-34　*RC* 电路暂态响应仿真实验电路

② 当开关 J_1 打在左边时，电源 V_1 对电容 C_1 充电，打在右边时，电容 C_1 通过 R_2、R_3 放电。双击示波器图标，示波器参数设置同图 3-33。运行仿真开关，再反复按下空格键 Space，使开关 J_1 反复打开和闭合，就会在示波器显示屏上观察到电容的充放电曲线即电容 C_1 两端电压 u_c 的波形，如图 3-35 所示。

③ 测试充电时间常数 τ_1。理论上，电容两端电压由 0 开始上升至稳态值（最后充到的电

压 U）的 63.2%所经历的时间近似等于τ_1。将鼠标指向读数游标的带数字标号的三角处并拖曳，移动读数游标的位置，使游标 1 置于波形的响应起点，游标 2 置于 VA2－VA1 读数等于或接近于 $0.632U$ 处，则 T2－T1 的读数即为充电时间常数 τ_1 的值。

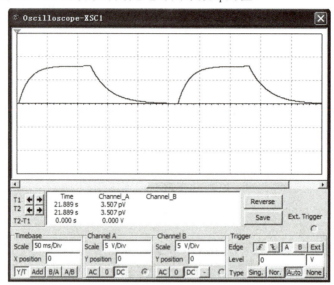

图 3–35　电容电压波形图

④　测试放电时间常数 τ_2，测试方法同③（理论上，电容两端电压由最后充到的电压 U 下降到电压 U 的 36.8%所经历的时间近似等于 τ_2）。

⑤　暂停电路运行，改变 C_1 的大小，使 $C_1=1\ \mu F$，再运行仿真开关，再反复按下空格键 Space，使开关 J_1 反复打开和闭合，就会在示波器显示屏上观察到电容的充放电曲线并和 $C_1=10\ \mu F$ 时充放电曲线相比较。

3. 实验报告要求

（1）实验的名称、时间、目的、电路和内容。

（2）画出如图 3–33 所示电路电容 C_1 的充放电曲线。

（3）理论计算图 3–34 所示电路的充电时间常数和放电时间常数，并与测量所得结果进行比较。

（4）画出图 3–34 所示电路在 $C_1=10\ \mu F$ 及 $C_1=1\ \mu F$ 两种情况下，电容 C_1 的充放电曲线，加以比较，并得出结论。

二、微分电路和积分电路仿真实验

1. 实验目的

（1）熟悉 Multisim 10 的仿真实验法，熟悉 Multisim 10 中示波器和信号发生器的设置和使用方法。

（2）利用 Multisim 10 中示波器观察微分和积分电路的输入输出波形，建立微分电路和积分电路的基本概念。

2. 实验内容及步骤

（1）微分电路的研究。

①　从元件库中选取电阻和电容，从仪器库中选出函数信号发生器及示波器，创建如

图 3 – 36 所示电路。

② 双击函数信号发生器图标,设置参数:波形选择三角波,Frequency 为 1 kHz,Duty Cycle 为 50%, Amplitude 为 10 V, Offset 为 0。

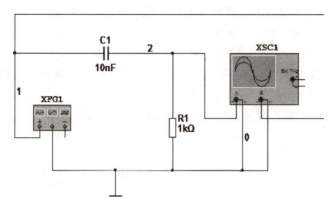

图 3 – 36　微分仿真实验电路

③ 右击"Channel A"的输入线,将其设置为蓝色;右击"Channel B"的输入线,将其设置为黑色。再双击示波器图标打开面板,设置示波器参数,参考值为:"Time base"设置为"500 μs/div";"Y/T"显示方式;"Channel A"设置为"1 V/div""DC"输入方式;"Channel B"设置为"5 V/div""DC"输入方式;"Trigger"设置为"Auto"触发方式。

④ 运行仿真开关,双击示波器图标,这时在示波器的显示屏上显示如图 3 – 37 所示微分电路的输入、输出波形(黑色为输入的波形,蓝色为输出的波形)。由图 3 – 37 可以看出,输入和输出之间呈现的是微分关系。并用鼠标移动读数游标 1 和游标 2 测出输入、输出波形的幅值和周期等参数。

⑤ 暂停电路运行,双击函数信号发生器图标,波形选择方波;再双击示波器图标打开面板,"Channel A"设置为"5 V/div",其他参数不变。运行仿真开关,观察并记录示波器的显示屏上微分电路的输入、输出波形。

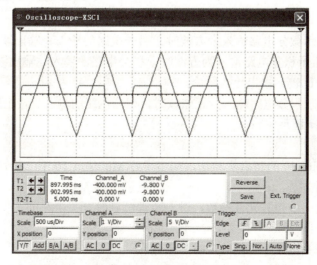

图 3 – 37　微分波形图

（2）积分电路的研究。

① 从元件库中选取电阻和电容，从仪器库中选出函数信号发生器及示波器，创建如图 3－38 所示电路。

② 双击函数信号发生器图标，设置参数：波形选择方波，Frequency 为 1 kHz，Duty Cycle 为 50%，Amplitude 为 5 V，Offset 为 0。

③ 右击"Channel A"的输入线，将其设置为红色；右击"Channel B"的输入线，将其设置为蓝色。再双击示波器图标打开面板，设置示波器参数，参考值为："Time base"设置为"500 μs/div"；"Y/T"显示方式；"Channel A"设置为"5 V/div""DC"输入方式；"Channel B"设置为"5 V/div""DC"输入方式；"Trigger"设置为"Auto"触发方式。

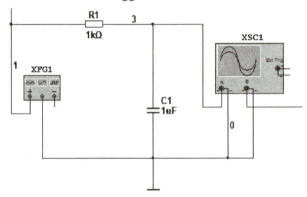

图 3－38　积分仿真实验电路

④ 运行仿真开关，双击示波器图标，观察并记录在示波器的显示屏上积分电路的输入、输出波形（蓝色为输入的波形，红色为输出的波形）。并与图 3－36 所示微分波形图进行比较。

⑤ 暂停电路运行，双击函数信号发生器图标，波形选择正弦波；再双击示波器图标打开面板，"Channel A"设置为"2 V/div"，其他参数不变。运行仿真开关，观察并记录示波器的显示屏上积分电路的输入、输出波形。

3. 实验报告要求

（1）实验的名称、时间、目的、电路和内容。

（2）图 3－36 所示微分电路输入为方波时，微分电路的输入、输出波形。

（3）图 3－38 所示积分电路输入为方波时，积分电路的输入、输出波形。并与图 3－36 所示微分波形图进行比较，得出什么结论。

（4）图 3－38 所示积分电路输入为正弦波时，积分电路的输入、输出波形，并得出结论。

三、延时开关电路仿真实验

1. 实验目的

（1）熟悉 Multisim 10 的仿真实验法，初步了解 Multisim 10 中二极管、三极管、继电器等元件的选取和使用方法。

（2）通过改变电路中相关元件参数，进一步理解延时开关电路的工作原理。

2. 实验内容及步骤

（1）观察延时开关电路中灯泡的延时熄灭过程。

① 双击 Multisim 10 图标，启动 Multisim 10，从元件库中选取电阻、电容、开关（在窗

口左侧元件工具栏的基本件库中打开"SWITCH"选"SPDT")、二极管、三极管、小灯泡和继电器(在窗口左侧元件工具栏的基本器件库中打开"RELAY"选"EDR201A05"),从仪器库中选出万用表,创建如图 3-39 所示电路。

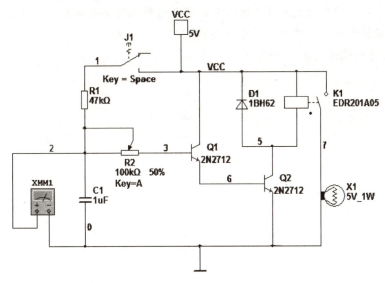

图 3-39　延时开关电路

② 运行仿真开关,双击万用表图标,再合上开关 J_1,这时,晶体二极管 Q_1、Q_2 导通,继电器 K_1 吸合,灯泡 X_1 发光,同时电源对电容器 C_1 充电。

③ 当开关 J_1 断开后由于 C_1 已被充电,它将通过 R_1 和 Q_1、Q_2 放电,从而维持三极管继续导通,继电器 K_1 仍然吸合。经过一段时间的放电,C_1 两极间电压下降到一定值时,不足以维持三极管继续导通,继电器才释放,灯泡 X_1 熄灭。请记录灯泡 X_1 熄灭时 C_1 两端的电压 U_{C1}=_____。从开关 J_1 断开到继电器 K_1 释放的时间间隔称为延时时间,请记录该时间为_____。

(2)延时开关电路延时时间的研究。

① 从元件库中选取相关元器件,创建如图 3-39 所示电路。

② 改变电容 C_1 分别为 2.2 μF、3.3 μF、4.7 μF、10 μF,分别记录灯泡 X_1 熄灭时 C_1 两端的电压 U_{C1} 及延时时间,测量数据记录在表 3-1 中。

表 3-1　延时开关电路延时时间测量数据表

C_1/μF	1	2.2	3.3	4.7	10
U_{C1}/V					
t/ms					

3. 实验报告要求

(1)实验的名称、时间、目的、电路和内容。

(2)试分析表 3-1 中测试数据,能得出什么结论?

(3)试分析继电器两端并联的二极管起什么作用?

本章小结
BENZHANGXIAOJIE

本章主要介绍了两种动态元件（电容和电感）的特性及伏安关系（VAR）；利用换路定律确定电路的初始值和一阶线性时不变电路各种响应的求解方法。

① 电容元件的伏安关系（VAR）：

微分形式

$$i = C\frac{\mathrm{d}u}{\mathrm{d}t}$$

积分形式

$$u(t) = \frac{1}{C}\int_{-\infty}^{t} i(\xi)\mathrm{d}\xi$$

② 电感元件的伏安关系（VAR）：

微分形式

$$u = L\frac{\mathrm{d}i}{\mathrm{d}t}$$

积分形式

$$i(t) = \frac{1}{L}\int_{-\infty}^{t} u(\xi)\mathrm{d}\xi$$

③ 当动态电路发生换路时，一般将从原来的稳定状态逐渐过渡到一个新的稳定状态，即存在暂态或称为过渡过程。主要是电路中储能元件电容的电场能或电感的磁场能不可以发生突变，需经历一段时间才能达到新的稳态。

④ 换路定律表明换路前后瞬间电路中电容电压和电感电流不能跃变的结果，从而为求解电路初始值提供了方法。即

$$\left.\begin{array}{l} u_C(0_+) = u_C(0_-) \\ i_L(0_+) = i_L(0_-) \end{array}\right\}$$

⑤ 一阶电路零输入响应是电路在无外加激励时，仅由储能元件的初始储能所引起的响应；零状态响应是电路在储能元件的初始储能为零时，仅由外加激励引起的响应；全响应是电路在外加激励和储能元件的初始储能共同作用下引起的响应。任何线性一阶电路的全响应都可分解为

全响应=稳态响应(强制响应)+暂态响应(自由响应)

或

全响应=零状态响应+零输入响应

⑥ 在一阶电路中，任意电压或电流都是由其初始值、稳态值和时间常数这三个参数确定的。若用 $f(t)$ 表示一阶电路中的响应（电压或电流），$f(0_+)$ 表示其初始值，$f(\infty)$ 表示其稳态值，τ 表示电路的时间常数，则一阶电路中的响应 $f(t)$ 可表示为

$$f(t) = f(\infty) + \left[f(0_+) - f(\infty)\right]\mathrm{e}^{-\frac{t}{\tau}} \quad t \geqslant 0$$

故只要计算出响应的初始值 $f(0_+)$、稳态值 $f(\infty)$ 和换路后电路的时间常数　，则代入上式便可确定电路的任一响应 $f(t)$，即三要素法。

习　　题

3.1　已知 0.5 F 的电容器上的电压为（1）$2\sin(10\pi t)$ V；（2）10 V；（3）$10e^{-2t}$ V，求流过电容器上的电流。

3.2　已知电容器上的电压为 $u = -60\sin 100t$ V，电容器储存的电场能最大值为 18 J，求电容 C 的值以及在 $t = \dfrac{2\pi}{300}$ s 时的电流值。

3.3　已知 2 H 的电感上的电压为 $u = 50\cos 200t$ V，且 $i(0) = 0$，求电感上的电流 $i(t)$，并计算在 $t = \dfrac{\pi}{400}$ s 时的电流值。

3.4　如图 3-40 所示电路中，设电容原先未充电。开关 S 在 $t = 0$ 时闭合，求换路后瞬间电路中各元件的电压和电流的初始值。

3.5　电路如图 3-41 所示，开关 S 在"1"已久，在 $t = 0$ 时刻将开关 S 掷于"2"，求 $t = 0_+$ 时的 $i_L(0_+)$、$u_R(0_+)$ 和 $u_L(0_+)$。

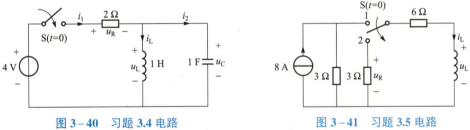

图 3-40　习题 3.4 电路　　　　　　　　图 3-41　习题 3.5 电路

3.6　电压为 100 V 的 $C = 100$ μF 电容经过电阻 R 放电，经过 5 s 电容上的电压值变为 40 V。求再经过 10 s 电容上的电压变为多少伏？并求出电阻 R。

3.7　图 3-42 所示 RC 电路中，$t = 0$ 时开关 S 打开，开关打开前电路处于稳态。试求 $t \geqslant 0$ 时 $u_C(t)$、$i_C(t)$ 和 $i(t)$。

3.8　如图 3-43 所示电路为一高压电容器模型，电容 $C = 2$ μF，漏电阻 $R = 10$ MΩ。FU 为快速熔断器，$u_S = 23\sin(314t + 90°)$ kV，$t = 0$ 时熔断器烧断（瞬间断开）。假设安全电压为 36 V，试问熔断器断开之时起经历多长时间后，人手触及电容器两端才是安全的。

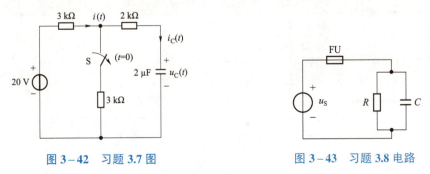

图 3-42　习题 3.7 图　　　　　　　　图 3-43　习题 3.8 电路

3.9　电路如图 3-44 所示，已知 $u_c(0_-) = 0$，$t = 0$ 开关闭合。求解电压 u_c 升到 4 V 时的大

约时间。

3.10 如图 3-45 所示电路，$t=0$ 时刻开关 S 闭合，已知 $u_C(0_-)=0$，求 $t \geqslant 0$ 时的 $u_C(t)$ 和 $u(t)$。

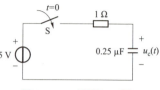

图 3-44 习题 3.9 图

3.11 如图 3-46 所示电路，$t<0$ 时电路已处于稳态，$t=0$ 时刻开关 S 闭合，求 $t \geqslant 0$ 时的 $i_L(t)$ 和 $u_R(t)$。

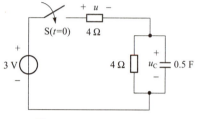

图 3-45 习题 3.10 电路

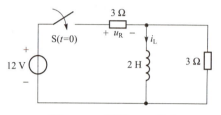

图 3-46 习题 3.11 电路

3.12 如图 3-47 所示电路，$U_S=220$ V，继电器线圈的电阻 $R_1=3$ Ω，电感 $L=0.2$ H，$R_2=2$ Ω，负载电阻 $R_L=20$ Ω，若继电器线圈中流过 30 A 电流时继电器动作，问负载短路时（S 闭合）多长时间继电器动作？

3.13 如图 3-48 所示电路中，$t<0$ 时电路已处于稳态，$t=0$ 时刻开关 S 从位置"1"掷到"2"，求 $t \geqslant 0$ 时的 $i(t)$ 和 $i_L(t)$。

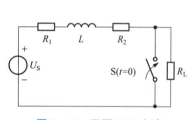

图 3-47 习题 3.12 电路

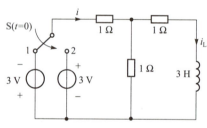

图 3-48 习题 3.13 电路

3.14 如图 3-49 所示电路中，电容初始储能为零，$t=0$ 时刻开关 S 闭合，求 $t \geqslant 0$ 时的 $u_C(t)$。

3.15 如图 3-50 所示电路中，$t=0$ 时刻开关 S 闭合，求 $t \geqslant 0$ 时的 $i_L(t)$。

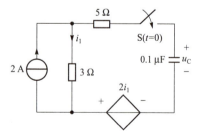

图 3-49 习题 3.14 电路

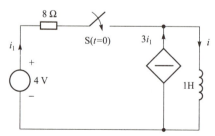

图 3-50 习题 3.15 电路

第4章

正弦交流电路的稳态分析

本章知识点

1. 掌握正弦交流电的基本概念及正弦量的相量表示
2. 掌握电阻元件、电感元件、电容元件的电压与电流的相量表示
3. 掌握 *RLC* 串联电路及多阻抗串联电路的相量分析
4. 了解用相量分析法分析复杂正弦交流电路
5. 掌握有功功率和功率因数的计算及获得最大功率的条件
6. 了解无功功率、视在功率的概念及提高功率因数的意义和方法

先导案例

我们生活中最熟悉和最常用的照明电器如日光灯、吊灯、台灯、落地灯，都是采用交流电，这些照明电器的连线必须遵循一定的原则，如图 4-1 为一室一厅照明电路的实际接线，图 4-2 为一室一厅照明电路的电路图，那么照明电路应如何来连接？遵循怎样的接线原则呢？

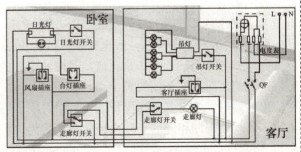

图 4-1　一室一厅照明电路实际连线图　　　　图 4-2　一室一厅照明电路电路图

在实际中，除使用直流外，更广泛地使用正弦交流电，日常生活中的照明电路是单相供电正弦交流电路，家用电器大多呈现出感性，要学会简单家用照明电路的线路连接，有必要掌握正弦交流激励情况下电路的分析与计算方法。在正弦交流电路中，若输入的信号（称激励）是同一频率的正弦交流电，则电路中任何一处的电压、电流（称响应）也将是

同一频率的正弦交流电，对这类电路的分析称为正弦交流电路的稳态分析。本章按照由简单到复杂的原则，先讨论单个元件（电阻元件、电感元件、电容元件）在正弦交流激励下电压与电流的相量关系，然后介绍 RLC 串联电路在正弦交流激励下的相量分析，最后介绍复杂电路在正弦交流激励下的分析方法。

4.1　正弦交流电的基本概念

大小和方向随时间作周期性变化且在一个周期内平均值为零的电流（或电压）称为交流电。交流电的变化形式是多种多样的，如图 4–3 所示。随时间按正弦规律变化的电流、电压称为正弦交流电（sinusoidal alternating current），如图 4–3（c）所示就是一个正弦电流的波形。正弦交流电流和电压统称为正弦量。在时域范围内正弦量可以用正弦函数表示，也可用余弦函数表示。本书选用正弦函数的形式来表示正弦量。

正弦交流电的概念
及表达式

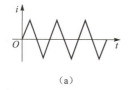 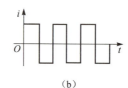 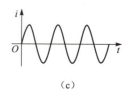

（a）　　　　　　　（b）　　　　　　　（c）

图 4–3　几种交流电的波形

在分析正弦交流电路时，我们首先要写出正弦量的数学表达式（解析式），画出它的波形图。在画正弦量的波形及写解析式前，必须先选定参考方向。用实线箭头（或实线正、负极性）表示所选定的参考方向。参考方向是任意选取的。在交流电路中，仍习惯于把元件上的电压和电流的参考方向选取为关联参考方向。

如图 4–4（a）所示的一段电路上流过的正弦电流 i，其参考方向如箭头所示。当 i 的实际方向与参考方向一致时，是正值，对应波形图的正半周；当 i 的实际方向与参考方向相反时，是负值，对应波形图的负半周。其正弦电流 i 的波形如图 4–4（b）所示（设 $\psi_i > 0$），在交流电的波形图中，其横轴坐标既可以用时间 t（s）表示，也可以用电角度 ωt（弧度，rad）来表示。与波形图相应的正弦电流的解析式为

$$i(t) = I_m \sin(\omega t + \psi_i) \tag{4.1}$$

式（4.1）称为正弦电流的瞬时值表达式。式中 I_m、ω、ψ_i 分别表示正弦电流的振幅值、角频率、初相。正弦量在任意瞬间的值称为瞬时值，用小写字母来表示，如用 i、u 和 e 分别来表示正弦电流、正弦电压和正弦电动势的瞬时值。

利用瞬时值表达式可以计算出任意时刻正弦量的数值。瞬时值的正或负与假定的参考方向比较，便可确定该时刻正弦量的实际方向。

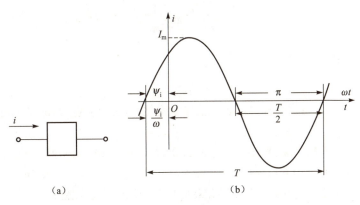

图 4-4　正弦量的波形图

式（4.1）和图 4-4（b）表明：一个正弦量的特征表现在它变化的振幅值（I_m）、随时间变化的快慢（即角频率）和初始值（$t=0$ 时的数值，它取决于 $t=0$ 时的角度即初相 ψ_i）三个量值。也就是说知道了正弦量的这三个量值，一个正弦量就可以完全确定地描述出来了。故称振幅值、角频率、初相为正弦量的三要素。

4.1.1　正弦量的三要素

1. 振幅值（最大值）

正弦量瞬时值中的最大数值称为正弦量的最大值（maximum value）或振幅值（amplitude），也叫峰值（peak value），它是正弦量在整个变化过程中所能达到的最大值。用带有下标 m 的大写字母表示，如用 I_m、U_m、E_m 分别表示正弦电流、正弦电压、正弦电动势的振幅值。如图 4-5 所示正弦交流电的波形图中的 U_m 便是电压的振幅值，振幅值为正值。$2U_m$ 称为正弦量的峰-峰值。

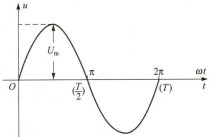

2. 角频率

角频率 ω（angular frequency），又称为电角速度，它表示在单位时间内正弦量所经历的电角度，它是反映正弦量变化快慢的量，其单位是弧度/秒（rad/s）。正弦量变化的快慢还可以用周期 T（period）和频率 f（frequency）来表示。

图 4-5　正弦交流电的波形

周期指正弦量循环一次所需要的时间，用大写字母 T 表示，单位为秒（s），还常用毫秒（ms）、微秒（μs）、纳秒（ns）。

频率指正弦量单位时间内完成循环的次数，用小写字母 f 表示，单位为赫兹（Hz），在无线电技术中，还常用千赫（kHz）、兆赫（MHz）等。故根据上述定义可知，频率和周期互为倒数，即

$$f = \frac{1}{T} \tag{4.2}$$

在一个周期 T 内，正弦量所经历的电角度为 2π 弧度。由角频率的定义可知，角频率和频率及周期间的关系为

$$\omega = \frac{2\pi}{T} = 2\pi f \qquad (4.3)$$

图 4-5 中正弦电压的解析式便可写成

$$u = U_m \sin \omega t \qquad (4.4)$$

可见，周期、频率、角频率都可以表示正弦量变化的快慢程度。直流量也可看成 $f = 0$ ($T = \infty$) 的正弦量。

我国和世界上大多数国家都采用 50 Hz（$T=0.02$ s、$\omega=314$ rad/s）作为电力工业的标准频率（美国、日本等少数国家采用 60 Hz），习惯上称为工频。无线电频率则更高，如声音信号频率为 20 Hz～20 kHz，收音机中波段频率为 525 kHz～1 605 kHz，电视图像信号频率为 0～6 MHz，而图像载频则从几十兆赫兹到几百兆赫兹。

3. 初相

如图 4-6 所示为最简单的交流发电机的结构示意图，它由一对能够产生磁场的 N、S 磁极（定子）和能够产生感应电动势的线圈 ABCD（转子）组成。为了避免线圈的两根引线在转动中扭绞，线圈的两端分别接在两个与线圈一起转动的铜环上，铜环通过带有弹性的金属触头和外电路接通。当线圈在磁场中作匀速旋转时，线圈的 AB 边和 CD 边切割磁感应线，产生感应电动势。如果外电路是闭合的，则在线圈和外电路组成的闭合回路中就出现感应电流。

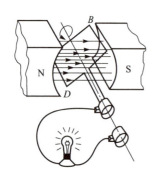

图 4-6　最简单的交流发电机的
结构示意图

式（4.4）是在计时开始（$t = 0$）时发电机有效边处于中性面位置时正弦量的解析式，这是一种特殊情况。一般情况下，若以电枢绕组处在 $\alpha=\psi$ 的位置为计时起点，如图 4-7（a）所示，即 $t=0$ 时线圈所在平面与中性面之间有一夹角 ψ，则电枢旋转而产生的感应电动势为

$$e = E_m \sin(\omega t + \psi) \qquad (4.5)$$

如图 4-7（b）表示了 $e=E_m \sin(\omega t + \psi)$ 的波形图。式（4.5）是正弦量的解析式的一般形式。

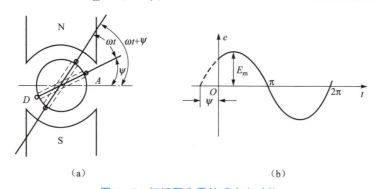

|(a)|(b)|

图 4-7　初相不为零的感应电动势

式（4.5）中的 $\omega t + \psi$ 是反映正弦量变化进程的电角度，可根据 $\omega t + \psi$ 确定任一时刻正弦量的瞬时值，把这个电角度称为正弦量的相位或相位角（phase angle）。ψ 是正弦量在计时起

点即 $t=0$ 时的相位，叫作初相位，简称初相（initial phase）。规定 $|\psi|$ 不超过π弧度。相位和初相通常用弧度作为单位，但工程上也允许用度表示。

正弦量在任意瞬间的相位都与初相有关。显然，正弦量的初相与计时起点（即波形图上的坐标原点）的选择有关。由于正弦量一个周期中瞬时值出现两次为零的情况，我们规定正弦波瞬时值由负变正时的过零点为正弦波的零值，则正弦量的初相便是由正弦量的零值到计时起点 $t=0$ 之间的电角度。图 4-8 给出了几种不同计时起点的正弦电流的解析式和波形图。

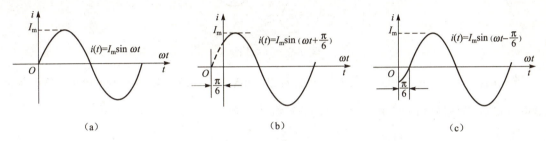

图 4-8　几种不同计时起点的正弦电流的解析式和波形图

如图 4-8 所示波形图可以看出，如果正弦量以零值为计时起点，则初相 $\psi=0$；如果零值在坐标原点的左侧，则初相 ψ 为正；如果零值在坐标原点的右侧，则初相 ψ 为负。同时可以看出，在 $t=0$ 时，函数值的正负与对应初相 ψ 的正负号相同。

综上所述，如果知道一个正弦量的振幅、角频率（频率）和初相，就可以完全确定该正弦量，即可以用解析式或用波形图将它表示出来。

另外，正弦量的初相与参考方向的选择有关，当参考方向改变后，解析式为

$$-I_{\mathrm{m}}\sin(\omega t+\psi)=I_{\mathrm{m}}\sin(\omega t+\psi\pm\pi)$$

取"$+\pi$"还是取"$-\pi$"，是由 $\psi\pm\pi$ 的绝对值不超过π来决定的。

例 4.1　在选定的参考方向下，已知两正弦量的解析式为 $u=311\sin\left(314t-\dfrac{4\pi}{3}\right)$ V，$i=-10\sin\left(100t+\dfrac{\pi}{6}\right)$ mA，试求两个正弦量的三要素。

解：（1）$u=311\sin\left(314t-\dfrac{4\pi}{3}\right)=311\sin\left(314t-\dfrac{4\pi}{3}+2\pi\right)=311\sin\left(314t+\dfrac{2\pi}{3}\right)$ V

所以电压的振幅值 $U_{\mathrm{m}}=311$ V，角频率 $\omega=314$ rad/s，初相 $\psi_u=\dfrac{2\pi}{3}$。

（2）$i=-10\sin\left(100t+\dfrac{\pi}{6}\right)=10\sin\left(100t+\dfrac{\pi}{6}-\pi\right)=10\sin\left(100t-\dfrac{5\pi}{6}\right)$ mA

所以电流的振幅值 $I_{\mathrm{m}}=10$ mA，角频率 $\omega=100$ rad/s，初相 $\psi_i=-\dfrac{5\pi}{6}$。

例 4.2　图 4-9 给出正弦电压 u_{ab} 和正弦电流 i_{ab} 的波形。

（1）写出 u_{ab} 和 i_{ab} 的解析式并求出它们在 $t=100$ ms 时的值。

（2）写出 i_{ba} 的解析式并求出 $t=100$ ms 时的值。

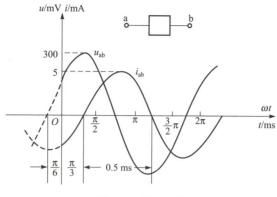

图 4-9   例 4.2 图

解： 由波形可知 u_{ab} 和 i_{ab} 的最大值分别为 300 mV 和 5 mA，频率都为 1 kHz，角频率为 2 000π rad/s，初相分别为 $\dfrac{\pi}{6}$ 和 $-\dfrac{\pi}{3}$，它们的解析式分别为

$$u_{ab}(t)=300\sin\left(2\,000\pi t+\frac{\pi}{6}\right)\text{mV}, \qquad i_{ab}(t)=5\sin\left(2\,000\pi t-\frac{\pi}{3}\right)\text{mA}$$

（1）$t=100$ ms 时，u_{ab}、i_{ab} 分别为

$$u_{ab}(0.1)=300\sin\left(2\,000\pi\times0.1+\frac{\pi}{6}\right)\text{mV}=\left(300\sin\frac{\pi}{6}\right)\text{mV}=150\text{ mV}$$

$$i_{ab}(0.1)=5\sin\left(2\,000\pi\times0.1-\frac{\pi}{3}\right)\text{mA}=5\sin\left(-\frac{\pi}{3}\right)\text{mA}=-4.33\text{ mA}$$

（2）$i_{ba}(t)=-5\sin\left(2\,000\pi t-\frac{\pi}{3}\right)\text{mA}=5\sin\left(2\,000\pi t-\frac{\pi}{3}+\pi\right)\text{mA}=5\sin\left(2\,000\pi t+\frac{2\pi}{3}\right)\text{mA}$

$$i_{ba}(0.1)=5\sin\left(\frac{2\pi}{3}\right)\text{mA}=4.33\text{ mA}$$

4.1.2 相位差

在正弦电路中，电流和电压都是同频率的正弦量，虽然都随时间按正弦规律变化，但是它们随时间变化的进程可能不同，为了描述同频率正弦量随时间变化进程的先后，引入了相位差（phase difference）。所谓相位差就是两个同频率的正弦量的相位之差，用字母 φ 或 φ 带双下标表示。相位差 φ 的单位仍是弧度，习惯上也用度表示，且规定相位差的绝对值 $|\varphi|\leqslant\pi$。

相位差

例如正弦电压 $u=U_m\sin(\omega t+\psi_u)$，正弦电流 $i=I_m\sin(\omega t+\psi_i)$，则电压与电流的相位差为

$$\varphi_{ui}\text{（或}\varphi\text{）}=(\omega t+\psi_u)-(\omega t+\psi_i)=\psi_u-\psi_i \tag{4.6}$$

可见，两个同频率正弦量的相位差等于两个正弦量的初相之差，是一个与时间无关的常数。

下面分别加以讨论：

① $\varphi=\psi_u-\psi_i>0$ 且 $|\varphi|\leqslant\pi$，电压 u 达到零值或最大值后，电流 i 需经过一段时间才能到

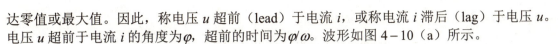

达零值或最大值。因此，称电压 u 超前（lead）于电流 i，或称电流 i 滞后（lag）于电压 u。电压 u 超前于电流 i 的角度为 φ，超前的时间为 φ/ω。波形如图 4-10（a）所示。

②　$\varphi=\psi_u-\psi_i<0$ 且 $|\varphi|\leqslant\pi$，则称电压 u 滞后于电流 i，滞后的角度为 $|\varphi|$，滞后的时间为 $|\varphi|/\omega$。波形如图 4-10（b）所示。

③　$\varphi=\psi_u-\psi_i=0$，称电压 u 与电流 i 同相（in phase）。这时电压 u 和电流 i 同时达到零值，同时达到最大值，如图 4-10（c）所示。

④　$\varphi=\psi_u-\psi_i=\pm\pi$，称电压 u 和电流 i 反相（inverse of phase），如图 4-10（d）所示。

⑤　$\varphi=\psi_u-\psi_i=\pm\pi/2$，称电压 u 和电流 i 正交，如图 4-10（e）所示。

通过以上的讨论可知，两个同频率的正弦量的计时起点不同时，它们的初相不同，但它们的相位差不变，即两个同频率的正弦量的相位差与计时起点无关。由于初相与参考方向的选择有关，因此相位差也与参考方向的选择有关。

另外应当注意的是，两个不同频率的正弦量的相位差是随时间变化的，而不再是常数。我们主要关心的是同频率正弦量之间的相位差。

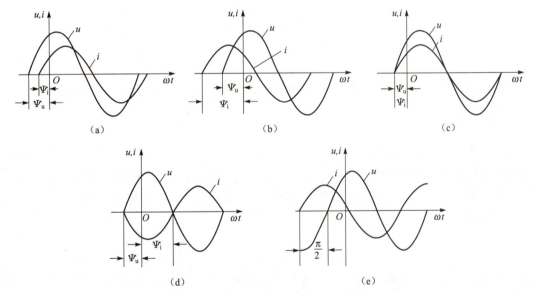

图 4-10　同频率正弦量的相位差

在正弦电路的分析计算中，为了比较同一电路中同频率的各正弦量之间的相位关系，可选其中一个为参考正弦量，取其初相为零，这样其他正弦量的初相便由它们与参考正弦量之间的相位差来确定。各正弦量必须以同一时刻为计时起点才能比较相位差，故一个电路中只能有一个参考正弦量，究竟选哪一个则是任意的。

例 4.3　两个同频率的正弦电压和电流分别为

$$u=311\sin(\omega t+60°)\ \text{V}$$

$$i=10\cos(\omega t+60°)\ \text{mA}$$

求它们之间的相位差，并说明哪个超前。

解：求相位差要求两个正弦量的函数形式应一致。故首先将电流 i 改写成用正弦形式表示［因本书正弦量的标准形式选用的是正弦（sin）］。

$$i = 10\sin\left(\omega t + 60° + 90°\right) = 10\sin\left(\omega t + 150°\right) \text{ mA}$$

因此，相位差为

$$\varphi = \psi_u - \psi_i = 60° - 150° = -90°$$

所以电流超前电压 $90°$。

例 4.4 三个正弦电压 $u_A(t)=311\sin 314t$ V，$u_B(t)=311\sin(314t - 2\pi/3)$ V，$u_C(t)=311\sin(314t+2\pi/3)$ V，若以 u_B 为参考正弦量，写出三个正弦电压的解析式。

解：先求出三个正弦量的相位差，由已知得

$$\varphi_{AB} = 0 - \left(-\frac{2\pi}{3}\right) = \frac{2\pi}{3}$$

$$\varphi_{BC} = \left(-\frac{2\pi}{3}\right) - \frac{2\pi}{3} = -\frac{4\pi}{3} + 2\pi = \frac{2\pi}{3}$$

$$\varphi_{CA} = \frac{2\pi}{3} - 0 = \frac{2\pi}{3}$$

以 u_B 为参考正弦量，它们的解析式为

$$u_B(t)=311\sin 314t \text{ V}，\quad u_A(t)=311\sin(314t+2\pi/3) \text{ V}，\quad u_C(t)=311\sin(314t - 2\pi/3) \text{ V}$$

4.1.3　正弦量的有效值

由于正弦量的瞬时值是随时间变化的，无论是测量还是计算都不方便，也不能确切地反映在能量转换方面的实际效果；而用正弦量的最大值，则夸大在能量转换方面的效果。因此，在工程实际中，常采用交流电的有效值（effective value）。有效值用大写字母表示，如 I、U 分别表示电流、电压的有效值。

1. 交流电的有效值

交流电的有效值是根据它的热效应确定的。如果某一交流电流 i 和一直流电流 I，分别通过同一电阻 R，在一个周期 T 内，电阻所消耗的能量相等，也就是说就热效应而言，两者是相同的，那么这个直流电流 I 的数值叫作交流电流 i 的有效值。

由此得出

$$I^2RT = \int_0^T i^2 R \mathrm{d}t$$

所以，交流电流的有效值为

$$I = \sqrt{\frac{1}{T}\int_0^T i^2 \mathrm{d}t} \tag{4.7}$$

同理，交流电压的有效值为

$$U = \sqrt{\frac{1}{T}\int_0^T u^2 \mathrm{d}t} \tag{4.8}$$

交流电的有效值等于它的瞬时值的平方在一个周期的平均值的算术平方根，所以有效值又叫均方根值。

2. 正弦量的有效值

对于正弦交流电流来说，将 $i=I_\mathrm{m}\sin(\omega t+\psi)$ 代入式（4.7）可得它的有效值

$$I = \frac{I_\mathrm{m}}{\sqrt{2}} = 0.707I_\mathrm{m} \tag{4.9}$$

同理正弦电压的有效值为

$$U = \frac{U_\mathrm{m}}{\sqrt{2}} = 0.707U_\mathrm{m} \tag{4.10}$$

可见，正弦量的有效值等于它的振幅值除以 $\sqrt{2}$。因此，有效值可以代替振幅值作为正弦量的一个要素。引入有效值后，正弦电压、电流可写成

$$u = \sqrt{2}U\sin(\omega t+\psi_\mathrm{u}) \qquad i = \sqrt{2}I\sin(\omega t+\psi_\mathrm{i})$$

通常所说的正弦交流电压、电流的大小都是指有效值。比如民用交流电压 220 V、工业用电电压 380 V，常用于测量交流电压和交流电流的各种仪表所指示的数值，交流电气设备铭牌上的额定值等都指的是有效值。一般只有在分析电气设备（如电路元件）的耐压能力时，才用到最大值。

例 4.5　一个正弦电流的初相角为 60°，在 $t=T/4$ 时电流的值为 5 A，试求该电流的有效值。

解：该正弦电流的解析式为　　$i = \sqrt{2}I\sin(\omega t+60°)$　A

由已知条件得

$$5 = \sqrt{2}I\sin\left(\omega\frac{T}{4}+60°\right)\mathrm{A} = \sqrt{2}I\sin\left(\frac{2\pi}{T}\frac{T}{4}+\frac{\pi}{3}\right)\mathrm{A} = \sqrt{2}I\sin\left(\frac{5\pi}{6}\right)\mathrm{A}$$

所以有效值 $I=7.07$ A。

4.2　正弦量的相量表示及运算

在正弦交流电路分析中，常常需要进行电压和电流的运算。虽然正弦量的瞬时值表达式和波形图这两种表示方法，能表示正弦量的三要素，说明正弦量随时间变化的规律，但运算烦琐，不便于电路的分析与计算。本节所介绍的正弦量的相量表示法，不但使正弦交流电路的分析和计算得到简化，而且使得正弦电路的许多规律和性质便于认识和理解。

由于相量表示法要涉及复数的运算，所以在介绍相量表示法以前，先对复数的有关知识作一扼要介绍。

*4.2.1　复数及四则运算

1. 复数

在数学中用 $A=a+bi$ 表示复数，其中 a 为实部，b 为虚部，$i=\sqrt{-1}$ 称为虚数单位。在电气工程中，为区别于电流的符号，虚数单位常用 j 代替 i，复数常用 $A=a+jb$ 表示。

用直角坐标的横轴表示实轴，以 +1 为单位；纵轴表示虚轴，以 +j 为单位。实轴和虚轴构成复坐标平面，简称复平面。于是任何一个复数就与复平面上的一个确定点相对应。例如复

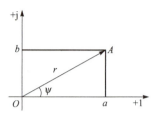

图 4-11　复数的表示

数 $A=a+jb$ 与复平面上 $A(a, b)$ 点相对应，如图 4-11 所示。再用有向线段连接坐标原点 O 和点 A，在线段末端带有箭头，成为一个矢量，该矢量就与复数 A 对应。这种表示复数的矢量称为复矢量。复矢量 $\boldsymbol{OA}$ 的长度 r 为复数的模，即

$$r = |A| = \sqrt{a^2 + b^2} \tag{4.11}$$

复矢量 $\boldsymbol{OA}$ 和实轴正方向的夹角 ψ 称为复数 A 的辐角，即

$$\psi = \arctan \frac{b}{a} \qquad (|\psi| \leqslant \pi) \tag{4.12}$$

不难看出，复数 A 的模 $|A|$ 在实轴上的投影就是复数 A 的实部，在虚轴上的投影就是复数 A 的虚部，即

$$a = r\cos \psi \qquad b = r\sin \psi$$

2. 复数的四种表示形式

（1）复数的代数形式。

$$A = a+jb$$

（2）复数的三角函数形式。

$$A = r\cos \psi + jr\sin \psi$$

（3）复数的指数形式。

根据欧拉公式

$$e^{j\psi} = \cos \psi + j\sin \psi$$

可得到复数的指数形式为

$$A = re^{j\psi}$$

（4）复数的极坐标形式。

在电路中，复数的模和辐角通常用更简明的极坐标形式表示

$$A = r\angle \psi$$

在以后的运算中，经常会用到复数的代数形式和极坐标形式，它们之间的换算应十分熟练。

例 4.6　写出复数 $A_1 = 4-j3$，$A_2 = -3+j4$ 的指数形式和极坐标形式。

解：A_1 的模 $r = \sqrt{4^2 + (-3)^2} = 5$

辐角 $\psi = \arctan \dfrac{-3}{4} = -36.9°$ 　（在第四象限）

所以　　A_1 的指数形式为 $A_1 = 5e^{-j36.9°}$

A_1 极坐标形式为 $A_1 = 5\angle -36.9°$

A_2 的模 $r = \sqrt{(-3)^2 + 4^2} = 5$

辐角 $\psi = \arctan \dfrac{4}{-3} = 126.9°$ 　（在第二象限）

所以　　A_2 的指数形式为 $A_2 = 5e^{j126.9°}$。

A_2 极坐标形式为 $A_2 = 5\angle 126.9°$

例 4.7　写出 1，−1，j，−j 的极坐标式，并在复平面内做出其矢量图。

解：复数 1 的实部为 1，虚部为 0，其极坐标式为　$1=1\angle 0°$；

复数 −1 的实部为 −1，虚部为 0，其极坐标式为

$$-1=1\angle 180°;$$

复数 j 的实部为 0，虚部为 1，其极坐标式为

$$j=1\angle 90°;$$

复数 −j 的实部为 0，虚部为 −1，其极坐标式为

$$-j=1\angle -90°。$$

矢量图如图 4−12 所示，这四个复数的代数式和极坐标式的互换在后续课程中常用，望牢固掌握。

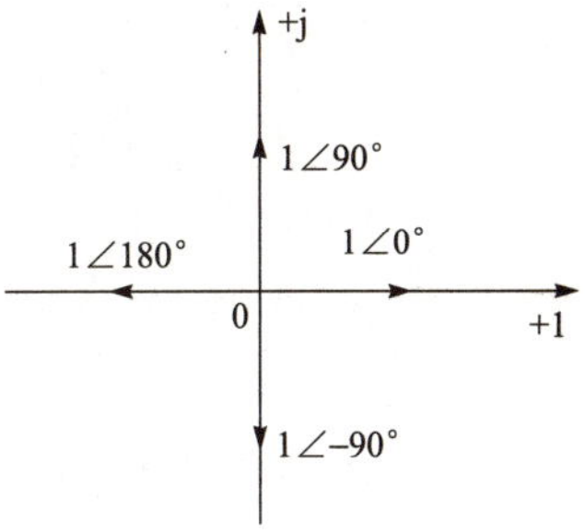

3. 复数的四则运算

（1）复数的加减法。

复数的加、减运算应用代数形式较为方便。设有两个复数：

$$A_1=a_1+jb_1=r_1\angle \psi_1$$
$$A_2=a_2+jb_2=r_2\angle \psi_2$$

则

$$A_1\pm A_2=(a_1\pm a_2)+j(b_1\pm b_2) \tag{4.13}$$

即复数相加减时，将实部和实部相加减，虚部和虚部相加减。图 4−13 为复数相加减矢量图。复数相加符合"平行四边形法则"，复数相减符合"三角形法则"。

（2）复数的乘除法。

复数相乘或相除时，以指数形式和极坐标式表示较方便。

$$A_1\cdot A_2=r_1r_2e^{j(\psi_1+\psi_2)}=r_1r_2\angle(\psi_1+\psi_2)$$

$$\frac{A_1}{A_2}=\frac{r_1}{r_2}e^{j(\psi_1-\psi_2)}=\frac{r_1}{r_2}\angle(\psi_1-\psi_2)$$

即复数相乘，模相乘，辐角相加；复数相除，模相除，辐角相减。

例 4.8　已知复数 $A_1=6+j8$，$A_2=8-j6$。求 A_1+A_2、$\dfrac{A_1}{A_2}$ 和 jA_2。

解：
$$A_1+A_2=(6+j8)+(8-j6)=14+j2$$

$$\frac{A_1}{A_2}=\frac{6+j8}{8-j6}=\frac{10\angle 53.1°}{10\angle -36.9°}=1\angle 90°$$

$$jA_2=1\angle 90°\times 10\angle -36.9°=10\angle 53.1°$$

若复数 $A=r\angle \psi$ 乘以 j，则为 $jA=r\angle(\psi+90°)$。这表明，任意一个复数乘以 j，其模值不变，辐角增加 90°，相当于在复平面上把复数矢量逆时针旋转 90°，如图 4−14 所示。因此，j 称为旋转 90°的因子。

图 4−12　例 4.7 矢量图

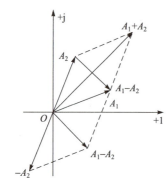

图 4-13　复数相加减矢量图

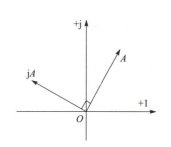

图 4-14　复数 A 乘以 j 的几何意义

4.2.2　正弦量的相量表示法

1. 旋转因子

通常把模为 1 的复数 $e^{j\theta}=1\angle\theta$ 称为旋转因子。

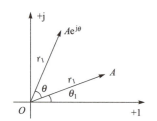

图 4-15　旋转因子

取任意复数 $A=r_1 e^{j\theta_1}=r_1\angle\theta_1$，则

$$A\cdot 1\angle\theta=r_1\angle(\theta_1+\theta)$$

即任意复数乘以旋转因子后，其模不变，辐角在原来的基础上增加了 θ，这就相当于把该复数矢量逆时针旋转了 θ 角，这一点我们从图 4-15 中可以明显地看出。

2. 正弦量的旋转矢量表示法

旋转因子 $1\angle\theta$ 的辐角 θ 为一常量，此时任意复数乘以该旋转因子后就会旋转 θ 角。假使 $\theta=\omega t$ 是一个随时间匀速变化的角，其角速度为 ω，不难想象，若任意复数乘以这个旋转因子 $e^{j\omega t}=1\angle\omega t$ 后，其复数矢量就会在原来的基础上逆时针旋转起来，且旋转的角速度也是 ω。

假设有一个正弦电流 $i=I_m \sin(\omega t+\psi)$，在复平面上过原点作一个矢量，如图 4-16 所示。矢量与横轴正方向的夹角等于正弦电流的初相 ψ，它的长度等于正弦电流的最大值 I_m，并令矢量以角速度 ω 逆时针旋转，旋转中的矢量在纵轴的投影是变化的。当 $t=0$ 时，该矢量在纵轴上的投影 $oa=I_m \sin\psi$。经过 t_1 时间，矢量旋转的角度为 ωt_1，与横轴的夹角为 $(\omega t_1+\psi)$，它在纵轴的投影 $ob=I_m \sin(\omega t_1+\psi)$，刚好等于正弦电流在 t_1 时刻的瞬时值。因此，在任意时刻，以角速度 ω 逆时针旋转的矢量在纵轴上的投影，都与正弦电流在该时刻的瞬时值保持一一相

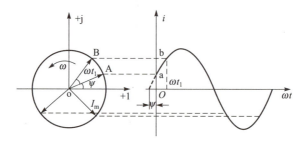

图 4-16　正弦量的复数表示

等的对应关系。像这样旋转的矢量，称为旋转矢量（rotating phasor）。旋转矢量既能反映正弦量的三要素，又能通过它在纵轴上的投影确定正弦量的瞬时值，所以复平面上的一个旋转矢量可以完整地表示一个正弦量。这也是正弦量的一种表示方法。

复平面上的矢量与复数是一一对应的，用复数 $I_m e^{j\psi}$ 来表示复数的起始位置，再乘以旋转因子 $e^{j\omega t}$ 便为上述旋转矢量，即

$$I_m e^{j\psi} \cdot e^{j\omega t} = I_m e^{j(\omega t+\psi)} = I_m \cos(\omega t+\psi) + j I_m \sin(\omega t+\psi)$$

该矢量的虚部即为正弦量的解析式，这与旋转矢量的纵轴投影为正弦量的瞬时值是同样意思。由于复数本身并不等于正弦函数，因此用复数可以相对应地表示一个正弦量，但两者并不相等。

3. 正弦量的相量表示

在正弦交流电路中，若输入的信号（称激励）是角频率为 ω 的正弦量，则电路中任何一处的电压、电流（称响应）均为同角频率 ω 的正弦量，表示它们的那些旋转矢量的角速度相同，相对位置不变，可以不考虑它们的旋转，只用起始位置的矢量来表示正弦量，即把旋转因子 $e^{j\omega t}$ 省去，而用复数 $I_m e^{j\psi}$ 对应地表示正弦量 i。

正弦量的相量表示

这种能表示正弦量的特征的复数就称为相量（phasor），规定相量用上面带小圆点的大写字母来表示，如 $\dot{I}$ 表示电流相量，$\dot{U}$ 表示电压相量。所加的小圆点表示它是对应某一正弦的时间函数，以与一般的复数相区别。这就是正弦量的相量表示法。

正弦电流 $i=I_m \sin(\omega t+\psi_i)$ 的相量，可以写成

$$\dot{I}_m = I_m e^{j\psi_i} = I_m \angle \psi_i$$

相量 $\dot{I}_m$ 的模是正弦量的振幅，故称 $\dot{I}_m$ 为电流的振幅相量。

同理，正弦电压 $u=U_m \sin(\omega t+\psi_u)$ 的振幅相量为 $\dot{U}_m = U_m e^{j\psi_u} = U_m \angle \psi_u$

由于电路分析中往往有效值比最大值更为常用，因而使用更多的是有效值相量，即

电流相量 $\dot{I} = I e^{j\psi_i} = I \angle \psi_i$；

电压相量 $\dot{U} = U e^{j\psi_u} = U \angle \psi_u$。

今后若未特殊说明，正弦量的相量就是指有效值相量。

值得注意的是，用相量表示正弦量是指两者有对应关系，而不是指两者相等。正弦量是时间的函数，而相量只是与正弦量的大小（振幅值或有效值）及初相相对应的复数。

4. 正弦量的相量图

相量只能表示正弦量三要素中的两个，角频率需另加说明。只有同频率的正弦量其相量才能画在同一复平面上，画在同一复平面上表示相量的图称为相量图。

正弦量的相量图

画几个同频率正弦量的相量图时，可选择某一相量为参考相量先画出，再根据其他正弦量与参考正弦量的相位差画出其他相量。参考相量的位置可以根据需要，任意选择。

例 4.9　正弦电压 $u=141\sin(\omega t-30°)$ V，正弦电流 $i=14.14\sin(\omega t+135°)$ A，写出 u 和 i 的相量，画出相量图，并比较两正弦量超前、滞后关系。

解：电压相量 $\dot{U}=100\angle-30°$ V；

电流相量 $\dot{I} = 10\angle135°$ A。

它们的相量图如图 4-17 所示。由图可见，$\dot{I}$ 超前 $\dot{U}$ 165°。

应注意的是，在同一相量图中，各相量所表示的正弦电量必须是同频率的正弦量。只有这样，才能对各个正弦量进行相位关系的比较。在同一个相量图中不能表示不同频率的正弦量。

图 4-17 例 4.9 相量图

4.2.3 用相量法求同频率正弦量之和

只有同频率正弦量的相量才能相互运算。用相量表示正弦量进行交流电路运算的方法称为相量法。用相量法分析正弦交流电路十分方便，下面举例加以说明。

相量的运算

例如，一条支路上有两个同频率的正弦电压，其解析式为

$$u_1 = U_{1m}\sin(\omega t + \psi_1) = \sqrt{2}\,U_1\sin(\omega t + \psi_1)$$

$$u_2 = U_{2m}\sin(\omega t + \psi_2) = \sqrt{2}\,U_2\sin(\omega t + \psi_2)$$

利用三角函数知识计算，可以得出它们的和为同频率的正弦量，即

$$u = u_1 + u_2 = \sqrt{2}\,U_1\sin(\omega t + \psi_1) + \sqrt{2}\,U_2\sin(\omega t + \psi_2)$$

$$= \sqrt{2}\,U_1(\sin\omega t\cos\psi_1 + \cos\omega t\sin\psi_1) + \sqrt{2}\,U_2(\sin\omega t\cos\psi_2 + \cos\omega t\sin\psi_2)$$

$$= \sqrt{2}\,(U_1\cos\psi_1 + U_2\cos\psi_2)\sin\omega t + \sqrt{2}\,(U_1\sin\psi_1 + U_2\sin\psi_2)\cos\omega t$$

$$= \sqrt{2}\,U\sin(\omega t + \psi)$$

其中

$$U = \sqrt{(U_1\cos\psi_1 + U_2\cos\psi_2)^2 + (U_1\sin\psi_1 + U_2\sin\psi_2)^2} \tag{4.14}$$

$$\psi = \arctan\frac{U_1\sin\psi_1 + U_2\sin\psi_2}{U_1\cos\psi_1 + U_2\cos\psi_2} \tag{4.15}$$

可以看出，要求出同频率正弦量之和，关键是求出它的有效值和初相。但用三角函数运算很麻烦，用相量法求和就方便得多。

现在复平面上作出相量 $\dot{U}_1 = U_1\angle\psi_1$，$\dot{U}_2 = U_2\angle\psi_2$。按平行四边形法则作出 $\dot{U} = \dot{U}_1 + \dot{U}_2$ 的相量图，如图 4-18 所示。从相量图中各相量之间的几何关系得

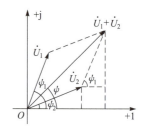

图 4-18 $\dot{U}_1 + \dot{U}_2$ 的相量图

$\dot{U}_1 + \dot{U}_2$ 的模为

$$U = \sqrt{(U_1\cos\psi_1 + U_2\cos\psi_2)^2 + (U_1\sin\psi_1 + U_2\sin\psi_2)^2}$$

$\dot{U}_1 + \dot{U}_2$ 辐角为

$$\psi = \arctan\frac{U_1\sin\psi_1 + U_2\sin\psi_2}{U_1\cos\psi_1 + U_2\cos\psi_2}$$

可见，相量相加所得的模、辐角与解析式相加所得的有效值、初相相同。

由此可以得到一个重要结论：

$$\boxed{若\,u=u_1+u_2，\,则有\,\dot{U}=\dot{U}_1+\dot{U}_2}$$

因此，同频率正弦量相加的问题可以转化成对应的相量相加，用这种方法形象且直观。其步骤为：

① 由相加的正弦量的解析式写出相应的相量，并表示成代数形式。

② 按复数运算法则进行相量相加，求出和的相量。

③ 由和的相量的有效值和初相写出和的正弦量。还可以作相量图，按照矢量的运算法则求相量和。

例 4.10　已知两个同频率的正弦电压 $u_1=100\sqrt{2}\sin\omega t$ V 和 $u_2=150\sqrt{2}\sin(\omega t-120°)$ V。求它们的和 u_1+u_2，并画相量图。

解：　$\dot{U}_1=100\angle0°=100$ V

$\dot{U}_2=150\angle-120°=(-75-j130)$ V

$\dot{U}_1+\dot{U}_2=100+(-75-j130)$

$=(25-j130)$ V

$=132.3\angle-79.1°$ V

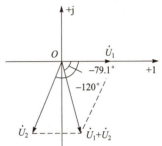

所以　$u_1+u_2=132.3\sqrt{2}\sin(\omega t-79.1°)$ V

其相量图如图 4-19 所示。

注意：u_1 与 u_2 之和的有效值不等于 u_1 的有效值加 u_2 的有效值。

图 4-19　例 4.10 相量图

4.3　电阻元件上电压与电流的相量关系

电阻元件、电感元件及电容元件是正弦电路的基本元件，日常生活中的正弦交流电路都是由这三个元件组合起来的。掌握了单一元件在正弦电路中的伏安关系及能量转换问题后，再去研究多个元件组合的正弦电路就方便得多，这在电路基础中是一种经常应用的分析问题的方法。本节先讨论电阻元件在正弦电路中所遵循的基本规律。

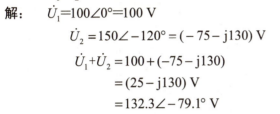

电阻元件上电压与
电流的相量关系

4.3.1　电阻元件上相量形式的伏安特性

1. 电阻元件上电压与电流的关系（伏安特性）

如图 4-20 所示，当线性电阻 R 两端加上正弦电压 u_R 时，电阻中便有正弦电流 i_R 通过。电压 u_R 和电流 i_R 的瞬时值在任何瞬间仍服从欧姆定律。

如图 4-20 所示电压和电流的关联参考方向下，设电压为

$$u_R=U_{Rm}\sin\omega t=\sqrt{2}\,U_R\sin\omega t$$

则根据欧姆定律，电路中流过的电流为

$$i_R=\frac{u_R}{R}=\frac{U_{Rm}}{R}\sin\omega t=\sqrt{2}\,\frac{U_R}{R}\sin\omega t$$

$$=I_{Rm}\sin\omega t=\sqrt{2}I_R\sin\omega t$$

图 4-20　电阻元件上的
正弦量

上式表明：电阻元件两端电压 u_R 和电流 i_R 为同频率同相位的正弦量。比较电压和电流的

解析式，它们之间关系如下。

（1）大小关系。

电流与电压最大值关系为

$$I_{\text{Rm}} = \frac{U_{\text{Rm}}}{R}$$

电流与电压有效值关系为

$$I_{\text{R}} = \frac{U_{\text{R}}}{R} \tag{4.16}$$

即电压与电流的最大值和有效值均服从欧姆定律关系。

（2）相位关系。

在关联参考方向下，电流和电压同相。如图 4-21 所示为正弦电压初相为零时，电压和电流的波形图。

2. 相量形式的伏安特性

在关联参考方向下，流过电阻元件的电流为

$$i_{\text{R}} = \sqrt{2}\, I_{\text{R}} \sin\left(\omega t + \psi\right)$$

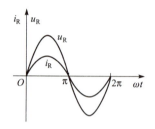

图 4-21　电阻元件上电压、电流波形图

对应的相量为

$$\dot{I}_{\text{R}} = I_{\text{R}} \angle \psi$$

加在电阻元件两端的电压为

$$u_{\text{R}} = \sqrt{2}\, U_{\text{R}} \sin\left(\omega t + \psi\right)$$

对应的相量为

$$\dot{U}_{\text{R}} = U_{\text{R}} \angle \psi = R I_{\text{R}} \angle \psi$$

所以有

$$\dot{U}_{\text{R}} = R \dot{I}_{\text{R}} \tag{4.17}$$

式（4.17）就是电阻元件欧姆定律的相量形式，也就是相量形式的伏安特性（VAR）。它不仅表明了电阻元件上电压和电流之间有效值的关系，而且包含了相位关系。根据式（4.17）画出的电阻元件的相量模型如图 4-22（a）所示，相量图如图 4-22（b）所示。

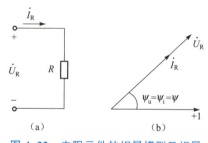

图 4-22　电阻元件的相量模型及相量

4.3.2　电阻元件的功率

交流电路中，电阻元件通过正弦交流电时，电阻吸收的功率必然是随时间变化的。把电阻在任一瞬间所吸收的功率称为瞬时功率，用小写字母 p 表示。在关联参考方向下，电阻元件吸收的瞬时功率 $p = u_{\text{R}} i_{\text{R}}$，为了方便计算，取 $\psi = 0$，则

$$p_{\text{R}} = u_{\text{R}} i_{\text{R}} = U_{\text{Rm}} \sin \omega t \cdot I_{\text{Rm}} \sin \omega t = U_{\text{Rm}} I_{\text{Rm}} \sin^2 \omega t$$

$$= \frac{1}{2} U_{\text{Rm}} I_{\text{Rm}} (1 - \cos 2wt) = U_{\text{R}} I_{\text{R}} (1 - \cos 2wt) \tag{4.18}$$

图 4-23 画出了电阻元件的瞬时功率曲线。由式（4.18）和功率曲线可知，电阻元件的瞬时功率以电源频率的两倍作周期性变化，其值总是正的，即 $p_R \geqslant 0$。这说明电阻元件在每一瞬间都在消耗电能，是一个耗能元件。图中阴影面积的值相当于一个周期内电阻消耗的功率。

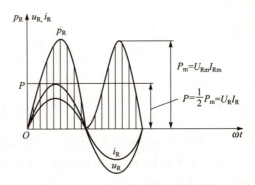

图 4-23　电阻元件的瞬时功率曲线

由于瞬时功率是随时间变化的。使用时不方便，因而工程上所说的功率指的是瞬时功率在一个周期内的平均值，称为平均功率，用大写字母 P 表示。平均功率又称为有功功率（active power），它的单位为瓦特（W）或千瓦（kW），一般电气设备所标的额定功率以及功率表测量的都指有功功率，习惯上简称功率。

$$P = \frac{1}{T}\int_0^T p_R \mathrm{d}t = \frac{1}{T}\int_0^T U_R I_R (1 - \cos 2\,\omega t)\mathrm{d}t$$
$$= U_R I_R = I_R^2 R = \frac{U_R^2}{R} \tag{4.19}$$

式（4.19）与直流电路的功率计算公式在形式上完全相同，但式（4.19）中 U_R、I_R 是电压、电流的有效值。

例 4.11　有一个 220 V、25 W 的白炽灯，其两端电压为 $u = 311\sin(314\,t + 60°)$ V。试求：

（1）通过白炽灯的电流的相量和瞬时值表达式；

（2）每天使用 4 小时，每千瓦小时收费 0.55 元，问每月（30 天）应付多少电费？

解：（1）白炽灯属于电阻性负载，电压的相量为

$$\dot{U} = U \angle \psi_u = \left(\frac{311}{\sqrt{2}} \angle 60°\right) \text{V} = 220 \angle 60° \text{ V}$$

由式（4.19）得

$$R = \frac{U^2}{P} = \left(\frac{220^2}{25}\right) \Omega = 1\,936\ \Omega$$

由式（4.17）得电流的相量为

$$\dot{I} = \frac{\dot{U}}{R} = \left(\frac{220 \angle 60°}{1\,936}\right) \text{A} = 0.114 \angle 60° \text{ A}$$

则电流的瞬时值表达式为

$$i = \sqrt{2}\,I\sin(\omega t + \psi_i) = 0.114\sqrt{2}\sin(314t + 60°) \text{ A}$$

（2）每月消耗的电能为

$$W = Pt = (25 \times 4 \times 30) \text{ W·h} = 3\,000 \text{ W·h} = 3 \text{ kW·h}$$

则每月应付电费为

$$3 \times 0.55 = 1.65 \ 元$$

4.4　电感元件上电压与电流的相量关系

4.4.1　电感元件上相量形式的伏安特性

电感元件上电压与
电流的相量关系

1. 电感元件上电压与电流的关系（伏安特性）

从第 3 章我们讨论的电感元件上的伏安关系知道，在图 4-24 所示的关联参考方向下，有

$$u_L = L\frac{\mathrm{d}i_L}{\mathrm{d}t} \tag{4.20}$$

式（4.20）是电感元件上电压和电流的瞬时关系式，二者是微分关系，而不是正比关系。

设电流为

$$i_L = I_{Lm}\sin(\omega t + \psi_i) = \sqrt{2}\,I_L\sin(\omega t + \psi_i)$$

则电感元件的端电压为

$$u_L = L\frac{\mathrm{d}i_L}{\mathrm{d}t} = \omega L I_{Lm}\cos(\omega t + \psi_i) = \omega L I_{Lm}\sin(\omega t + \psi_i + 90°)$$

$$= U_{Lm}\sin(\omega t + \psi_u)$$

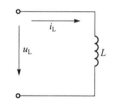

图 4-24　电感元件上的正弦量

上式表明：电感元件两端电压 u_L 和电流 i_L 为同频率的正弦量。比较电压和电流的解析式，它们之间关系如下。

（1）大小关系。

电流与电压最大值关系为

$$U_{Lm} = \omega L I_{Lm}$$

电流与电压有效值关系为

$$U_L = \omega L I_L = X_L I_L \tag{4.21}$$

其中

$$X_L = \omega L = 2\pi f L \tag{4.22}$$

X_L 称为感抗（inductive reactance），单位为欧姆（Ω）。感抗的倒数 $B_L = \dfrac{1}{X_L} = \dfrac{1}{\omega L}$，称作感纳（inductive susceptance），单位为西门子（S）。

感抗是用来表示电感元件对电流的阻碍作用的一个物理量。在电压一定的条件下，ωL 越大，电路中的电流越小。式（4.22）表明感抗 X_L 与电源的频率（角频率）成正比。电源频率越高，感抗越大，表示电感对电流的阻碍作用越大。反之，频率越低，感抗也就越小。对直流电来说，频率 $f=0$，感抗也就为零，电感元件在直流电路中相当于短路。因此，很容易得出电感元件具有"通直流、阻交流"或"通低频、阻高频"的特性。在滤波电路、微分电路中，电感元件就是根据这一特性工作，在实际电路中应用的高频扼流圈也是利用这一原理制成的。

（2）相位关系。

$$\psi_u = \psi_i + 90^\circ \qquad (4.23)$$

即关联参考方向下，电感元件上电压较电流越前 90°，或者说，电流滞后电压 90°。电流和电压的波形图如图 4-25 所示（波形图中 $\psi_i = 0^\circ$，$\psi_u = 90^\circ$）。

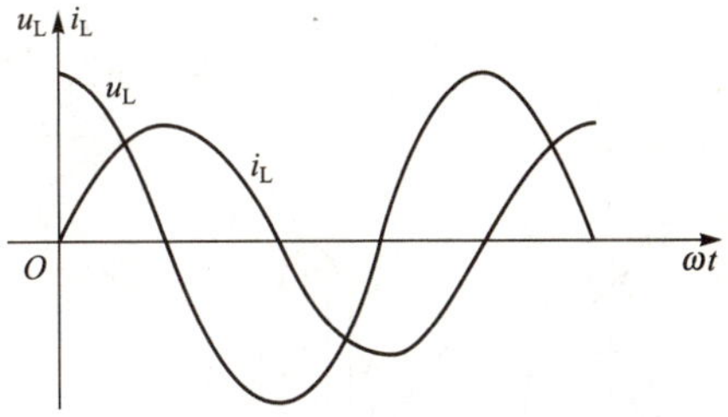

2. 相量形式的伏安特性

在关联参考方向下，流过电感元件的电流为

$$i_L = \sqrt{2}\, I_L \sin(\omega t + \psi_i)$$

对应的相量为

$$\dot{I}_L = I_L \angle \psi_i$$

电感元件两端的电压为

$$u_L = \sqrt{2}\, U_L \sin(\omega t + \psi_u)$$

图 4-25　电感元件上的电压、电流波形

对应的相量为

$$\dot{U}_L = U_L \angle \psi_u = \omega L I_L \angle (\psi_i + 90^\circ) = j\omega L I_L \angle \psi_i$$

所以有

$$\dot{U}_L = j\omega L \dot{I}_L = jX_L \dot{I}_L \qquad (4.24)$$

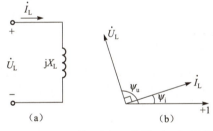

图 4-26　电感元件的相量模型和相量图

式（4.24）就是电感元件欧姆定律的相量形式，也就是相量形式的伏安特性（VAR）。它不仅表明了电感元件上电压和电流之间有效值的关系，而且包含了相位关系。根据式（4.24）画出的电感元件的相量模型如图 4-26（a）所示，电压电流均用相量表示，电感用 jX_L 表示。相量图如图 4-26（b）所示，它清楚地表明在关联方向下电压超前电流 90°。

4.4.2　电感元件的功率

1. 瞬时功率

设流过电感元件的电流为 $i_L = I_{Lm} \sin \omega t$

则在关联参考方向下，电感元件两端的电压为

$$u_L = U_{Lm} \sin(\omega t + 90^\circ)$$

电感元件上吸收的瞬时功率为

$$
\begin{aligned}
p_L = u_L i_L &= U_{Lm} \sin(\omega t + 90^\circ) \cdot I_{Lm} \sin \omega t \\
&= U_{Lm} I_{Lm} \cos \omega t \sin \omega t \\
&= \frac{1}{2} U_{Lm} I_{Lm} \sin 2\omega t \\
&= U_L I_L \sin 2\omega t \qquad (4.25)
\end{aligned}
$$

式（4.25）说明电感元件的瞬时功率 p 也是随着时间按正弦规律变化的，其频率为电流频率的两倍。图 4-27 画出了电感元件的瞬时功率曲线。

2. 平均功率（有功功率）

$$P_L = \frac{1}{T}\int_0^T p_L \mathrm{d}t = \frac{1}{T}\int_0^T \frac{1}{2}U_{Lm}I_{Lm}\sin 2\omega t \mathrm{d}t = 0$$

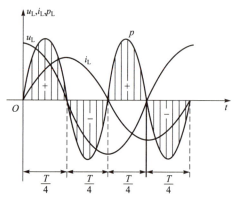

图 4-27　电感元件的功率曲线

在一个周期内，瞬时功率的平均值为零，说明电感元件不消耗能量，但并不意味着电感元件不从电源获取能量。由图 4-27 可看到，在第一及第三个 1/4 周期内，瞬时功率为正值，这一过程实际是电感元件将电场能转换为磁场能存储起来，从电源吸取能量；在第二及第四个 1/4 周期内，瞬时功率为负值，这一过程实际是电感元件将磁场能转换为电场能释放出来。电感元件不断地与电源交换能量，在一个周期内，吸收和释放的能量相等，即平均功率为零。这说明电感元件不是耗能元件，而是"储能元件"。

3. 无功功率

瞬时功率的最大值叫作电感元件的无功功率（reactive power），用 Q_L 表示，用来衡量电感元件与电源间进行能量交换的最大速率。

$$Q_L = U_L I_L = I_L^2 X_L = \frac{U_L^2}{X_L} \tag{4.26}$$

无功功率与有功功率在形式上是相似的，但无功功率不是消耗电能的速率，而是交换能量的最大速率。为了区别无功功率和有功功率，将无功功率的单位定义为"乏尔"，简称乏（var），工程上还用到千乏（kvar）。

例 4.12　已知一个电感 $L=2$ H，接在 $u_L=220\sqrt{2}\sin(314t-60°)$ V 的电源上。求：

（1）电感元件的感抗 X_L；

（2）关联参考方向下的流过电感的电流 i_L；

（3）电感元件上的无功功率 Q_L。

解：（1）根据式（4.22），电感元件的感抗为

$$X_L = \omega L = (314\times 2)\ \Omega = 628\ \Omega$$

（2）电压的相量为

$$\dot{U}_L = 220\angle-60°\ V$$

根据式（4.24），流过电感的电流的相量为

$$\dot{I}_L = \frac{\dot{U}_L}{\mathrm{j}X_L} = \left(\frac{220\angle-60°}{628\angle90°}\right)\ A = 0.35\angle-150°\ A$$

则

$$i_L = \sqrt{2}\,I\sin(\omega t+\psi_i) = 0.35\sqrt{2}\sin(314t-150°)\ A$$

（3）$Q_L = U_L I_L = (220 \times 0.35)\ \text{var} = 77\ \text{var}$

4.4.3　电感元件中储存的磁场能量

在关联参考方向下，已知电感两端电压为

$$u_L = L \frac{\mathrm{d}i_L}{\mathrm{d}t}$$

电感元件吸收的瞬时功率

$$p_L = u_L i_L = L i_L \frac{\mathrm{d}i_L}{\mathrm{d}t}$$

电流从零上升到某一值时，电源供给能量就储存在磁场中，其能量为

$$W_L = \int_0^t p_L \mathrm{d}t = \int_0^t u_L i_L \mathrm{d}t = \int_0^{i_L} L i_L \mathrm{d}i_L = \frac{1}{2} L i_L^2 \tag{4.27}$$

注意：式（4.27）中的 i_L 为 t 时刻所对应的电感电流瞬时值，由此可知，电感中储存的最大磁场能量为

$$W_{Lm} = \frac{1}{2} L I_{Lm}^2 \tag{4.28}$$

磁场能量的单位为焦耳（J）。

例 4.13　已知流过电感元件中的电流为 $i_L = 10\sqrt{2}\sin(314t + 30°)$ A，测得其无功功率 $Q_L = 500\ \text{var}$。求：

（1）X_L 和 L；

（2）电感元件中储存的最大磁场能量 W_{Lm}。

解：（1）$X_L = \dfrac{Q_L}{I_L^2} = \left(\dfrac{500}{10^2}\right)\Omega = 5\ \Omega$

$$L = \frac{X_L}{\omega} = \left(\frac{5}{314}\right)\text{mH} = 15.9\ \text{mH}$$

（2）$W_{Lm} = \dfrac{1}{2} L I_{Lm}^2 = \left(\dfrac{1}{2} \times 15.9 \times 10^{-3} \times (10\sqrt{2})^2\right)\text{J} = 1.59\ \text{J}$

4.5　电容元件上电压与电流的相量关系

4.5.1　电容元件上相量形式的伏安特性

1. 电容元件上电压与电流的关系（伏安特性）

电容元件上的伏安关系我们曾在第 3 章讲过，如图 4-28 所示的关联参考方向下，有

电容元件上电压与
电流的相量关系

$$i_C = C \frac{\mathrm{d}u_C}{\mathrm{d}t} \tag{4.29}$$

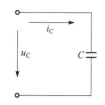

图4-28 电容元件上的正弦量

由式（4.29）可知，电容元件上电压和电流的瞬时关系也是微分关系。

设电压为

$$u_C = U_{Cm}\sin(\omega t + \psi_u) = \sqrt{2}\,U_C\sin(\omega t + \psi_u)$$

则流过电容元件的电流为

$$i_C = C\frac{du_C}{dt} = \omega C U_{Cm}\cos(\omega t + \psi_u)$$

$$= \omega C U_{Cm}\sin(\omega t + \psi_u + 90°) = I_{Cm}\sin(\omega t + \psi_i)$$

可以看出，u_C、i_C为同频率的正弦量。比较电压和电流的解析式，它们之间关系如下。

（1）大小关系。

电流与电压最大值关系为

$$U_{Cm} = \frac{1}{\omega C}I_{Cm}$$

电流与电压有效值关系为

$$U_C = \frac{1}{\omega C}I_C = X_C I_C \qquad (4.30)$$

其中

$$X_C = \frac{1}{\omega C} = \frac{1}{2\pi f\,C} \qquad (4.31)$$

X_C称为容抗（capacitive reactance），单位为欧姆（Ω）。容抗的倒数 $B_C = \frac{1}{X_C} = \omega C$ 称为容纳（capacitive susceptance），单位为西门子（S）。

容抗表示电容在充、放电过程中对电流的一种阻碍作用。在一定的电压下，容抗越大，电路中的电流越小。

式（4.31）表明容抗 X_C 与电源的频率（角频率）成反比。电源频率越高，容抗越小，表示电容对电流的阻碍作用越小，即信号越容易通过电容元件。反之，频率越低，容抗也就越大。对直流电来说，频率 $f=0$，容抗也就趋于 ∞，电容元件在直流电路中相当于开路。因此，很容易得出电容元件具有"通交流、阻直流"或"通高频、阻低频"的特性。利用这一特性，电容在电子电路中可起到隔直、旁路、滤波等作用。

（2）相位关系。

$$\psi_i = \psi_u + 90° \qquad (4.32)$$

即关联参考方向下，电容元件上电流较电压越前90°，或者说，电压滞后电流90°。电流和电压的波形图如图4-29所示（波形图中 $\psi_u = 0°$，$\psi_i = 90°$）。

2. 相量形式的伏安特性

在关联参考方向下，选定电容元件两端的电压为

$$u_C = \sqrt{2}\,U_C\sin(\omega t + \psi_u)$$

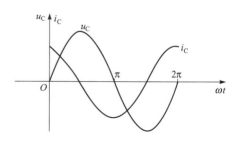

图4-29 电容元件上的电压、电流波形

对应的相量为

$$\dot{U}_{\mathrm{C}} = U_{\mathrm{C}} \angle \psi_{\mathrm{u}}$$

通过电容的电流为

$$i_{\mathrm{C}} = \sqrt{2}\, I_{\mathrm{C}} \sin(\omega t + \psi_{\mathrm{i}})$$

对应的相量为

$$\dot{I}_{\mathrm{C}} = I_{\mathrm{C}} \angle \psi_{\mathrm{i}} = \frac{U_{\mathrm{C}}}{X_{\mathrm{C}}} \angle (\psi_{\mathrm{u}} + 90°) = \mathrm{j}\omega C U_{\mathrm{C}} \angle \psi_{\mathrm{u}}$$

所以有

$$\dot{I}_{\mathrm{C}} = \mathrm{j}\omega C \dot{U}_{\mathrm{C}} = \mathrm{j}\frac{1}{X_{\mathrm{C}}} \dot{U}_{\mathrm{C}}$$

或

$$\dot{U}_{\mathrm{C}} = -\mathrm{j}\frac{1}{\omega C} \dot{I}_{\mathrm{C}} = -\mathrm{j} X_{\mathrm{C}} \dot{I}_{\mathrm{C}} \qquad （4.33）$$

式（4.33）就是电容元件欧姆定律的相量形式，也就是相量形式的伏安特性（VAR）。它既包含了电容元件上电压和电流之间有效值的关系，又包含了相位关系。根据式（4.33）画出的电容元件的相量模型如图 4-30（a）所示，电压电流均用相量表示，电容用 $-\mathrm{j}X_{\mathrm{C}}$ 表示。相量图如图 4-30（b）所示，它清楚地表明在关联方向下电流超前电压 90°。

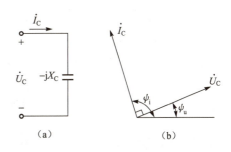

图 4-30　电容元件的相量模型和相量图

4.5.2　电容元件的功率

1. 瞬时功率

设电容元件两端的电压为

$$u_{\mathrm{C}} = U_{\mathrm{Cm}} \sin \omega t$$

则在关联参考方向下，流过电容元件的电流为

$$i_{\mathrm{C}} = I_{\mathrm{Cm}} \sin(\omega t + 90°)$$

电容元件上吸收的瞬时功率为

$$
\begin{aligned}
p_{\mathrm{C}} = u_{\mathrm{C}} i_{\mathrm{C}} &= U_{\mathrm{Cm}} \sin \omega t \cdot I_{\mathrm{Cm}} \sin(\omega t + 90°) \\
&= U_{\mathrm{Cm}} I_{\mathrm{Cm}} \sin \omega t \cos \omega t \\
&= \frac{1}{2} U_{\mathrm{Cm}} I_{\mathrm{Cm}} \sin 2\omega t \\
&= U_{\mathrm{C}} I_{\mathrm{C}} \sin 2\omega t
\end{aligned}
\qquad （4.34）
$$

式（4.34）说明电容元件的瞬时功率 p 也是随着时间按正弦规律变化的，其频率为电流频率的两倍。图 4-31 画出了电容元件的瞬时功率曲线。

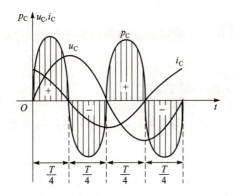

图 4-31　电容元件的功率曲线

2. 平均功率（有功功率）

由图 4−31 功率曲线可以看出其平均功率仍为 0，这说明电容不消耗有功功率，但电容与电源之间仍存在着能量交换。在第一个 1/4 周期内，瞬时功率为正值，随着电容中端电压增长，电场逐渐增强，电容从电源吸取能量，在这一过程中电容将电能转换为电场能（充电）；在第二个 1/4 周期内，瞬时功率为负值，电容将储存的能量释放出来归还给电源，在这一过程电容释放能量（放电）；在第三个 1/4 周期内，电容反方向充电；在第四个 1/4 周期内，电容反方向放电。在一个周期内吸收和释放的能量相等，因此平均值为零。即

$$P_C = \frac{1}{T}\int_0^T p_C \, dt = \frac{1}{T}\int_0^T \frac{1}{2}U_{Cm}I_{Cm}\sin 2\omega t dt = 0$$

由以上分析可知，电容的充放电过程就是电容元件和电源间进行周期性能量交换的过程，电容元件本身并不消耗能量，但可储存能量，是一个储能元件，在电路中也起着能量的"吞吐"作用。

3. 无功功率

与电感元件一样，采用无功功率衡量电容元件与电源间进行能量交换的最大速率，它仍等于瞬时功率的最大值。电容上无功功率的大小为

$$Q_C = U_C I_C = I_C^2 X_C = \frac{U_C^2}{X_C} \tag{4.35}$$

单位为乏尔（var）或千乏（kvar）。

4.5.3 电容元件中储存的电场能量

在关联参考方向的情况下

$$i_C = C\frac{du_C}{dt}$$

而电容元件吸收的瞬时功率

$$p_C = u_C i_C = Cu_C\frac{du_C}{dt}$$

电容元件上电压从零上升到某一值 u_C 时，电容元件从电源吸取的能量即储存在电场中的能量为

$$W_C = \int_0^t p_C \, dt = \int_0^t u_C i_C dt = \int_0^{u_C} Cu_C du_C = \frac{1}{2}Cu_C^2 \tag{4.36}$$

注意：式（4.36）中的 u_C 为 t 时刻所对应的电容电压瞬时值，由此可知，电容中储存的最大电场能量为

$$W_{Cm} = \frac{1}{2}CU_{Cm}^2 \tag{4.37}$$

电场能量的单位为焦耳（J）。

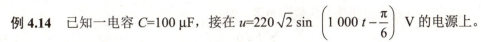

例 4.14　已知一电容 $C=100\ \mu F$，接在 $u=220\sqrt{2}\sin\left(1\ 000\ t-\dfrac{\pi}{6}\right)$ V 的电源上。

（1）求在关联参考方向下流过电容的电流 i_C；

（2）求电容元件的有功功率 P_C 和无功功率 Q_C；

（3）求电容中储存的最大电场能量 W_{Cm}。

（4）绘出电流和电压的相量图。

解：（1）
$$X_C=\frac{1}{\omega C}=\left(\frac{1}{1\ 000\times100\times10^{-6}}\right)\Omega=10\ \Omega$$

$$\dot U=220\angle-\frac{\pi}{6}\ V$$

$$\dot I_C=\frac{\dot U_C}{-jX_C}=\frac{220\angle-\dfrac{\pi}{6}}{10\angle-\dfrac{\pi}{2}}\ A=22\angle\frac{\pi}{3}\ A$$

所以

$$i_C=22\sqrt{2}\sin\left(1\ 000\ t+\frac{\pi}{3}\right)\ A$$

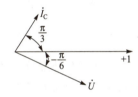

（2）$P_C=0$　　　　$Q_C=U_C I_C=(220\times22)\ \text{var}=4\ 840\ \text{var}$

（3）$W_{Cm}=\dfrac{1}{2}CU_{Cm}^{2}=\left[\dfrac{1}{2}\times100\times10^{-6}\times(220\sqrt{2})^{2}\right]\ J=4.84\ J$

图 4-32　例 4.14 相量图

（4）相量图如图 4-32 所示。

4.6　相量形式的基尔霍夫定律

欧姆定律和基尔霍夫定律是分析各种电路的理论依据。在正弦交流电路中，电压、电流都是同频率的正弦量，它们可以用相量表示。我们已经讨论了电阻、电感、电容元件的欧姆定律的相量形式，本节介绍相量形式的基尔霍夫定律，这样就可以用相量法对正弦交流电路加以分析。

4.6.1　相量形式的基尔霍夫电流定律

在交流电路中，任一瞬间电流总是连续的，因此基尔霍夫电流定律适用于交流电路的任一瞬间。即任一瞬间，对正弦交流电路中任一节点而言，流入（或流出）该节点各支路电流的瞬时值的代数和为零，即

相量形式的基尔霍夫电流定律

$$\sum i=0$$

由于各个电流都是同频率的正弦量，只是初相和有效值不同，因此根据正弦量的和差与它们的相量和差的对应关系，可以推出：任一瞬间，对正弦交流电路中任一节点而言，流入

（或流出）该节点各支路电流相量的代数和为零，即

$$\sum \dot{I} = 0 \qquad (4.38)$$

式（4.38）就是基尔霍夫电流定律（KCL）的相量形式。式中电流前的正负号由参考方向决定。

4.6.2　相量形式的基尔霍夫电压定律

相量形式的基尔
霍夫电压定律

基尔霍夫电压定律也适用于交流电路的任一瞬间。即任一瞬间，对正弦交流电路中任一回路而言，沿该回路绕行一周，各段电压瞬时值的代数和为零，即

$$\sum u = 0$$

同理可以得出基尔霍夫电压定律（KVL）的相量形式，对于正弦交流电路中任一回路而言，沿该回路绕行一周，各段电压相量的代数和为零，即

$$\sum \dot{U} = 0 \qquad (4.39)$$

注意式（4.38）及式（4.39）中各项均是电流或电压的相量，而它们的有效值一般是不满足 KCL 和 KVL 定律的。

4.6.3　参考正弦量和参考相量

为了简化正弦交流电路的分析计算，常假设某一正弦量的初相为零，该正弦量叫作参考正弦量，其相量形式称为参考相量。

例 4.15　如图 4-33（a）、（b）所示电路中，已知电流表 A_1、A_2、A_3 都是 10 A，求电路中电流表 A 的读数。

解： 并联电路设端电压为参考相量较容易计算，即 $\dot{U} = U\angle 0° \text{ V}$

（1）选定电流的参考方向如图（a）所示，则

$$\dot{I}_1 = 10\angle 0° \text{ A （与电压同相）}$$
$$\dot{I}_2 = 10\angle 90° \text{ A （超前于电压 90°）}$$

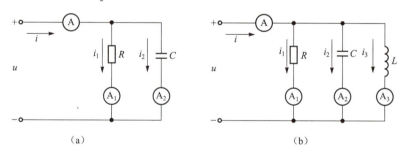

图 4-33　例 4.15 的图

由 KVL 得

$$\dot{I} = \dot{I}_1 + \dot{I}_2 = (10\angle 0° + 10\angle 90°) \text{ A} = (10 + j10) \text{ A} = 10\sqrt{2}\angle 45° \text{ A}$$

所以电流表 A 的读数为 $10\sqrt{2}$ A。（注意：这与直流电路是不同的，总电流并不是 20 A。）

（2）选定电流的参考方向如图（b）所示，则

$$\dot{I}_1 = 10\angle0° \text{ A}$$

$$\dot{I}_2 = 10\angle90° \text{ A}$$

$$\dot{I}_3 = 10\angle-90° \text{ A} \qquad （滞后于电压 90°）$$

由 KCL 得

$$\dot{I} = \dot{I}_1 + \dot{I}_2 + \dot{I}_3 = (10\angle0° + 10\angle90° + 10\angle-90°) \text{ A} = (10 + j10 - j10) \text{ A} = 10 \text{ A}$$

所以电流表 A 的读数为 10 A。

例 4.16　如图 4-34（a）、（b）所示电路中，电压表 V_1、V_2、V_3 的读数都是 50 V，试分别求各电路中电压表 V 的读数。

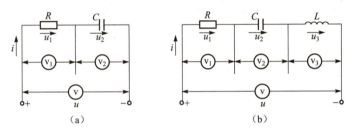

图 4-34　例 4.16 的图

解： 串联电路设电流为参考相量较容易计算，即 $\dot{I} = I\angle0°$ A。其步骤为：

（1）选定 i、u_1、u_2、u 的参考方向如图（a）所示，则

$$\dot{U}_1 = 50\angle0° \text{ V} \quad （与电流同相）$$

$$\dot{U}_2 = 50\angle-90° \text{ V} \quad （滞后于电流 90°）$$

由 KVL 得

$$\dot{U} = \dot{U}_1 + \dot{U}_2 = (50\angle0° + 50\angle-90°) \text{ V} = (50 - j50) \text{ V} = 50\sqrt{2}\angle-45° \text{ V}$$

所以电压表 V 的读数为 $50\sqrt{2}$ V。

（2）选定 i、u_1、u_2、u_3 的参考方向如图（b）所示，则

$$\dot{U}_1 = 50\angle0° \text{ V}$$

$$\dot{U}_2 = 50\angle-90° \text{ V}$$

$$\dot{U}_3 = 50\angle90° \text{ V} \quad （超前于电流 90°）$$

由 KVL 得

$$\dot{U} = \dot{U}_1 + \dot{U}_2 + \dot{U}_3 = (50\angle0° + 50\angle-90° + 50\angle90°) \text{ V} = (50 - j50 + j50) \text{ V} = 50 \text{ V}$$

所以电压表 V 的读数为 50 V。

综上所述，正弦电路的电流、电压的瞬时值关系，相量关系都满足 KCL 和 KVL，而有效值的关系一般不满足，要由相量的关系决定。因此正弦电路的某些结论不能从直流电路的角度去考虑。例如，总电压的有效值不一定大于各串联部分电压的有效值。总电流的有效值不一定大于各并联支路电流的有效值。

4.7　用相量法分析 *RLC* 串联电路及多阻抗串联电路

前面几节讨论了单一元件的电路，如电阻、电感、电容元件在正弦电路中的电压与电流的关系及功率问题。实际电路当然不会如此简单，日常生活中的正弦交流电路都是由这三个元件组合起来的。本节将先讨论具有代表性的典型串联电路模型，即电阻 *R*、电感 *L* 和电容 *C* 相串联的正弦电路。

4.7.1　电压与电流的关系

如图 4–35（a）所示为 *RLC* 串联电路，选定有关各量的参考方向并标于图 4–35（a）上，*RLC* 串联电路的相量模型如图 4–35（b）所示。

RLC 串联电路电压与电流的相量关系

由于是串联电路，电路中流过各元件的是同一个电流 *i*，所以取 *i* 为参考正弦量，对应的相量为参考相量，即 $\dot{I}=I\angle0°$

电阻、电感、电容元件上的电压分别为

$$\dot{U}_{R}=R\dot{I}$$

$$\dot{U}_{L}=jX_{L}\dot{I}$$

$$\dot{U}_{C}=-jX_{C}\dot{I}$$

由 KVL 得

$$\dot{U}=\dot{U}_{R}+\dot{U}_{L}+\dot{U}_{C}=R\dot{I}+jX_{L}\dot{I}-jX_{C}\dot{I}=[R+j(X_{L}-X_{C})]\dot{I}$$

即

$$\dot{U}=(R+jX)\dot{I}=Z\dot{I} \qquad (4.40)$$

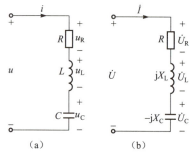

图 4–35　*RLC* 串联电路及相量模型

式（4.40）为 *RLC* 串联电路欧姆定律的相量形式，也就是伏安特性的相量形式，它既表示了电路中总电压和电流的有效值的关系，又表示了总电压和电流的相位关系。

式（4.40）中，$X=X_{L}-X_{C}$ 称为电路的电抗（reactance），其值可为正也可为负。而

$$Z=\frac{\dot{U}}{\dot{I}}=\frac{U}{I}e^{j(\psi_{u}-\psi_{i})}=R+jX=|Z|e^{j\varphi} \qquad (4.41)$$

称为电路的复阻抗（complex impedance），表征电路中所有元件对电流的阻碍作用。*Z* 是一个复数，实部是 *R*，虚部是电抗 *X*，单位为欧姆。但 *Z* 不是相量，因此只用大写字母 *Z* 表示而不加黑点。

从式（4.41）可以看出

$$|Z|=\sqrt{R^{2}+X^{2}}=\frac{U}{I} \qquad (4.42)$$

$$\varphi=\arctan\frac{X}{R}=\psi_{u}-\psi_{i} \qquad (4.43)$$

其中，$|Z|$ 为复阻抗的模，称为电路的阻抗，它表示了电路中总电压和电流的有效值的关

系；φ 为复阻抗的辐角，称为阻抗角，它表示了总电压 $\dot{U}$ 超前于电流 $\dot{I}$ 的角度。

由于电抗 $X=X_L-X_C$，故 X 值的正负体现了电路中电感与电容所起作用的大小，它决定阻抗角 φ 的正负，关系到电路的性质。

RLC 串联电路有以下三种不同的性质：

① 当电路中电感的作用大于电容的作用，即 $\omega L>\dfrac{1}{\omega C}$ 时，$X_L>X_C$，此时

RLC串联电路电压与
电流的相量图

$X>0$，$U_L>U_C$。阻抗角 $\varphi>0$。以 $\dot{I}$ 为参考相量，作出相量图如图 4–36（a）所示（图中，$\dot{U}_X=\dot{U}_L+\dot{U}_C$ 为电抗电压相量，其大小为 $U_X=U_L-U_C$）。从相量图中可以看出，总电压 $\dot{U}$ 超前于电流 $\dot{I}$ 的角度为 φ，电路呈感性。

② 当电路中电容的作用大于电感的作用，即 $\omega L<\dfrac{1}{\omega C}$ 时，$X_L<X_C$，此时 $X<0$，$U_L<U_C$。

阻抗角 $\varphi<0$。以 $\dot{I}$ 为参考相量，作出相量图如图 4–36（b）所示（图中电抗电压相量 $\dot{U}_X$ 的大小为 $U_X=U_C-U_L$）。从相量图中可以看出，总电压 $\dot{U}$ 滞后于电流 $\dot{I}$ 的角度为 $|\varphi|$，电路呈容性。

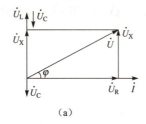
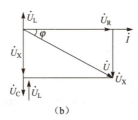
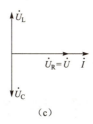

(a)　　　　(b)　　　　(c)

图 4–36　RLC 串联电路的相量图

③ 当 $\omega L=\dfrac{1}{\omega C}$ 时，$X_L=X_C$，此时 $X=0$，$U_L=U_C$，阻抗角 $\varphi=0$。其相量图如图 4–36（c）所示，此时电路中电容的作用和电感的作用相互抵消，电流 $\dot{I}$ 和电压 $\dot{U}$ 同相，电路呈阻性。这是串联电路的一种特殊状态，称作"串联谐振"，将在第 6 章中进一步讨论。

显然，在图 4–36（a）、（b）中，$\dot{U}_R$、$\dot{U}_X$、$\dot{U}$ 组成一个直角三角形，称为电压三角形，如图 4–37 所示，其中图（a）为感性电路的电压三角形，图（b）为容性电路的电压三角形。电压三角形反映了各个正弦电压有效值和相位之间的关系。由两个电压三角形可知，

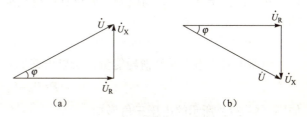

(a)　　　　　　　(b)

图 4–37　RLC 串联电路的电压三角形

$U\neq U_R+U_L+U_C$，阻抗角 φ 反映了在关联参考方向下总电压超前电流的角度。

以图 4–37（a）为例，根据勾股定理，总电压和各个分电压之间的关系为

$$\begin{aligned}
U &= \sqrt{U_R^2+U_X^2}=\sqrt{U_R^2+(U_L-U_C)^2}\\
&= \sqrt{(IR)^2+(IX_L-IX_C)^2}\\
&= I\sqrt{R^2+(X_L-X_C)^2}\\
&= I\sqrt{R^2+X^2}=I|Z|
\end{aligned} \qquad (4.44)$$

由式（4.44）可知，$|Z|=U/I$，即阻抗$|Z|$反映了电路总电压和电流有效值之间的关系。

若将电压三角形的三条边同除以电流 I，就得到一个新的三角形，它与电压三角形相似，反映了电阻 R、电路的电抗 X 和阻抗$|Z|$之间的数值关系，因此称为阻抗三角形（见图 4-38）。应注意的是，阻抗三角形不是相量三角形。从阻抗三角形可以看出阻抗角 φ 是阻抗$|Z|$和电阻 R 之间的夹角。阻抗$|Z|$和阻抗角 φ 与电路的 R、L、C 参数及频率有关，而与电压、电流无关。

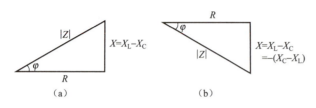

图 4-38　**RLC 串联电路的阻抗三角形**

任何无源二端网络和无源二端元件都可以引入它的复阻抗，端口伏安特性的相量形式都可以用式（4.40），即 $\dot{U}=Z\dot{I}$ 表示。RL 串联电路、RC 串联电路、电阻元件、电感元件、电容元件都可以看成 RLC 串联电路的特例。

R、L、C 的复阻抗 Z 分别为 R、jX_L、$-jX_C$，阻抗角 φ 分别为 0、$90°$、$-90°$。

RL 串联电路复阻抗 Z 为 $R+jX_L$、阻抗角 $\varphi=\arctan\dfrac{X_L}{R}$

RC 串联电路复阻抗 Z 为 $R-jX_C$、阻抗角 $\varphi=\arctan\left(-\dfrac{X_C}{R}\right)$

由 RLC 串联各阻抗的关系，可以推广到阻抗串联的一般情况，其等效阻抗等于各串联阻抗之和。

4.7.2　*RLC* 串联电路的功率

在 RLC 串联电路中，电阻元件要消耗能量，电感、电容元件是储能元件，并不消耗能量，只是与电源之间进行能量交换。因此，电路中既有有功功率，又有无功功率。

RLC 串联电路的功率

1. 有功功率

电路中只有电阻元件消耗能量，所以电路的有功功率等于电阻的平均功率，即

$$P=P_R=U_R I$$

如图（4-37）所示的电压三角形知

$$U_R=U\cos\varphi$$

所以

$$P=UI\cos\varphi \tag{4.45}$$

式（4.45）中，φ 是电压、电流之间的相位差，也就是阻抗角。

2. 无功功率

在 R、L、C 串联的正弦交流电路中，在电压、电流关联参考方向下，电感元件的瞬时功率为 $p_L=u_L i$，电容元件的瞬时功率为 $p_C=u_C i$。由于电压 u_L 和 u_C 反相，因此当 p_L 为正值时，p_C 为负值，即电感元件吸收能量时，电容元件正释放能量；反之，当 p_L 为负值时，p_C 为正值，

即电感元件释放能量时，电容元件正吸收能量。因此，电路中电感的磁场能量与电容的电场能量也相互交换，只有它们的差值才与电源进行交换，也就是说电感元件的无功功率与电容元件的无功功率具有相互补偿的作用，即电路的无功功率 Q 为

$$Q = Q_L - Q_C = (U_L - U_C)I = U_X I$$

而如图（4-37）所示的电压三角形知

$$U_X = U\sin\varphi$$

所以

$$Q = UI\sin\varphi \tag{4.46}$$

对于感性电路，$X_L > X_C$，$U_L > U_C$，则 $Q = Q_L - Q_C > 0$，即从外界"吸收"无功功率；

对于容性电路，$X_L < X_C$，$U_L < U_C$，则 $Q = Q_L - Q_C < 0$，即向外界"发出"无功功率。

为了计算的方便，有时直接把容性电路的无功功率取为负值。例如，一个电容元件的无功功率为 $Q = -Q_C = -U_C I$。

3．视在功率

正弦电路的平均功率不等于电压和电流的有效值的乘积 UI。UI 具有功率的形式，但它既不代表有功功率，也不代表无功功率，我们把它称为视在功率（apparent power），用大写字母 S 表示，即

$$S = UI \tag{4.47}$$

为了与平均功率相区别，视在功率不用瓦作单位，而用伏安（VA）作单位，常用的单位还有千伏安（kVA）。

一般发电机、变压器等交流设备都是按照额定电压、额定电流设计和使用的，用视在功率表示交流设备的容量比较方便。通常所说的发电机、变压器的容量就是指视在功率。

由式（4.45）、式（4.46）、式（4.47）可以得到

$$S = \sqrt{P^2 + Q^2}$$

可见，有功功率 P、无功功率 Q、视在功率 S 三者也构成直角三角形，称为功率三角形，它与阻抗三角形相似，如图 4-39 所示。

由功率三角形可知电路的有功功率 $P = S\cos\varphi$，所以

$$\lambda = \cos\varphi = \frac{P}{S} \tag{4.48}$$

λ 称作电路的功率因数。

式（4.45）、式（4.46）、式（4.47）、式（4.48）所确定的有功功率、无功功率、视在功率、功率因数将适用于正弦交流电路中任一个二端网络的计算。

如图 4-40 所示为一个二端网络。若二端网络上电压 u 和电流 i 的参考方向一致，则二端网络的视在功率、有功功率和无功功率分别为

$$S = UI$$
$$P = UI\cos\varphi = S\cos\varphi$$
$$Q = UI\sin\varphi = S\sin\varphi$$

其中，φ 为电压 u 与电流 i 的相位差，即 $\varphi = \psi_u - \psi_i$。

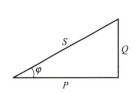

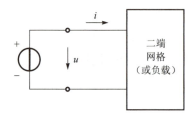

图 4-39　功率三角形　　　　　　　　图 4-40　二端网络

例 4.17　一 RLC 串联电路，外加电压为 $u=12\sin(6\,280t+30°)$ V，若 $R=$
15 Ω，$L=3$ mH，$C=100$ μF，设各元件上电压电流为关联参考方向。求：

RLC 串联电路的
应用举例

（1）电路的电流 i；
（2）各元件上的电压 u_{R}、u_{L}、u_{C}；
（3）电路的 P、Q 和 S；
（4）确定电路的性质；
（5）画出相量图。

解：（1）　　　$X_{\text{L}}=\omega L=(6\,280\times3\times10^{-3})$ Ω $=18.8$ Ω

$$X_{\text{C}}=\frac{1}{\omega C}=\left(\frac{1}{6\,280\times100\times10^{-6}}\right)\text{ Ω}=1.59\text{ Ω}$$

$$Z=R+\text{j}(X_{\text{L}}-X_{\text{C}})=[15+\text{j}(18.8-1.59)]\text{ Ω}=(15+\text{j}17.2)\text{ Ω}=22.8\angle48.9°\text{ Ω}$$

$$\dot{I}=\frac{\dot{U}}{Z}=\left(\frac{\frac{12}{\sqrt{2}}\angle30°}{22.8\angle48.9°}\right)\text{ A}=\frac{0.526}{\sqrt{2}}\angle-18.9°\text{ A}$$

对应 $i=0.526\sin(6\,280t-18.9°)$ A

（2）　　　$$\dot{U}_{\text{R}}=\dot{I}R=\left(\frac{0.526}{\sqrt{2}}\angle-18.9°\times15\right)\text{ V}=\frac{7.89}{\sqrt{2}}\angle-18.9°\text{ V}$$

对应　　　　　　　　　$u_{\text{R}}=7.89\sin(6\,280t-18.9°)$ V

$$\dot{U}_{\text{L}}=\text{j}X_{\text{L}}\dot{I}=\left(\frac{0.526}{\sqrt{2}}\angle-18.9°\times18.8\angle90°\right)\text{ V}=\frac{9.89}{\sqrt{2}}\angle71.1°\text{ V}$$

对应　　　　　　　　　$u_{\text{L}}=9.89\sin(6\,280t+71.1°)$ V

$$\dot{U}_{\text{C}}=-\text{j}X_{\text{C}}\dot{I}=\left(\frac{0.526}{\sqrt{2}}\angle-18.9°\times1.59\angle-90°\right)\text{ V}=\frac{0.836}{\sqrt{2}}\angle-108.9°\text{ V}$$

对应　　　　　　　　　$u_{\text{C}}=0.836\sin(6\,280t-108.9°)$ V

（3）$P=UI\cos\varphi=\dfrac{1}{2}U_{\text{m}}I_{\text{m}}\cos\varphi=\left(\dfrac{1}{2}\times12\times0.526\cos48.9°\right)$ W $=2.07$ W

$Q=UI\sin\varphi=\dfrac{1}{2}U_{\text{m}}I_{\text{m}}\sin\varphi=\left(\dfrac{1}{2}\times12\times0.526\sin48.9°\right)$ var $=2.39$ var

$$S = UI = \frac{1}{2}U_\mathrm{m}I_\mathrm{m} = \left(\frac{1}{2} \times 12 \times 0.526\right)\mathrm{VA} = 3.156\ \mathrm{VA}$$

（4）由 $X_\mathrm{L} > X_\mathrm{C}$ 或阻抗角 $\varphi = 48.9° > 0$，

判断电路呈感性

（5）相量图如图 4－41 所示。

例 4.18　用电感降压来调速的电风扇的等效电路如图 4－42（a）所示，已知 $R = 190\ \Omega$，$X_\mathrm{L1} = 260\ \Omega$，电源电压 $U = 220\ \mathrm{V}$，$f = 50\ \mathrm{Hz}$，要使 $U_2 = 180\ \mathrm{V}$，问串联的电感 L_X 应为多少？

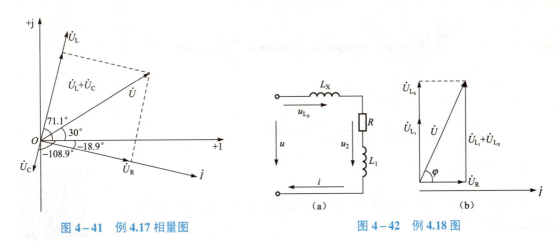

图 4－41　例 4.17 相量图　　　　　　　图 4－42　例 4.18 图

解：以 $\dot{I}$ 为参考相量，作相量图，如图 4－42（b）所示.。由已知条件得

$$Z_1 = R + \mathrm{j}X_{\mathrm{L}_1} = (190 + \mathrm{j}260)\ \Omega = 322\angle 53.8°\ \Omega$$

所以

$$I = \frac{U_2}{|Z_1|} = \left(\frac{180}{322}\right)\mathrm{A} = 0.56\ \mathrm{A}$$

$$U_\mathrm{R} = IR = (0.56 \times 190)\ \mathrm{V} = 106.4\ \mathrm{V}$$

$$U_{\mathrm{L}_1} = IX_{\mathrm{L}_1} = (0.56 \times 260)\ \mathrm{V} = 145.6\ \mathrm{V}$$

由相量图得

$$U = \sqrt{U_\mathrm{R}^2 + (U_{\mathrm{L}_1} + U_{\mathrm{L}_\mathrm{x}})^2}$$

代入数据

$$220^2 = 106.4^2 + (145.6 + U_{\mathrm{L}_\mathrm{x}})^2$$

解得

$$U_{\mathrm{L}_\mathrm{x}} = 46.96\ \mathrm{V}$$

$$X_{\mathrm{L}_\mathrm{x}} = \frac{U_{\mathrm{L}_\mathrm{x}}}{I} = \left(\frac{64.96}{0.56}\right)\Omega = 83.9\ \Omega$$

$$L_\mathrm{X} = \frac{X_{\mathrm{L}_\mathrm{x}}}{\omega} = \left(\frac{83.9}{314}\right)\mathrm{H} = 0.267\ \mathrm{H}$$

例 4.19　如图 4－43（a）所示为 RC 串联移相电路，已知输入电压频率 $f = 50\ \mathrm{Hz}$，$C = 40\ \mu\mathrm{F}$。要使输出电压滞后于输入电压 $30°$，求电阻 R。

解：以 $\dot{I}$ 为参考相量，作电流与电压的相量图，如图 4－43（b）所示。

已知输出电压 $\dot{U}_\mathrm{o}$（即 $\dot{U}_\mathrm{C}$）滞后于输入电压 $\dot{U}_\mathrm{i}$ 为 $30°$，由相量图可知：总电压 $\dot{U}_\mathrm{i}$ 与电流 $\dot{I}$ 的相位差（即阻抗角）$\varphi = -60°$，如图 4－43（c）所示。

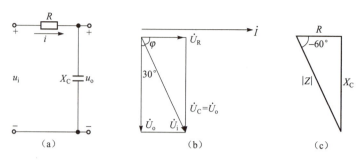

图 4-43　例 4.19 的图

因为

$$\varphi = \arctan \frac{X}{R} = \arctan \frac{-X_C}{R} = -60°$$

所以

$$R = \frac{X_C}{\tan 60°} = \frac{1}{\omega C \tan 60°}$$

$$= \left(\frac{1}{2\pi \times 50 \times 40 \times 10^{-6} \times 1.732} \right) \Omega = 46\ \Omega$$

4.7.3　多阻抗串联电路的分析

多阻抗串联电路的
分析

如图 4-44（a）所示的电路中，有 n 个复阻抗串联，电流和电压的参考方向如图中所示，其中

$$Z_1 = R_1 + jX_1$$
$$Z_2 = R_2 + jX_2$$
$$\cdots\cdots$$
$$Z_n = R_n + jX_n$$

由 KVL 可得

$$\begin{aligned}
\dot{U} &= \dot{U}_1 + \dot{U}_2 + \cdots + \dot{U}_n \\
&= \dot{I}Z_1 + \dot{I}Z_2 + \cdots + \dot{I}Z_n \\
&= \dot{I}(Z_1 + Z_2 + \cdots + Z_n) \\
&= \dot{I}Z
\end{aligned}$$

式中，Z 为串联电路的等效复阻抗，原电路可等效为图 4-44（b）所示的电路，则

$$Z = R + jX = |Z| \angle \varphi$$

其中，$R = R_1 + R_2 + \cdots + R_n$ 为串联电路的等效电阻；

$X = X_1 + X_2 + \cdots + X_n$ 为串联电路的等效电抗；

$|Z| = \sqrt{R^2 + X^2}$ 为串联电路的阻抗；

$\varphi = \arctan \dfrac{X}{R}$ 为串联电路的阻抗角。

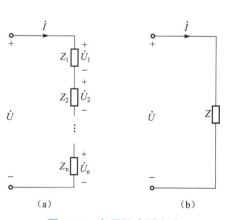

图 4-44　多阻抗串联电路

需要注意的是，一般情况下

$$|Z| \neq |Z_1| + |Z_2| + \cdots + |Z_n|$$

例 4.20　电路如图 4–45 所示，已知 $Z_1=5+j5\ \Omega$，$Z_2=-j8\ \Omega$，$Z_3=4\ \Omega$，如果 Z_3 上的电压降为 $2\angle30°\ V$，求 I 和 $\dot{U}$，并判断电路性质，计算 P、Q、S。

解： 设各电流电压取关联参考方向如图 4–45 所示

$$\dot{I}=\frac{\dot{U}_3}{Z_3}=\left(\frac{2\angle30°}{4}\right)\ A=0.5\angle30°\ A$$

所以 $I=0.5\ A$。

而
$$Z=Z_1+Z_2+Z_3=(5+j5-j8+4)\ \Omega$$
$$=(9-j3)\ \Omega=6.7\angle-18.4°\ \Omega$$

则　$\dot{U}=\dot{I}Z=(0.5\angle30°\times6.7\angle-18.4°)\ V=3.35\angle11.6°\ V$

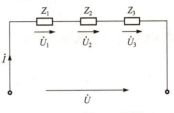

因为该串联电路的阻抗角 $\varphi=-18.4°$，所以电路呈容性。

$P=UI\cos\varphi=(3.35\times0.5\times0.949)\ W=1.59\ W$

$Q=UI\sin\varphi=[3.35\times0.5\times(-0.315)]var=-0.528\ var$

$S=UI=(3.35\times0.5)\ VA=1.675\ VA$

图 4–45　例 4.20 的图

4.8　用相量法分析并联电路

4.8.1　阻抗法分析并联电路

用阻抗法分析并联电路，一般适用于两条支路并联的电路，而每个支路都可以用复阻抗来表示。如图 4–46 所示的电路中，有

$$Z_1=R_1+jX_1\qquad Z_2=R_2+jX_2$$

用相量法分析
并联电路

各支路电流为

$$\dot{I}_1=\frac{\dot{U}}{Z_1}\qquad\dot{I}_2=\frac{\dot{U}}{Z_2}$$

由 KCL 得总电流为

$$\dot{I}=\dot{I}_1+\dot{I}_2=\frac{\dot{U}}{Z_1}+\frac{\dot{U}}{Z_2}=\frac{\dot{U}}{Z}$$

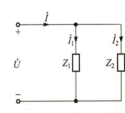

其中，Z 为并联电路的等效复阻抗，有

$$\frac{1}{Z}=\frac{1}{Z_1}+\frac{1}{Z_2}\quad\text{或}\quad Z=\frac{Z_1Z_2}{Z_1+Z_2}\tag{4.49}$$

图 4–46　并联电路

对于有 n 条支路的并联电路，其等效复阻抗为

$$\frac{1}{Z}=\frac{1}{Z_1}+\frac{1}{Z_2}+\cdots+\frac{1}{Z_n}\tag{4.50}$$

例 4.21　两条支路并联的电路如图 4–47 所示。已知 $R=4\ \Omega$，$X_L=3\ \Omega$，$X_C=5\ \Omega$，端电压 $\dot{U}=220\angle60°\ V$，求各支路电流 $\dot{I}_1$、$\dot{I}_2$ 及总电流 $\dot{I}$，并绘出相量图。

解： 选 $\dot{I}_1$、$\dot{I}_2$、$\dot{I}$ 的参考方向如图所示。

$$Z_1 = R + \mathrm{j} X_L = (4+\mathrm{j}3)\ \Omega = 5\angle 36.9°\ \Omega$$

$$Z_2 = -\mathrm{j} X_C = (-\mathrm{j}5)\ \Omega = 5\angle -90°\ \Omega$$

$$\dot{I}_1 = \frac{\dot{U}}{Z_1} = \left(\frac{220\angle 60°}{5\angle 36.9°}\right)\ \mathrm{A} = 44\angle 23.1°\ \mathrm{A}$$

$$\dot{I}_2 = \frac{\dot{U}}{Z_2} = \left(\frac{220\angle 60°}{5\angle -90°}\right)\ \mathrm{A} = 44\angle 150°\ \mathrm{A}$$

用相量法分析复杂
正弦交流电路

由 KCL 得总电流为

$$\dot{I} = \dot{I}_1 + \dot{I}_2 = (44\angle 23.1° + 44\angle 150°)\ \mathrm{A}$$
$$= (40.47 + \mathrm{j}17.26 - 38.1 + \mathrm{j}22)\ \mathrm{A}$$
$$= (2.36 + \mathrm{j}39.26)\ \mathrm{A}$$
$$= 39.3\angle 86.6°\ \mathrm{A}$$

相量图如图 4-48 所示。

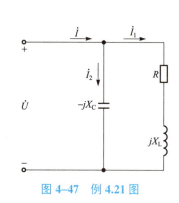

图 4-47　例 4.21 图

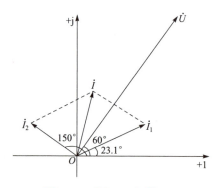

图 4-48　例 4.21 相量图

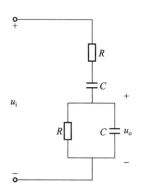

图 4-49　例 4.22 的电路图

例 4.22　如图 4-49 所示为音频信号发生器中常用的 RC 选频网络，端口正弦电压 u_i 的频率可以调节。计算输出电压 U_o 最大时，端口电压 u_i 的频率 ω_0，并说明此时输出电压 u_o 与端口电压 u_i 的相位关系。

解： RC 串联部分的复阻抗

$$Z_1 = R - \mathrm{j}\frac{1}{\omega C} = \frac{1+\mathrm{j}\omega RC}{\mathrm{j}\omega C}$$

RC 并联部分的复阻抗

$$Z_2 = \frac{R\left(-\mathrm{j}\dfrac{1}{\omega C}\right)}{R - \mathrm{j}\dfrac{1}{\omega C}} = \frac{R}{1+\mathrm{j}\omega RC}$$

Z_1、Z_2 在电路中是串联关系，由分压公式得

$$\dot{U}_{\text{o}} = \frac{Z_2}{Z_1 + Z_2}\dot{U}_{\text{i}} = \frac{\dfrac{R}{1+\text{j}\omega RC}}{\dfrac{1+\text{j}\omega RC}{\text{j}\omega C} + \dfrac{R}{1+\text{j}\omega RC}}\dot{U}_{\text{i}}$$

$$= \frac{\text{j}\omega RC}{(1+\text{j}\omega RC)^2 + \text{j}\omega RC}\dot{U}_{\text{i}} = \frac{RC}{3RC - \text{j}\left(\dfrac{1}{\omega} - \omega R^2 C^2\right)}\dot{U}_{\text{i}}$$

可以看出，当 $\dfrac{1}{\omega} - \omega R^2 C^2 = 0$ 时，输出电压 U_{o} 最大，且此时 $\dot{U}_{\text{o}}$ 与 $\dot{U}_{\text{i}}$ 同相。即

$$\frac{1}{\omega} = \omega R^2 C^2$$

解得

$$\omega_0 = \frac{1}{RC} \qquad f_0 = \frac{1}{2\pi RC}$$

4.8.2　导纳法分析并联电路

但若对三条支路以上的并联电路，用式（4.50）计算等效复阻抗太烦琐，用阻抗法分析并不方便。因此，在分析和计算时常利用复导纳。

1. 复导纳

复导纳就是复阻抗的倒数，用 Y 表示，单位为西门子（S），同复阻抗一样，复导纳也是复数，但它不是相量。即

$$Y = \frac{1}{Z} = \frac{1}{R+\text{j}X} = \frac{R}{R^2+X^2} - \text{j}\frac{X}{R^2+X^2} = G + \text{j}B = |Y|\angle\varphi' \qquad (4.51)$$

式（4.51）中 $G = \dfrac{R}{R^2 + X^2}$ 称为电导；

$B = \dfrac{-X}{R^2 + X^2}$ 称为电纳；

$|Y| = \sqrt{G^2 + B^2}$ 称为导纳；

$\varphi' = \arctan\dfrac{B}{G}$ 称为导纳角。

可以看出

$$|Y| = \sqrt{G^2 + B^2} = \frac{1}{|Z|} \qquad \varphi' = -\varphi$$

即导纳等于对应阻抗的倒数，导纳角等于对应阻抗角的负值。

当电压 $\dot{U}$ 和电流为 $\dot{I}$ 关联参考方向时，采用复导纳后，相量形式的欧姆定律就变为

$$\dot{I} = \dot{U}Y$$

2. 用导纳法分析并联电路

将图 4-46 中的复阻抗都转化为复导纳后，各条支路电流为

$$\dot{I}_1 = \frac{\dot{U}}{Z_1} = \dot{U}Y_1$$

$$\dot{I}_2 = \frac{\dot{U}}{Z_2} = \dot{U}Y_2$$

总电流

$$\dot{I} = \dot{I}_1 + \dot{I}_2 = \dot{U}(Y_1 + Y_2) = \dot{U}Y$$

等效复导纳

$$Y = Y_1 + Y_2$$

对于有 n 条支路的并联电路，其等效复导纳为

$$Y = Y_1 + Y_2 + \cdots + Y_n = G_1 + jB_1 + G_2 + jB_2 \cdots + G_n + jB_n = G + jB$$

其中，$G = \sum_{k=1}^{n} G_k$，$B = \sum_{k=1}^{n} B_k$。但

$$Y \neq |Y_1| + |Y_2| + \cdots + |Y_n|$$

3. RLC 并联电路的分析

如图 4–50 所示电路中，选定 $\dot{U}$、$\dot{I}$、$\dot{I}_R$、$\dot{I}_L$、$\dot{I}_C$ 的参考方向如图所示，则各支路的复导纳为

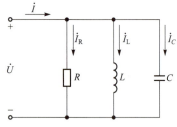

图 4–50　RLC 并联电路

$$Y_1 = \frac{1}{R} = G$$

$$Y_2 = \frac{1}{jX_L} = -j\frac{1}{X_L} = -jB_L$$

$$Y_3 = \frac{1}{-jX_C} = j\frac{1}{X_C} = jB_C$$

各条支路的电流为

$$\dot{I}_R = \dot{U}Y_1 = G\dot{U} \qquad \dot{I}_L = \dot{U}Y_2 = -jB_L\dot{U} \qquad \dot{I}_C = \dot{U}Y_3 = jB_C\dot{U}$$

由 KCL 得总电流为

$$\dot{I} = \dot{I}_R + \dot{I}_L + \dot{I}_C = \dot{U}\left[G + j\left(B_C - B_L\right)\right]$$

即

$$\dot{I} = \dot{U}(G + jB) = \dot{U}Y \qquad\qquad (4.52)$$

式（4.52）为 RLC 并联电路欧姆定律的相量形式，也就是伏安特性（VAR）的相量形式。式（4.52）中

$$Y = \frac{\dot{I}}{\dot{U}} = \frac{I}{U}\mathrm{e}^{j(\psi_i - \psi_u)} = G + jB = |Y|\mathrm{e}^{j\varphi'} \qquad\qquad (4.53)$$

称为电路的复导纳。其中导纳 $|Y| = \dfrac{I}{U}$ 表示了电路中总电流和端电压的有效值的关系，导纳角 $\varphi' = \psi_i - \psi_u$ 表示了总电流 $\dot{I}$ 与端电压 $\dot{U}$ 的相位差，即总电流 $\dot{I}$ 超前于端电压 $\dot{U}$ 的角度。

而 $B=B_C-B_L$ 称为电路的电纳（admittance），其值也可为正可为负。B 值的正负决定了导纳角 φ' 的正负，利用电纳的正负也可判断电路的性质：

① 当 $B>0$，即 $B_C>B_L$，这时，$I_L<I_C$，导纳角 $\varphi'>0$。总电流 $\dot{I}$ 超前于端电压 $\dot{U}$ 的角度为 φ'，电路呈电容性。以 $\dot{U}$ 为参考相量，作出相量图如图 4-51（a）所示。

② 当 $B<0$，即 $B_C<B_L$，这时，$I_L>I_C$，导纳角 $\varphi'<0$。总电流 $\dot{I}$ 滞后于端电压 $\dot{U}$ 的角度为 $|\varphi'|$。以 $\dot{U}$ 为参考相量，作出相量图如图 4-51（b）所示。

③ 当 $B=0$，即 $B_C=B_L$，这时，$I_L=I_C$，导纳角 $\varphi'=0$。其相量图如图 4-51（c）所示。此时电路中电容的作用和电感的作用相互抵消，总电流 $\dot{I}$ 与端电压 $\dot{U}$ 同相，电路呈电阻性，这种情况称作"并联谐振"。

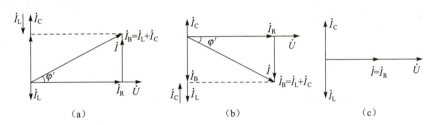

图 4-51　RLC 并联电路的相量图

例 4.23　如图 4-52 所示并联电路中，已知端电压 $u=220\sqrt{2}\sin(314t-30°)$ V，$R_1=10\ \Omega$，$R_2=8\ \Omega$，$R_3=6\ \Omega$，$X_L=6\ \Omega$，$X_C=8\ \Omega$，试求：

（1）总导纳 Y，并判断电路的性质；

（2）各支路电流和总电流；

（3）电路的有功功率、无功功率和视在功率。

解：选 $\dot{U}$、$\dot{I}$、$\dot{I}_1$、$\dot{I}_2$、$\dot{I}_3$ 的参考方向如图所示。

由已知 $\dot{U}=220\angle-30°$ V。

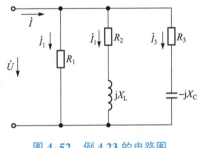

图 4-52　例 4.23 的电路图

（1）$Y_1=\dfrac{1}{R_1}=0.1$ S

$$Y_2=\frac{1}{R_2+jX_L}=\left(\frac{1}{8+j6}\right)\text{S}=(0.08-j0.06)\ \text{S}=0.1\angle-36.9°\ \text{S}$$

$$Y_3=\frac{1}{R_3-jX_C}=\left(\frac{1}{6-j8}\right)\text{S}=(0.06+j0.08)\ \text{S}=0.1\angle53.1°\ \text{S}$$

所以　$Y=Y_1+Y_2+Y_3=(0.1+0.08-j0.06+0.06+j0.08)\ \text{S}=(0.24+j0.02)\ \text{S}=0.241\angle4.76°\ \text{S}$

导纳角 $\varphi'=4.76°>0$，该电路呈容性。

（2）$\dot{I}_1=\dot{U}Y_1=(220\angle-30°×0.1)$ A $=22\angle-30°$ A　　得　$I_1=22$ A

$\dot{I}_2=\dot{U}Y_2=(220\angle-30°×0.1\angle-36.9°)$ A $=22\angle-66.9°$ A　　得　$I_2=22$ A

$\dot{I}_3=\dot{U}Y_3=(220\angle-30°×0.1\angle53.1°)$ A $=22\angle23.1°$ A　　得　$I_3=22$ A

$\dot{I}=\dot{U}Y=(220\angle-30°×0.241\angle4.76°)$ A $=53\angle-25.34°$ A　　得　$I=53$ A

（3）$P=UI\cos\varphi=UI\cos\varphi'=(220×53×0.996)$ kW $=11.61$ kW　　（阻抗角 $\varphi=-\varphi'$）

$$Q = UI\sin\varphi = -UI\sin\varphi' = (-220\times53\times0.083)\,\text{var} = -967.8\,\text{var}$$

$$S = UI = (220\times53)\,\text{VA} = 11.66\,\text{kVA}$$

例 4.24 电路如图 4-53 所示，已知 $u=311\sin314t$ V，试求总电流 i 及电压 u_{cd}。

解： 选定 u、i、i_1、i_2、u_{cd} 的参考方向如图所示。

由已知 $\dot{U} = 220\angle0°$ V

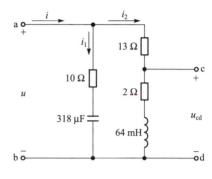

$$X_{\text{C}} = \frac{1}{\omega C} = \left(\frac{10^6}{314\times318}\right)\Omega = 10\,\Omega$$

$$X_{\text{L}} = \omega L = (314\times64\times10^{-3})\,\Omega = 20\,\Omega$$

$$Y_1 = \left(\frac{1}{10-\text{j}10}\right)\text{S} = (0.05+\text{j}0.05)\,\text{S}$$

$$Y_2 = \left(\frac{1}{13+2+\text{j}20}\right)\text{S} = (0.24-\text{j}0.032)\,\text{S} = 0.04\angle-53.1°\,\text{S}$$

图 4-53　例 4.24 的电路图

$$Y = Y_1 + Y_2 = (0.05+\text{j}0.05+0.24-\text{j}0.032)\,\text{S} = (0.074+\text{j}0.018)\,\text{S} = 0.076\angle13.7°\,\text{S}$$

所以

$$\dot{I} = \dot{U}Y = (220\angle0°\times0.076\angle13.7°)\,\text{A} = 16.7\angle13.7°\,\text{A}$$

对应

$$i = 16.7\sqrt{2}\sin(314t+13.7°)\,\text{A}$$

$$\dot{I}_2 = \dot{U}Y_2 = (220\angle0°\times0.04\angle-53.1°)\,\text{A} = 8.8\angle-53.1°\,\text{A}$$

或

$$\dot{I}_2 = \dot{I}\frac{Y_2}{Y_1+Y_2} = \left(16.7\angle13.7°\times\frac{0.04\angle-53.1°}{0.076\angle13.7°}\right)\text{A} = 8.8\angle-53.1°\,\text{A}$$

所以

$$\dot{U}_{\text{cd}} = \dot{I}_2 Z_{\text{cd}} = [8.8\angle-53.1°\times(2+\text{j}20)]\,\text{V} = (8.8\angle-53.1°\times20.1\angle84.3°)\,\text{V} = 177\angle31.2°\,\text{V}$$

对应 $u_{\text{cd}} = 177\sqrt{2}\sin(314t+31.2°)$ V。

*4.9　用相量法分析复杂正弦交流电路

对于复杂的正弦交流电路，若构成电路的电阻、电感和电容元件都是线性的，且电路中正弦电源都是同频率的，那么电路中各部分电压和电流仍将是同频率的正弦量。此时就可用相量法进行分析。

与相量形式的欧姆定律与基尔霍夫定律类似，只要把电路中的电阻、电感、电容用复阻抗或复导纳表示，所有电压、电流均用相量表示，那么就可以用分析直流电路的方法和定理来分析线性正弦交流电路。

4.9.1　网孔电流法分析正弦交流电路

例 4.25 如图 4-54 所示的电路，已知 $R=4\,\Omega$，$X_{\text{L}}=2\,\Omega$，$X_{\text{C}}=4\,\Omega$，$\dot{U}_1=150\angle90°$ V，$\dot{U}_2=100$

∠0° V，求各支路电流。

解：选各支路电流 $\dot{I}_1$、$\dot{I}_2$、$\dot{I}_3$ 和网孔电流 $\dot{I}_A$、$\dot{I}_B$ 的参考方向如图所示。选绕行方向与网孔电流参考方向一致。列出网孔方程：

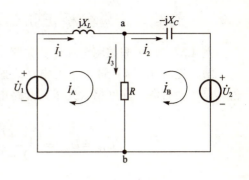

网孔 A　　　　　　　$(jX_L+R)\dot{I}_A - R\dot{I}_B = \dot{U}_1$

网孔 B　　　　　　　$-R\dot{I}_A +(R-jX_C)\dot{I}_B = -\dot{U}_2$

代入数据得

$$(j2+4)\dot{I}_A - 4\dot{I}_B = j150$$

$$-4\dot{I}_A +(4-j4)\dot{I}_B = -100$$

图 4-54　例 4.25 的电路图

解得 $\dot{I}_A =(-25+j50)\,\text{A}=56\angle 116.6°\,\text{A}$；$\dot{I}_B = -50\,\text{A}$。

各支路电流

$$\dot{I}_1 = \dot{I}_A = 56\angle 116.6°\,\text{A}$$

$$\dot{I}_2 = \dot{I}_B = -50\,\text{A}$$

$$\dot{I}_3 = \dot{I}_A - \dot{I}_B = (j50+25)\,\text{A} = 56\angle 63°\,\text{A}$$

所以　　　　　　　　$I_1 = 56\,\text{A}$，$I_2 = 50\,\text{A}$，$I_3 = 56\,\text{A}$。

4.9.2　节点电压法分析正弦交流电路

例 4.26　如图 4-54 所示的电路中，已知数据同例 4.25，试用节点电压法求各支路电流。

解：设各支路电流 $\dot{I}_1$、$\dot{I}_2$、$\dot{I}_3$ 的参考方向如图所示，并设 b 点为参考点。

$$Y_1 = \frac{1}{jX_L} = \left(\frac{1}{j2}\right)\,\text{S} = -\frac{j}{2}\,\text{S}$$

$$Y_2 = \frac{1}{-jX_C} = \left(\frac{1}{-j4}\right)\,\text{S} = \frac{j}{4}\,\text{S}$$

$$Y_3 = \frac{1}{R} = \left(\frac{1}{4}\right)\,\text{S} = \frac{1}{4}\,\text{S}$$

$$\dot{U}_{ab} = \frac{\dot{U}_1 Y_1 + \dot{U}_2 Y_2}{Y_1 + Y_2 + Y_3} = \left(\frac{j150\left(-\frac{j}{2}\right)+100\left(\frac{j}{4}\right)}{-\frac{j}{2}+\frac{j}{4}+\frac{1}{4}}\right)\,\text{V} = (100+j200)\,\text{V}$$

各支路电流

$$\dot{I}_1 = (\dot{U}_1 - \dot{U}_{ab})Y_1 = [j150-(100+j200)]\left(-\frac{j}{2}\right)\,\text{A} = (-25+j50)\,\text{A} = 56\angle 116.6°\,\text{A}$$

$$\dot{I}_2 = (\dot{U}_{ab} - \dot{U}_2)\,Y_2 = [(100+j200)-100]\frac{j}{4}\,\text{A} = -50\,\text{A}$$

$$\dot{I}_3 = \dot{U}_{ab}Y_3 = (100+j200)\frac{1}{4}\,\text{A} = (25+j50)\,\text{A} = 56\angle 63°\,\text{A}$$

所以 $I_1 = 56\,\text{A}$，$I_2 = 50\,\text{A}$，$I_3 = 56\,\text{A}$。

4.9.3 戴维南定理分析正弦交流电路

例 4.27 试用戴维南定理计算如图 4−54 所示的电路中 R 支路电流。

解： 先将如图 4−54 所示的电路改画为如图 4−55（a）所示的电路，由 R 两端向左看进去，是一个有源二端网络。先求其开路电压

$$\dot{U}_{OC} = \dot{U}_{abo} = \frac{\dot{U}_1 Y_1 + \dot{U}_2 Y_2}{Y_1 + Y_2} = \left(\frac{j150\left(-\dfrac{j}{2}\right) + 100\left(\dfrac{j}{4}\right)}{-\dfrac{j}{2} + \dfrac{j}{4}} \right) V$$

$$= (-100 + j300)\ V = 316\angle 108.4°\ V$$

再求输入复阻抗

$$Z_i = jX_L // (-jX_C) = \left[\frac{j2\,(-j4)}{j2 + (-j4)} \right] \Omega = j4\ \Omega$$

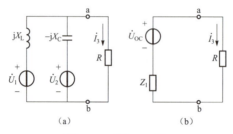

图 4−55　例 4.27 图

计算 R 支路电流 $\dot{I}_3$ 的等效电路如图 4−55（b）所示，则

$$\dot{I}_3 = \frac{\dot{U}_{OC}}{Z_i + R} = \left(\frac{316\angle 108.4°}{j4 + 4} \right) A = \left(\frac{316\angle 108.4°}{5.656\angle 45°} \right) A = 56\angle 63°\ A$$

所以 R 支路电流　　　　　　　　　　　$I_3 = 56\ A$

另外，还可以用作相量图的方法来分析正弦电路，这种方法叫相量图法。这种方法不但形象直观，而且对某些特殊的情况还可避免烦琐的计算。

作相量图时，先确定参考相量。一般来说，对并联的电路，以电压为参考相量；对串联电路，以电流为参考相量。

例 4.28 如图 4−56（a）所示电路中，$I_C = I = 10\ A$，$U_1 = U_2 = 200\ V$，求 X_L。

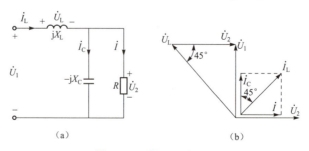

图 4−56　例 4.28 的图

解：先作相量图，如图 4−56（b）所示。以 $\dot{U}_2$ 为参考相量，由电阻、电容元件的伏安特性及 $I_C=I$ 的条件作出 $\dot{I}$ 和 $\dot{I}_C$ 相量。

由 KCL 有 $\dot{I}_L=\dot{I}_C+\dot{I}$ 的关系，作出 $\dot{I}_L$ 相量。由电感元件的伏安特性，作出 $\dot{U}_L$ 相量。

由 KVL 有 $\dot{U}_1=\dot{U}_L+\dot{U}_2$ 的关系及 $U_1=U_2$ 的条件作出端口电压 $\dot{U}_1$ 的相量。由相量图可知

$$I_L=\sqrt{I_C^2+I^2}=\left(\sqrt{10^2+10^2}\right)\text{ A}=10\sqrt{2}\text{ A}$$

$$U_L=\sqrt{U_1^2+U_2^2}=\left(\sqrt{200^2+200^2}\right)\text{ V}=200\sqrt{2}\text{ V}$$

所以
$$X_L=\frac{U_L}{I_L}=\left(\frac{200\sqrt{2}}{10\sqrt{2}}\right)\Omega=20\ \Omega$$

读者可参照例 4.28 的分析方法自行用相量图法分析第 4.6 小节中的例 4.15 和例 4.16 题。

4.10　功率因数的提高

4.10.1　提高功率因数的意义

直流电路的功率等于电流与电压的乘积，但在交流电路中，负载从电源接受的有功功率

$$P=UI\cos\varphi$$

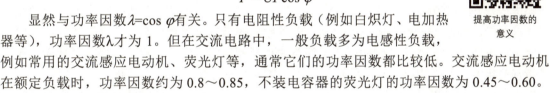

显然与功率因数 $\lambda=\cos\varphi$ 有关。只有电阻性负载（例如白炽灯、电加热器等），功率因数 λ 才为 1。但在交流电路中，一般负载多为电感性负载，例如常用的交流感应电动机、荧光灯等，通常它们的功率因数都比较低。交流感应电动机在额定负载时，功率因数约为 0.8～0.85，不装电容器的荧光灯的功率因数为 0.45～0.60。功率因数低将会引起以下两个方面的问题：

（1）电源设备的容量不能得到充分的利用。

因为电源设备（如发电机、变压器等）的容量也就是视在功率，都是根据额定电压和额定电流设计的。例如一台 600 kV·A 的变压器，若负载功率因数 $\lambda=0.8$，变压器可输出 480 kW 的有功功率，若负载的功率因数 $\lambda=0.5$，则变压器就只能输出 300 kW 的有功功率。因此负载的功率因数低时，电源设备的容量就得不到充分的利用。

（2）输电线路的损耗和压降增加。

当发电设备的输出电压和功率一定时，电流 I 与功率因数成反比 $(I=P/U\cos\varphi)$。功率因数 λ 越低，输电线路的电流 I 就越大，线路的压降就越大，会使负载上电压降低，从而影响负载的正常工作。从另一方面看，输电线路的电流越大，输电线路中的功率损耗也要增加。由以上分析可以看到，提高功率因数对国民经济有着十分重要的意义。

功率因数低的原因是因为感性负载的存在，它要与发电设备进行能量的往返交换。所以提高功率因数就必须采取措施，减少负载与发电设备之间能量的交换，但同时又要保证不影响感性负载的正常工作。

4.10.2　提高功率因数的方法与计算

提高功率因数的
方法与计算

提高电路负载功率因数的最简便的办法，是用电容器与感性负载并联。这样就可以使电感中的磁场能量与电容器的电场能量交换，从而减少电源与负载间能量的交换。图 4-57（a）给出了一个感性负载并联电容时的电路图，对应相量图如图 4-57（b）所示。

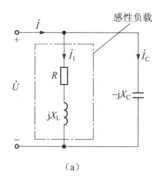
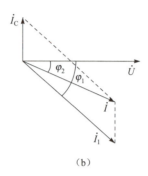

图 4-57　功率因数的提高

从图 4-57（b）相量图可以看出，感性负载未并联电容时，流过感性负载的电流 $\dot{I}_1$ 滞后端电压 $\dot{U}$ 的角度为 φ_1，即此时电路的总电流 $\dot{I}=\dot{I}_1$ 也滞后端电压 $\dot{U}$ 的角度为 φ_1，即并联电容前电路的功率因数为 $\cos \varphi_1$。

并联电容后，端电压 $\dot{U}$ 不变和流过感性负载的电流 $\dot{I}_1$ 均未变化，但电容支路有电流 $\dot{I}_C$ 超前端电压 $\dot{U}$ 的角度为 90°，此时电路的总电流 $\dot{I}=\dot{I}_1+\dot{I}_C$，总电流 $\dot{I}$ 和端电压 $\dot{U}$ 的相位差减小了（$\varphi_2<\varphi_1$），因此 $\cos \varphi_2>\cos \varphi_1$，也就是说并联电容后功率因数提高了。同时并联电容后，线路上的电流 I 也减小了，因而减小了线路的损耗和压降。应当注意所谓提高了功率因数，是指提高电源或整个电路的功率因数，而不是指提高感性负载的功率因数。

用并联电容来提高功率因数，一般补偿到 0.9 左右，而不是补偿到更高，因为补偿到功率因数接近于 1 时，所需电容量大，反而不经济了。

并联电容前：

$$P=UI_1\cos \varphi_1 \ , \quad I_1 = \frac{P}{U\cos \varphi_1}$$

并联电容后：

$$P=UI\cos \varphi_2 \ , \quad I = \frac{P}{U\cos \varphi_2}$$

从图 4-57（b）相量图可以看出

$$I_C = I_1\sin \varphi_1 - I\sin \varphi_2 = \frac{P\sin \varphi_1}{U\cos \varphi_1} - \frac{P\sin \varphi_2}{U\cos \varphi_2} = \frac{P}{U}(\tan \varphi_1 - \tan \varphi_2)$$

又知 $I_C = \dfrac{U}{X_C} = \omega CU$ 代入上式可得

$$\omega CU = \frac{P}{U}(\tan\varphi_1 - \tan\varphi_2)$$

即

$$C = \frac{P}{\omega U^2}(\tan\varphi_1 - \tan\varphi_2) \tag{4.54}$$

应用式（4.54）可以求出把功率因数从 $\cos\varphi_1$ 提高到 $\cos\varphi_2$ 所需的电容值。式中 P 是感性负载的有功功率，U 是感性负载的端电压，φ_1 和 φ_2 分别是并联电容前和并联后的功率因数角。

工程上常采用查表的方法，根据有功功率和并联前后的功率因数，从手册中直接查得所需并联的电容值。

例 4.29　荧光灯等效电路如图 4–58 所示，灯管可等效为电阻元件 R，镇流器等效为电感 L。已知电源电压 U=220 V，频率 f=50 Hz，测得荧光灯灯管两端的电压为 U_R=100 V，功率为 P=40 W。求：

（1）荧光灯的电流和功率因数。

（2）若要将功率因数提高到 $\cos\varphi_2 = 0.9$，需要并联的电容器的容量是多少？

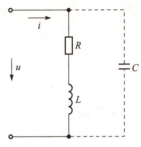

图 4–58　例 4.29 图

（3）并联电容前后电源提供的电流各是多少？

解：（1）通过荧光灯灯管的电流为

$$I_1 = \frac{P}{U_R} = \frac{40}{100}\,\text{A} = 0.4\,\text{A}$$

荧光灯的功率因数为

$$\cos\varphi_1 = \frac{P}{UI_1} = \frac{U_R}{U} = \frac{100}{220} = 0.455$$

（2）$\cos\varphi_1 = 0.455$，$\varphi_1 = \arccos 0.455 = 63°$

$\cos\varphi_2 = 0.9$，$\varphi_2 = \arccos 0.9 = 25.84°$

要将功率因数提高到 $\cos\varphi_2 = 0.9$，需要并联的电容器的容量为

$$C = \frac{P}{2\pi f U^2}(\tan\varphi_1 - \tan\varphi_2) = \left(\frac{40}{2\pi \times 50 \times 220^2}(\tan 63° - \tan 25.84°)\right)\mu\text{F} = 3.88\,\mu\text{F}$$

（3）并联电容前，流过荧光灯灯管的电流就是电源提供的电流即 I_1=0.4 A

并联电容后，电源提供的电流将减小为

$$I = \frac{P}{U\cos\varphi_2} = \left(\frac{40}{220 \times 0.9}\right)\text{A} = 0.202\,\text{A}$$

4.11　正弦交流电路中负载获得最大功率的条件

在实际问题中，有时需要研究负载在什么条件下能获得最大功率。这类问题可归纳为一个有源二端网络向无源二端网络传输功率的问题。由戴维南定理可知，这个有源二端网络可

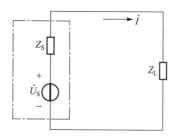

图 4-59　负载获得最大功率的条件

化成一理想电压源与一复阻抗串联，该复阻抗可以看作是电源内阻抗，若该电源所接无源二端网络的等效复阻抗为 Z_L，其电路模型如图 4-59 所示。

令 $Z_S = R_S + jX_S$，$Z_L = R_L + jX_L$，则电路中的电流为

$$\dot{I} = \frac{\dot{U}_S}{Z_S + Z_L} = \frac{\dot{U}_S}{R_S + R_L + j(X_S + X_L)}$$

电流有效值为

$$I = \frac{U_S}{\sqrt{(R_S + R_L)^2 + (X_S + X_L)^2}}$$

则负载吸收的功率为

$$P_L = I^2 R_L = \frac{U_S^2 R_L}{(R_S + R_L)^2 + (X_S + X_L)^2} \tag{4.55}$$

负载获得最大功率的条件与其调节参数的方式有关，现从以下两种情况来讨论：

（1）若 R_L 保持不变，仅 X_L 可调时，由式（4.55）可知，只有 $X_S + X_L = 0$，即 $X_L = -X_S$ 时，P_L 可以获得最大值，这时

$$P_{Lm} = \frac{U_S^2 R_L}{(R_S + R_L)^2}$$

（2）保持 $X_L = -X_S$，P_L 已达到一种最大值 $P_L = P_{Lm}$。此时若 R_L 可调，使 P_L 获得最大值的条件是 $dP_{Lm}/dR_L = 0$，即

$$\frac{dP_{Lm}}{dR_L} = U_S^2 \frac{(R_S + R_L)^2 - 2R_L(R_S + R_L)}{(R_S + R_L)^2} = 0$$

即

$$(R_S + R_L)^2 - 2R_L(R_S + R_L) = 0$$

得 $R_L = R_S$。因此，负载获得最大功率的条件是

$$X_L = -X_S$$
$$R_L = R_S$$

即负载阻抗等于电源内阻抗的共轭复数时，负载能获得最大功率，负载的阻抗与电源的内阻抗为共轭复数的这种关系称为共轭匹配（阻抗匹配）。此时最大功率为

$$P_{Lmax} = \frac{U_S^2}{4R_S} \tag{4.56}$$

*4.12　交流电路的实际元件

在前面所讨论的电路中，电阻、电感、电容元件都是理想元件，这些理想元件只是实际

电路元件电阻器、线圈、电容器在一定条件下的近似替代，并非实际元件本身。实际元件的性能往往很复杂，常受到多种因素的影响。在交流电路中，实际元件的性能会受到频率的影响，特别在频率较高时，这种影响将会很大。下面我们分别加以讨论。

4.12.1　电阻器

当交变电流通过一个电阻器时，电阻器的周围会产生磁场，于是可以认为它具有一定的电感。因为流入线圈的电流与流出线圈的电流所产生的磁通相互有所抵消，所以采用双线绕制的线绕电阻其电感就较小，而采用单线绕制的线绕电阻其电感较大。同时线绕电阻的线匝之间被绝缘物隔开，又存在电位差，也就存在微小的电容。因而实际电阻器可用如图 4-60 所示的电路模型模拟。在频率不太高时，电感、电容的作用都远小于电阻的作用，可以用电阻元件作为其电路模型。但在高频电路中，电感、电容的作用就不可忽略。一般线绕电阻器的电感较大，不适宜用于高频电路，而用碳膜或金属膜电阻。

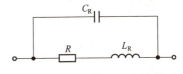

图 4-60　实际电阻器的电路模型

对于导线来讲，直流通过一根导线时，电流在导线内是均匀分布的，即各处电流密度都一样。当高频电流通过导线时，导线中心交链的磁感应线越多，感应电动势也越大，阻碍电流通过的作用也越强，迫使电流大多沿表面通过，就使得导线截面内电流的分布不均匀，越靠近导线表面，电流密度就越大，这种现象叫趋肤效应。由于趋肤效应，导线的有效截面积减小，因而增加了导线的电阻，这对高频信号的传输不利。但在生产中有时会利用趋肤效应对金属表面进行高频加热。

4.12.2　线圈

交流电路中，线圈通常可以用一个电阻和一个电感串联来模拟，但在高频时，线圈各匝之间还存在分布电容，因此线圈的电路模型如图 4-61 所示。其中电阻 R_L 反映线圈的损耗，包括导线电阻和铁芯损耗，一般要求线圈的损耗尽可能小，工程上常用品质因数 Q 来衡量这个指标。线圈的品质因数等于线圈的电抗 ωL 与电阻 R_L 之比，即

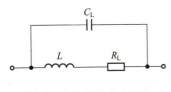

图 4-61　线圈的电路模型

$$Q = \frac{\omega L}{R_L}$$

显然，线圈的损耗越小，其品质因数越高，线圈越接近于理想的电感元件。

4.12.3　电容器

电容器由于极板间的介质不可能绝对绝缘，在交流电压作用下，会产生漏电流而形成能量损耗，还会产生随频率增加而增加的介质损耗。考虑到这两种损耗，一个实际电容器就用一个电阻和一个电容相并联的电路模型来表示，如图 4-62（a）所示。图 4-62（b）是实际电容器的相量图。

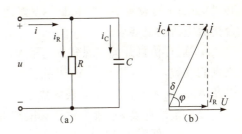

图 4-62　电容器的电路模型和相量图

由相量图可以看到，由于损耗的存在，电容器上电流超前电压的角度φ小于$90°$，I_R越大，损耗越大，角度φ越小，$\delta = 90° - \varphi$越大。通常把δ称为损耗角，$\tan\delta$称为损耗系数，工程上常用$\tan\delta$来表示电容器的损耗和绝缘介质的质量。

知识拓展

前面主要研究的是网络与外电路连接一个端口（即两个端钮）的情况，但在实际工程中，常遇到具有两个端口（即四个端钮）的网络，在分析时可按正弦交流电路的稳定状态考虑，并应用相量法。

先导案例解决

家用照明电路在连线时，横线要水平，竖线要垂直，拐弯要直角，不能有斜线，尽量避免交叉线，如果一个方向多条导线要并在一起走。

任务训练

一、正弦交流电路仿真

1. 实验目的

（1）熟悉 Multisim 10 的仿真实验法，熟悉交流信号源、虚拟示波器的设置及瓦特表的使用方法。

（2）定性理解相量形式的基尔霍夫定律。

（3）了解 RC 串并联选频网络的选频特性。

（4）加深对感性电路电压超前电流的理解，并熟悉功率因数提高的办法。

2. 实验内容及步骤

（1）定性理解相量形式的基尔霍夫定律。

① 从元件库中选取电阻、电容、电感及交流电压源，从仪器库中选出四个电压表、三个电流表，创建如图4-63所示电路。

② 双击交流信号源图标，点击"Value"，设置其"Voltage"为10 V，"Frequency"为50 Hz，其他选其默认参数。

③ 分别双击四个电压表图标，在其"Value"的设置中，"Mode"设置为"AC"（即测量交流），"Resistance"为"10 MΩ"，符合交流电压测量要求；分别双击三个电流表图标，在其"Value"的设置中，"Mode"设置为"AC"（即测量交流），"Resistance"为"1 nΩ"，符合交流电流测量要求。

④ 运行仿真开关，观察并记录V_1、V_2、V_3、V_4四个电压表的读数及A、A_1、A_2三个电流表的读数，并分析V_1、V_2表的读数与V_i之间的关系，V_3、V_4表的读数与V_i之间的关系，以及A_1、A_2表的读数与A表读数之间的关系。

（2）定性观察 RC 串并联选频网络的选频特性，确定选频点。

① 从元件库中选取电阻和电容（取$R_1 = R_2 = R$，$C_1 = C_2 = C$），从仪器库中选出函数信号发生器、数字万用表及示波器，创建如图4-64所示电路（把函数信号发生器作为 RC 串并

联网络的信号源）。

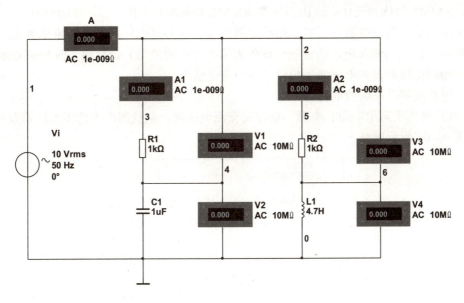

图 4-63　相量形式基尔霍夫定律的仿真实验电路

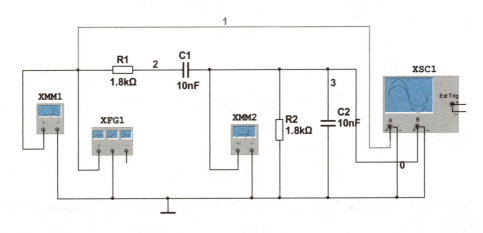

图 4-64　*RC* 串并联选频网络的实验电路

② 双击函数信号发生器图标，设置参数：波形选择正弦波，Frequency 为 5 kHz，Amplitude 为 10 V，Offset 为 0。

③ 双击万用表 XMM1、XMM2 图标，在面板上选择"V"和"～"（交流），即万用表 XMM1 及 XMM2 所测量的是交流电压值。

④ 右击"Channel A"的输入线，将其设置为红色；右击"Channel B"的输入线，将其设置为蓝色。再双击示波器图标打开面板，设置示波器参数，参考值为："Time base"设置为 "50 μs/div"；"Y/T"显示方式；"Channel A"设置为"5 V/div""DC"输入方式；"Channel B" 设置为"5 V/div""DC"输入方式；"Trigger"设置为"Auto"触发方式。

⑤ 运行仿真开关，双击函数信号发生器、示波器、万用表 XMM1、XMM2（用作交流 电压表）图标，往上改变信号源的频率（用鼠标左键单击"Frequency"数值框，会出现向上

及向下箭头，再用鼠标左键单击向上箭头就可），通过示波器或电压表监视电路，观察万用表 XMM1、XMM2 的读数变化，读出万用表 XMM2 显示的最大值 U_{om}，并读出万用表 XMM2 读数最大时函数信号发生器的频率，此频率即为 RC 串并联选频网络的选频频率 f_0。并注意通过示波器（红色为输入电压的波形，蓝色为输出电压的波形）观察往上改变信号源的频率过程中，输出电压和输入电压波形相位关系的变化情况。

（3）定性观察功率因数的提高。

① 从元件库中选取电阻、电感、电容及交流电压源，从仪器库中选出示波器及瓦特表，创建如图 4-65 所示电路。

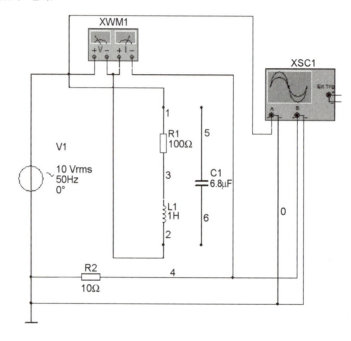

图 4-65　功率因数的提高的实验电路

② 双击交流信号源图标，点击"Value"，设置其"Voltage"为 10 V，"Frequency"为 50 Hz，其他选其默认参数。

③ 双击"Channel A"的输入线，将其设置为红色；双击"Channel B"的输入线，将其设置为蓝色。再双击示波器图标打开面板，设置示波器参数，参考值为："Time base"设置为"10 ms/div"；"Y/T"显示方式；"Channel A"设置"5 V/div""DC"输入方式；"Channel B"设置"200 mV/div""DC"输入方式；"Trigger"设置为"Auto"触发方式。

④ 运行仿真开关，双击瓦特表图标，记录瓦特表上显示的平均功率值及功率因数值。双击示波器图标，观察在示波器的显示屏上显示的 RL 串联电路端口电压和端口电流（端口电流可通过用示波器来观察采样电阻 R_0 上的电压得到）的波形，即示波器的 A、B 通道波形（红色为端口电压波形，蓝色为端口电流波形）。并仔细观察 RL 串联电路端口电压和端口电流波形的相位超前与滞后关系。

⑤ 暂停电路运行，将 1、5 端相连，2、6 端相连，即在 RL 串联电路两端并联一个电容 C。运行仿真开关，双击瓦特表图标，记录此时瓦特表上显示的平均功率值及功率因数值，

并与未并联电容 C 时的功率及功率因数值进行比较。双击示波器图标，观察此时电路端口电压和端口电流的波形的相位超前与滞后关系。

3. 实验报告要求

（1）实验的名称、时间、目的、电路和内容。

（2）记录图 4-63 所示 V_1、V_2、V_3、V_4 四个电压表的读数及 A、A_1、A_2 三个电流表的读数，并分析 V_1、V_2 表的读数与 V_i 之间的关系，V_3、V_4 表的读数与 V_i 之间的关系，以及 A_1、A_2 表的读数与 A 表读数之间的关系。

（3）记录图 4-64 所示 RC 串并联选频网络当万用表 XMM2 读数最大时，万用表 XMM1、XMM2 的读数 U_1、U_2，函数信号发生器的频率 f_0 以及此时输出电压和输入电压波形相位关系。并验证此时是否满足 $U_2=1/3\ U_1$，$f_0=1/2\pi RC$？

（4）记录图 4-65 所示电路在未并联电容 C 和并联电容 C 两种情况下，电路的平均功率及功率因数，从中得出什么结论。

二、日光灯照明电路装配实验

1. 实验目的

（1）熟悉日光灯的接线，能正确快速进行接线。

（2）掌握交流电压、电流的测量方法。

（3）进一步加深理解提高功率因素的意义及方法。

2. 实验内容及步骤

（1）日光灯照明电路主要由日光灯管、整流器、启辉器、单相调压器组成，按图 4-66 接线（电容先不接入电路，即电容支路断开）。检查无误后，接通电源，调节调压器，使电压表读数为 220 V，观察日光灯的点亮过程。

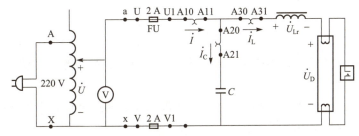

图 4-66　日光灯照明电路实验图

（2）关掉电源，先将电流表串接在 A_{10}—A_{11} 处，重新点燃日光灯。待日光灯工作稳定后，读出电流表读数，用万用表的交流电压挡（250 V）测量日光灯管上的电压 U_D 及整流器上的电压 U_{Lr}，用多功能测量仪测量功率，将数据记录于表 4-1 中。根据测量数据计算出日光灯电路的功率因素 $\cos\psi$，灯管电阻 R_D 及整流器参数 r、L。

表 4-1　日光灯照明电路测量数据

测量值					计算值			
U（V）	I（mA）	P	U_P(V)	U_{Lr}(V)	$\cos\psi$	R_D(Ω)	r(Ω)	L
220								

（3）关掉电源，并联上电容。选取不同的电容值（电容值依次为 2.2 μF，3.2 μF，4.7 μF，5.7 μF，6.9 μF）。接通电源，使调压器输出电压为 220 V，点亮日光灯，测量并联上不同电容时，总电流 I，电容支路电流 I_C，日光灯支路电流 I_L，以及负载功率 P，数据记入表 4-2 中。

表 4-2　日光灯照明电路提高功率因数测量数据

	C（μF）	2.2	3.2	4.7	5.7	6.9
测量值	I					
	I_C					
	I_L					
	P					
计算值	S（VA）					
	$\cos\psi$					

3. 实验报告要求

（1）实验的名称、时间、目的、电路和内容。

（2）整理表 4-1 测量数据，分析测量结果，并与理论值进行比较。

（3）整理表 4-2 测量数据，画出 I-C 及 $\cos\psi$-C 的曲线，归纳提高功率因数的意义和方法。

（4）在改变 C 的过程中，日光灯电路的有功功率 P 和灯管电压 U_D 有无改变，为什么？

本章小结
BENZHANGXIAOJIE

1. 正弦量

（1）随时间按正弦规律变化的交流电称为正弦交流电，又称为正弦量。

（2）正弦量的三要素。

最大值，如 U_m、I_m，$U_m=\sqrt{2}\,U$，$I_m=\sqrt{2}\,I$（即正弦量的最大值是有效值的 $\sqrt{2}$ 倍）。

角频率 ω，$\omega=2\pi f$，$\omega=2\pi/T$。

初相 ψ，$|\psi|\leqslant\pi$。

（3）正弦量的表示法。

在确定的参考方向下，正弦量有四种表示方法，以正弦电流为例：

解析式，如 $i=I_m\sin(\omega t+\psi_i)$；

波形图；

相量表示法，如有效值相量 $\dot{I}=I\angle\psi_i$，振幅相量 $\dot{I}_m=I_m\angle\psi_i$；

相量图。

（4）两个同频率正弦量的相位关系。

两个同频率正弦量的相位差 φ 等于两个正弦量的初相之差，即 $\varphi=\psi_1-\psi_2$，且 $|\varphi|\leqslant\pi$。根据相位差 φ 的大小可以比较两个同频率正弦量的相位关系。

$0<\psi_1-\psi_2<\pi$：第一个正弦量超前于第二个正弦量。

$-\pi<\psi_1-\psi_2<0$：第一个正弦量滞后于第二个正弦量。

$\psi_1-\psi_2=0$：这两个正弦量同相。

$\psi_1-\psi_2=\pm\pi$：这两个正弦量反相。

$\psi_1-\psi_2=\pm\dfrac{\pi}{2}$：这两个正弦量正交。

（5）正弦量的相量图。

只有同频率的正弦量其相量才能画在同一复平面上，画在同一复平面上表示相量的图称为相量图。

（6）用相量法求同频率正弦量之和。

用相量表示正弦量进行交流电路运算的方法称为相量法。

$$\boxed{\text{若 } u=u_1+u_2\text{，则有 } \dot{U}=\dot{U}_1+\dot{U}_2}$$

（7）参考正弦量和参考相量。

为了简化正弦交流电路的分析计算，常假设某一正弦量的初相为零，该正弦量叫作参考正弦量，其相量形式称为参考相量。

2. 正弦交流电路中元件约束（伏安特性）和互联约束（KCL、KVL）的相量形式

（1）R、L、C 元件上电压和电流的相量关系（在关联参考方向下）。

R： $\dot{U}_R=R\dot{I}_R$ 电阻元件上电压和电流同相。

L： $\dot{U}_L=jX_L\dot{I}_L=j\omega L\dot{I}_L$ 电感元件上电压超前于电流 $90°$。

C： $\dot{U}_C=-jX_C\dot{I}_C=-j\dfrac{1}{\omega C}\dot{I}_C$ 电容元件上电压滞后于电流 $90°$。

（2）基尔霍夫定律（KCL、KVL）的相量形式。

KCL $\sum\dot{I}=0$

KVL $\sum\dot{U}=0$

3. 用相量法分析正弦交流电路

（1）用相量法分析 RLC 串联电路。

① 复阻抗

$$Z=R+jX=R+j(X_L-X_C)=|Z|\angle\varphi$$

式中：阻抗 $|Z|=\sqrt{R^2+X^2}$；阻抗角 $\varphi=\arctan\dfrac{X}{R}$。

② 电压与电流的关系（在关联参考方向下）：

$$\dot{U}=Z\dot{I}$$

故 $|Z|=\dfrac{U}{I}$ 表示了电路中总电压和电流的有效值的关系；$\varphi=\psi_u-\psi_i$ 表示了总电压 $\dot{U}$ 超前于电流 $\dot{I}$ 的角度。

$\varphi>0$，电路呈感性；$\varphi<0$，电路呈容性；$\varphi=0$，电路呈阻性。

（2）用相量法分析 RLC 并联电路。

阻抗法：$\quad \dot{I}=\dfrac{\dot{U}}{Z}$，其中 $\dfrac{1}{Z}=\dfrac{1}{Z_1}+\dfrac{1}{Z_2}+\cdots+\dfrac{1}{Z_n}$

导纳法：$\quad \dot{I}=\dot{U}Y$，而 $Y=Y_1+Y_2+\cdots+Y_n=G_1+jB_1+G_2+jB_2\cdots+G_n+jB_n=G+jB$

其中，$G=\displaystyle\sum_{k=1}^{n}G_k$ ；$B=\displaystyle\sum_{k=1}^{n}B_k$ 。

（3）正弦交流电路的功率（适用于正弦交流电路中任一个二端网络的计算）。

有功功率 $\quad P=UI\cos\varphi=I^2R$

无功功率 $\quad Q=UI\sin\varphi=I^2X$

视在功率 $\quad S=UI=\sqrt{P^2+Q^2}$

功率因数 $\quad \lambda=\cos\varphi=\dfrac{P}{S}$

（4）相量法分析复杂正弦交流电路。

网孔电流法（以两网孔为例）

$$Z_{11}\dot{I}_a+Z_{12}\dot{I}_b=\dot{U}_{s11}$$
$$Z_{21}\dot{I}_a+Z_{22}\dot{I}_b=\dot{U}_{s22}$$

节点电压法（以两节点为例）

$$\dot{U}_{ab}=\dfrac{\dot{U}_1Y_1+\dot{U}_2Y_2}{Y_1+Y_2+Y_3}$$

使用戴维南定理，则可先求开路电压 $\dot{U}_{abo}$，再求输入复阻抗 Z_i，所求支路电流 $\dot{I}_R=\dfrac{\dot{U}_{abo}}{Z_i+R}$ 。

（5）负载获得最大功率的条件为

$$X_L=-X_S$$
$$R_L=R_S$$

即负载的阻抗与电源的内阻抗互为共轭复数，即共轭匹配（阻抗匹配）。此时最大功率为

$$P_{Lmax}=\dfrac{U_S^2}{4R_S}$$

习　　题

4.1　已知一正弦电压 $u=282\sin(314t+240°)$ V，试写出其角频率、频率、周期、最大值、有效值和初相。

4.2　（1）已知一正弦电压的有效值为 220 V，初相为 60°，周期为 10 ms，试写出其解析式，并画出波形图。（2）已知工频正弦电流的初相位为 $-\pi/6$，当 $t=T/3$ 时，其瞬时电流为 5 A。试写出其解析式，并画出波形图。

4.3　如图 4–67 所示为 u 和 i 的波形，问 u 和 i 的初相各为多少？相位差为多少？若将计时起点向右移 $2\pi/3$，u 和 i 初相如何变化？相位差是否改变？u 和 i 哪一个超前？

4.4　两个正弦电流分别为

$$i_A(t)=10\sin(314t-60°)\text{ mA},$$
$$i_B(t)=20\cos(314t+150°)\text{ mA},$$

试确定它们的相位关系。

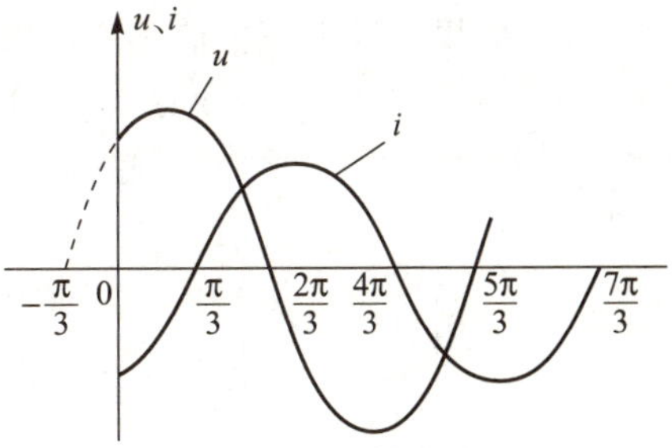

4.5　三个工频正弦电压 u_A、u_B 和 u_C 的有效值均为 220 V，已知 u_A 较 u_B 超前 120°，较 u_C 滞后 120°，试以 u_A 为参考正弦量分别写出三个电压的解析式。

图 4-67　题 4.3 图

4.6　将下列复数写成极坐标形式。

（1）$3+j4$；　　　　　（2）$-4+j3$；　　　　　（3）$6-j8$；

（4）$-10-j10$；　　　（5）$j5$；　　　　　　　（6）$5-j8.66$

4.7　将下列复数写成代数形式。

（1）$10\angle60°$；（2）$5\angle126.9°$；（3）$10\angle-30°$；（4）$20\angle-53.1°$；（5）$10\angle-90°$

4.8　写出下列各相量对应的瞬时值表达式（设角频率为 ω）。

（1）$\dot{I}=10\angle118°$ A；（2）$\dot{U}_m=311\angle240°$ V

4.9　下列电压和电流中，哪几个正弦量能用相量法进行加减运算。

$u_1=U_{1m}\sin(\omega t+\psi_1)$；$u_2=I_{2m}\sin(\omega t+\psi_2)$；$u_3=U_{3m}\sin(3\omega t+\psi_3)$；

$i_4=I_{4m}\sin(\omega t+\psi_4)$；$i_5=I_{5m}\sin(3\omega t+\psi_5)$；$i_6=I_{6m}\sin(3\omega t+\psi_6)$。

4.10　已知 $u_1=100\cos(\omega t+20°)$ V，$u_2=100\sin(\omega t-10°)$ V。

（1）写出 u_1，u_2 的相量；

（2）用相量法求 $u_3=u_1+u_2$，并作相量图。

4.11　在电压为 220 V，频率为 50 Hz 的交流电路中，接入一组白炽灯，其总电阻为 11 Ω。

（1）计算电灯组取用电流的有效值；

（2）计算电灯组消耗的功率；

（3）作出电压、电流相量图。

4.12　有一个 220 V、1 000 W 的电加热器接在 220 V 的交流电源上，试求通过电加热器的电流和正常工作时的电阻。

4.13　已知一个电感 $L=0.5$ H，接在 $u_L=220\sqrt{2}\sin(314t+60°)$ V 的电源上。求：

（1）电感元件的感抗 X_L；

（2）关联参考方向下的流过电感的电流 i_L；

（3）画出电压和电流相量图；

（4）电感元件上的无功功率 Q_L 及电感元件中储存的最大磁场能量 W_{Lm}。

4.14　已知一电容 $C=140$ μF，接在 $u=220\sqrt{2}\sin(314t+60°)$ V 的电源上。

（1）求在关联参考方向下流过电容的电流 i_C；

（2）求电容元件的有功功率 P_C 和无功功率 Q_C；

（3）求电容中储存的最大电场能量 W_{Cm}；

（4）画出电流和电压的相量图。

4.15　一个电感元件 $L=0.05$ H，两端与 50 Hz 的正弦电源相连接时，电流的有效值为 7 A。

（1）若将一个电容元件连接到同样的电源上，电流仍为 7 A，试求电容值；

（2）如果电源电压幅值不变，频率改变为 400 Hz，这两个元件的电流应变为多少?

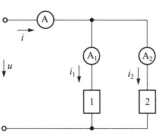

图 4-68　题 4.17 图

4.16　两个同频率的正弦电压的有效值分别为 30 V 和 40 V，试问：

（1）什么情况下，u_1+u_2 的有效值为 70 V?

（2）什么情况下，u_1+u_2 的有效值为 50 V?

（3）什么情况下，u_1+u_2 的有效值为 10 V?

4.17　如图 4-68 所示电路中，已知流过元件 1 和元件 2 的电流分别为 $i_1=20\sin\omega t$ A，$i_2=20\sin(\omega t+90°)$ A。

（1）求 $\dot{I}_1$、$\dot{I}_2$、$\dot{I}$；（2）求各电流表的读数；（3）画出相量图。

4.18　如图 4-69 所示电路中，已知电压表 V_1、V_2 的读数均为 30 V，求电路中 u 的有效值。

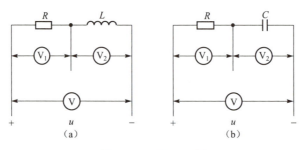

图 4-69　题 4.18 图

4.19　如图 4-70 所示电路中，已知电压表 V_1 的读数为 24 V，V_3 的读数为 20 V，V_4 的读数为 60 V，试分别求出电压表 V、V_2 的读数。

4.20　荧光灯等效电路如图 4-71 所示，已知灯管电阻 $R_1=280\ \Omega$，镇流器的电阻 $R=20\ \Omega$，电感 $L=1.66$ H。电源为市电，电压 $U=220$ V，求电路中总电流 I 及各部分电压 U_1、U_{RL}。

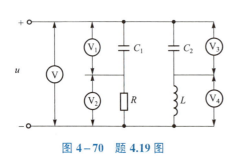

图 4-70　题 4.19 图

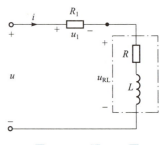

图 4-71　题 4.20 图

4.21　用三表（电压表、电流表、功率表）法，可测出电感线圈的电阻和电感，电路图如图 4-72 所示。电源为工频电源。三表的读数分别为 15 V、1 A、10 W，试求 R 和 L 的值。

4.22　在 RLC 串联电路中，已知 $R=10\ \Omega$，$L=16$ mH，$C=212\ \mu$F，电源电压 $u=200\sin(314t+30°)$ V。

（1）求此电路的复阻抗 Z，并说明电路的性质；

（2）求电流 $\dot{I}$ 和电压 $\dot{U}_R$、$\dot{U}_L$、$\dot{U}_C$；

（3）求该电路的 P、Q、S 及功率因数 $\cos\varphi$；

（4）画出电压、电流相量图。

4.23　在 RLC 串联电路中，已知 R=30 Ω，L=40 mH，C=100 μF，ω=1 000 rad/s，$\dot{U}_L$=10∠0° V。

（1）求此电路的复阻抗 Z。

（2）求电流 $\dot{I}$ 和电压 $\dot{U}_R$、$\dot{U}_C$ 及 $\dot{U}$。

（3）画出电压、电流相量图。

4.24　电源电压 $\dot{U}$ =100∠30° V，阻抗 Z_1=40+j30 Ω、Z_2=20−j20 Ω、Z_3=60+j80 Ω相串联。计算总的复阻抗 Z，电路中电流 $\dot{I}$ 及各阻抗上的电压 $\dot{U}_1$、$\dot{U}_2$、$\dot{U}_3$ 并作相量图。

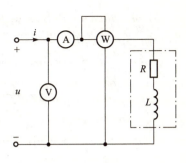

图 4−72　题 4.21 图

4.25　如图 4−73 所示为 RC 移相电路，已知输入电压 U_i=25 V，ω=100 rad/s，I=2.5 mA，欲使输出电压 u_o 比输入电压 u_i 相位超前 60°，求 R 和 C 的值。

4.26　RLC 并联电路如图 4−74 所示，已知 u=100$\sqrt{2}$ sin (1 000t+20°) V，R=300 Ω，L=0.4 H，C=2 μF。（1）求 i_R、i_L、i_C；（2）等效导纳 Y 和电流 $\dot{I}$；（3）求电路的有功功率、无功功率和视在功率；（4）作出相量图。

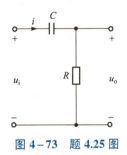

图 4−73　题 4.25 图

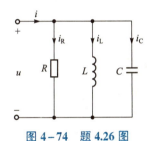

图 4−74　题 4.26 图

4.27　如图 4−75 所示电路，若电源电压 U 与电流 I 同相，且 U=5 V，U_L= 20 V，问 A、B、C、D 中哪两点之间的电压最高？最高的电压为多少？

4.28　如图 4−76 所示电路，已知 R_1=16 Ω，R_2=6 Ω，X_L=8 Ω，X_C=12 Ω，$\dot{U}$ =20∠0°，求该电路的有功功率 P、无功功率 Q、视在功率 S 和功率因数 cos φ。

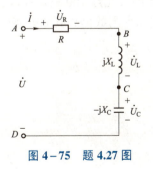

图 4−75　题 4.27 图

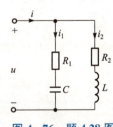

图 4−76　题 4.28 图

4.29　如图 4−77 所示网络中，U=100 V，R_1=5 Ω，X_L=R_2，X_C 支路的电流为 10 A，R_2 支路的电流为 10$\sqrt{2}$ A，求 X_C、R_2、X_L。（提示：以并联部分的端电压作为参考相量画出正确的相量图，可以确定总电流与该端电压同相。）

4.30 如图 4-78 所示正弦交流电路中，已知 $I_R=I_L=1$ A，$U=10$ V，$\dot{U}$ 与 $\dot{I}$ 同相，试求 I、R、X_L、X_C。（提示：以并联部分的端电压 $\dot{U}_{ab}$ 作为参考相量画出正确的相量图求解）

4.31 如图 4-78 所示电路中，$I_R=I_L=10$ A，$U=U_{ab}=200$ V，求 X_C。

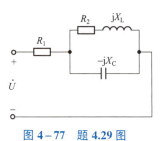

图 4-77 题 4.29 图

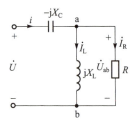

图 4-78 题 4.30 图

4.32 如图 4-79 所示电路中，$\dot{U}_{S1}=220\angle 0°$ V，$\dot{U}_{S2}=220\angle -20°$ V，$Z_1=j20$ Ω，$Z_2=j10$ Ω，$Z_3=40$ Ω。用节点电压法求 Z_3 的电流。若为纯电阻，何时能获得最大功率。

4.33 试用网孔电流法求解上题。

4.34 利用戴维南定理求解如图 4-80 所示的电路中电容支路的电流 $\dot{I}_1$。

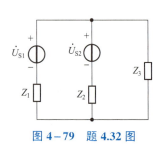

图 4-79 题 4.32 图

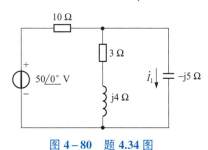

图 4-80 题 4.34 图

4.35 两个感性负载并联在 220 V 的工频电网上，二者的额定电压都为 220 V，额定功率分别为 $P_1=13.2$ kW，$P_2=17.6$ kW，功率因数分别为 $\cos\varphi_1=0.6$ 和 $\cos\varphi_2=0.8$。求总电流及功率因数。

4.36 某一教学楼有功率为 40 W、功率因数为 0.5 的荧光灯 100 只，并联在 220 V 的工频电网上。求此时电路的总电流及功率因数。如果要把功率因数提高到 0.9，应并联多大的电容？总电流变为多少？

三 相 电 路

先导案例

电能可以由水能（水力发电）、热能（火力发电）、核能（核能发电）、化学能（电池）、太阳能（太阳能电站）等转换而得。而各种电站、发电厂，其能量的转换由三相发电机（如图 5-1 所示）来完成。如：三峡电站，三相水轮发电机将水能转换为电能；火电站，三相汽轮发电机将燃烧煤炭产生的热能转换为电能。三相交流电如何产生？有何特点？

图 5-1 三相交流发电机

电力系统的供电方式，几乎都是采用三相制，即三相发电机产生电能并用三相输电线输送。采用三相制，从发电、输电和用电各方面来说，都比单相制具有更多优点。从电路理论角度看，三相电路不过是复杂的正弦稳态电路，可用正弦稳态电路的方法分析计算。但三相电路有它本身的特点，特别是对称三相电路，因此，分析上也有相应的特点。

5.1 三 相 电 源

目前，日常生活中见到的主要是单相供电电路，而电能的产生、输送和分配，基本都采用三相交流电路。三相交流电路就是由三个振幅值相等，频率相同，相位上互差 120° 的正弦电压源组成的电路。这样的三个电压源称为对称三相电源。

广泛应用三相交流电路，是因为它具有以下优点：

① 相同体积下，三相交流发电机输出功率比单相发电机大；

② 在输送功率相等、电压相同、输电距离和线路损耗都相同的情况下，三相制输电比单相输电节省输电线材料，输电成本低；

③ 与单相电动机相比，三相交流电动机结构简单，价格低廉，性能良好，维护使用方便。

5.1.1 对称三相电源

图 5-2 所示的是最简单的三相交流发电机的示意图。在磁极 N、S 之间，放置一圆柱形铁心，圆柱表面上对称安置三个完全相同的线圈——三相绕组。绕组 AX、BY、CZ 分别称为 A 相绕组、B 相绕组和 C 相绕组，铁心和绕组合称为电枢（每相绕组图中只画了一匝）。

三相交流电的产生

每相绕组的 A、B、C 称为绕组的始端，称作"相头"；X、Y、Z 当作绕组的末端，称作"相尾"。三个相头之间（或三个相尾之间）在空间上彼此相隔 120°（两极电机）。电枢表面的磁感应强度沿圆周作正弦分布，它的方向与圆柱表面垂直。

在发电机的绕组内，我们规定每相电源的正极性分别标记 A、B、C，负极性分别标记为 X、Y、Z。

当电枢逆时针方向等速旋转时，三相绕组中将感应出振幅值相等，频率相同，相位上互差 120°的三相正弦电压 u_A、u_B、u_C，这三个电压称为对称三相电源（balanced three-phase sourses）。

以第一相绕组 AX 产生的电压 u_A 经过零值时作为计时起点，则第二相绕组 BY 产生的电压 u_B 滞后于第一相电压 u_A $\dfrac{1}{3}$ 周期，

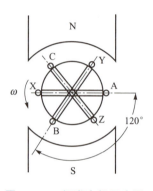

图 5-2 三相发电机示意图

第三相绕组 CZ 产生的电压 u_C 滞后于第一相电压 u_A $\dfrac{2}{3}$ 周期（或超前 $\dfrac{1}{3}$ 周期），它们的解析式为

$$u_A = U_m \sin \omega t$$
$$u_B = U_m \sin (\omega t - 120°)$$
$$u_C = U_m \sin (\omega t + 120°)$$

用相量表示为

$$\dot{U}_A = U\angle 0°$$
$$\dot{U}_B = U\angle -120°$$
$$\dot{U}_C = U\angle +120°$$

图 5-3 是对称三相电源的相量图和波形图。

三相交流电到达振幅值的先后次序称为相序。图 5-3 中，三相电压 u_A、u_B、u_C 依次滞后 120°，三相电压到达振幅值的先后次序为 u_A、u_B、u_C，其相序为 A→B→C→A，称为顺相序。若三相发电机的电枢逆时针旋转，三相电压到达振幅值的先后次序为 u_A、u_C、u_B，其相序为 A→C→B→A，称为逆相序。工程上常用的相序是顺相序，若不加说明，一般都是指顺相序。

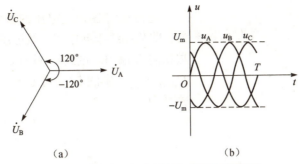

（a）　　　　　　　　　　　　（b）

图 5-3　对称三相电源的相量图和波形图

（a）相量图；（b）波形图

5.1.2　三相电源的连接

三相发电机的每一相绕组都是独立的电源，可以单独接上负载，成为相互独立的三相电路，如图 5-4 所示。它需要六根导线来输送电能，这种接法使用的导线根数太多，所以这种电路实际上是不实用的。

三相电源的三相绕组一般都按两种方式连接起来供电。一种方式是星形（又称 Y 形）连接，一种方式是三角形（又称△形）连接。对三相发电机来说，通常采用星形接法，但三相变压器常采用三角形连接。

三相电源的连接

1. 三相电源的星形连接

通常把发电机三相绕组的末端 X、Y、Z 连接成一点，而把始端 A、B、C 作为与外电路相连接的端点，这种连接方式称为电源的星形（Y 形）连接，如图 5-5 所示。

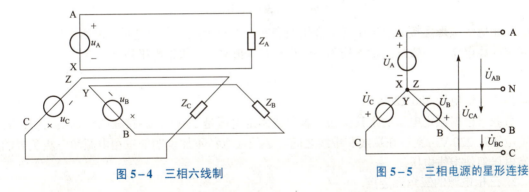

图 5-4　三相六线制　　　　　　　　图 5-5　三相电源的星形连接

在星形接法中，三绕组末端的连接点称作中点（neutral point）或零点，中点 N 的引出线称为中线（或零线）。从始端（A、B、C）引出的三根导线称为端线（俗称火线），它们分别用不同颜色黄、绿、红来标记。这种从电源引出四根线的供电方式称为三相四线制供电方式。

通常低压供电网采用三相四线制。日常生活中见到的只有两根导线的单相供电线路只是其中的一相，是由一根端线和一根中线组成的。

三相四线制供电系统可输送两种电压，一种是端线与中线之间的电压 $\dot{U}_A$、$\dot{U}_B$、$\dot{U}_C$，称为相电压；另一种是端线与端线之间的电压 $\dot{U}_{AB}$、$\dot{U}_{BC}$、$\dot{U}_{CA}$，称为线电压。

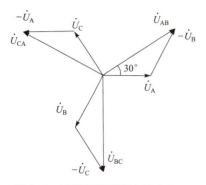

图 5-6　三相电源星形连接时电压

通常规定各相相电压的参考方向从始端指向末端，即从端线指向中线；线电压的参考方向则是由 A 端指向 B 端，B 端指向 C 端，C 端指向 A 端，即 $\dot{U}_{AB}$、$\dot{U}_{BC}$、$\dot{U}_{CA}$。由图 5-5 可知各线电压与相电压之间的关系为

$$\dot{U}_{AB} = \dot{U}_A - \dot{U}_B$$
$$\dot{U}_{BC} = \dot{U}_B - \dot{U}_C$$
$$\dot{U}_{CA} = \dot{U}_C - \dot{U}_A$$

在作相量图时，可先作出三个相电压相量，然后根据上式分别作出三个线电压相量，如图 5-6 所示。

若线电压的有效值用 U_l 表示，相电压的有效值用 U_P 表示，如图 5-6 所示它们的关系为

$$U_l = \sqrt{3} U_P$$

由于是对称三相电源，所以相电压是对称的。如图 5-6 所示，线电压也是对称的，在相位上比相应的相电压超前 30°。

由此得出结论：星形连接的三相电源，当三个相电压对称时，三个线电压也是对称的，线电压的有效值是相电压有效值的 $\sqrt{3}$ 倍。线电压 $\dot{U}_{AB}$ 较相电压 $\dot{U}_A$ 超前 30°，同样 $\dot{U}_{BC}$ 较 $\dot{U}_B$、$\dot{U}_{CA}$ 较 $\dot{U}_C$ 都超前 30°。三个线电压相量所构成的星形位置相当于三个相电压相量所构成的星形位置向逆时针方向旋转了 30°。

$$\dot{U}_{AB} = \sqrt{3}\dot{U}_A\angle 30°$$
$$\dot{U}_{BC} = \sqrt{3}\dot{U}_B\angle 30°$$
$$\dot{U}_{CA} = \sqrt{3}\dot{U}_C\angle 30°$$

三相电源星形连接并引出中线可提供两套对称三相电压，一套是对称的相电压，另一套是对称的线电压。一般低压供电线路的线电压是 380 V，它的相电压是

$$380/\sqrt{3} = 220 \text{ V}$$

常写作"电源电压 380/220 V"。

负载可根据额定电压决定其接法：若负载额定电压是 380 V，就接在两根端线之间；若额定电压是 220 V，就接在端线和中线之间。必须注意：不加说明的三相电源和三相负载的额定电压都是指线电压。

2. 三相电源的三角形连接

将三个电压源的始、末端顺次序相连，即 A 相的相尾 X 和 B 相的相头 B 相连，B 相的相尾 Y 和 C 相的相头 C 相连，C 相的相尾 Z 和 A 相的相头 A 相连，再从三个连接点引出三根端线 A、B、C。这样就构成三角形（△形）连接，如图 5-7 所示。

由图 5-7 可明显地看出，三相电源作三角形连接时，线电压等于对应的相电压，即

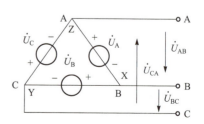

图 5-7　三相电源的三角形连接

$$U_l = U_P$$

电路只能提供一种电压。

由于三相发电机的每相绕组本身的阻抗很小，所以，三相电源作三角形连接时，其闭合回路内的阻抗并不大。但由于闭合回路中的总电压为 0，即

$$\dot{U}_A + \dot{U}_B + \dot{U}_C = 0$$

所以，在负载断开时，电源绕组内并无电流。可是，如果将某一相绕组接反，闭合回路中就会产生很大的电流，将会使三相电源绕组过热，甚至烧毁。通常，三相发电机的三相绕组均作星形连接，很少作三角形连接，而三相变压器则两种接法都有使用。

5.2 对称三相电路的分析

三相交流电路中，三相负载的连接方式有两种：星形连接和三角形连接。星形连接就是把三相负载的一端连接到一个公共点，负载的另一端分别与电源的三个端线相连。三角形连接时，各相负载首尾端依次相连，三个连接点分别和电源的端线相连接。

分析三相电路和分析单相电路一样，首先画出电路图，并标出电压和电流的参考方向，然后应用欧姆定律和基尔霍夫定律找出电压和电流之间的关系。

5.2.1 负载星形接法的三相电路

图 5-8 是三相电源和三相负载都作星形连接的三相四线制电路。荧光灯、彩电、计算机、音响设备等属于单相负载。当这些负载的额定电压是 220 V 时，应接在 380/220 V 的低压供电系统的端线和中线之间。当它们分别接到不同相的端线上时就构成一组三相星形负载。

三相负载的星形连接

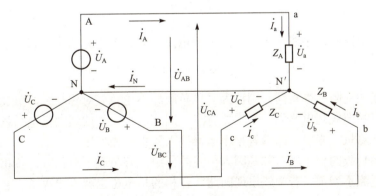

图 5-8　三相负载的星形连接

每相负载的电压称为负载的相电压。负载为星形连接时，负载相电压的参考方向规定自端线指向负载中点 N′，用 u_a，u_b，u_c 表示。若不计输电线上的阻抗，三相四线制电路中，负载的相电压就是电源的相电压，即

$$\dot{U}_a = \dot{U}_A$$

$$\dot{U}_b = \dot{U}_B$$

$$\dot{U}_c = \dot{U}_C$$

负载端的线电压与电源的线电压相等，即

$$\dot{U}_{ab} = \dot{U}_{AB}$$

$$\dot{U}_{bc} = \dot{U}_{BC}$$

$$\dot{U}_{ca} = \dot{U}_{CA}$$

负载端线电压与相电压的关系与电源的星形连接时线电压与相电压的关系类似。即线电压的有效值是相电压有效值的 $\sqrt{3}$ 倍，且超前相应的相电压 $30°$。

每相负载的电流称为相电流（phase current），相电流的参考方向与负载相电压的参考方向关联，用 i_a，i_b，i_c 表示。流过各端线的电流称为线电流（line current），其参考方向是从电源端指向负载端，用 i_A，i_B，i_C 表示。从图 5-8 可以看出，负载星形连接时，线电流和对应的相电流相等，即

$$\dot{I}_A = \dot{I}_a$$

$$\dot{I}_B = \dot{I}_b$$

$$\dot{I}_C = \dot{I}_c$$

把三相四线制电路分成三个单相电路可计算各相电流，即

$$\dot{I}_a = \frac{\dot{U}_A}{Z_A}$$

$$\dot{I}_b = \frac{\dot{U}_B}{Z_B}$$

$$\dot{I}_c = \frac{\dot{U}_C}{Z_C}$$

三相四线制电路中，中线电流等于三个相电流（或线电流）的相量和

$$\dot{I}_N = \dot{I}_a + \dot{I}_b + \dot{I}_c$$

若每相负载的复阻抗都相同，则称为对称负载。不论负载对称与否，负载的相电压总是对称的，这是三相四线制电路的一个重要特点。因此，在三相四线制供电系统中，可以将各种单相负载如计算机、彩电、冰箱等家用电器接入其中一相使用。

不对称三相负载的相电压对称是因为中线的作用。若负载不对称时，各相电流是不对称的，使得中线电流不为零。若中线出现断路，各相的相电压也就不相等了，会导致某相电压的增大，使这相电器可能烧毁。为了防止这类事故发生，在三相四线制供电系统中，规定中线上不允许安装开关或保险丝，有时中线是用钢线做的。

三相电路中若电源对称，负载也对称，则为对称三相电路。对称三相电路中，$Z_A = Z_B = Z_C = Z$，则各相电流为

$$\dot{I}_a = \frac{\dot{U}_A}{Z}$$

$$\dot{I}_b = \frac{\dot{U}_B}{Z}$$

$$\dot{I}_c = \frac{\dot{U}_C}{Z}$$

星形连接对称三相电路负载的相电流 $\dot{I}_a$，$\dot{I}_b$，$\dot{I}_c$ 是对称的，线电流 $\dot{I}_A$，$\dot{I}_B$，$\dot{I}_C$ 也是对称的。若负载对称，则

$$\dot{I}_N = \dot{I}_a + \dot{I}_b + \dot{I}_c = 0$$

中线电流为零说明 N 点和 N′ 点是等电位点，中点断开后负载的相电压和相电流与有中线时一样。故中线可省去，成为三相三线制对称电路。

对称的三相三线制电路中，由于负载相电压是对称的，故可以不考虑电源绕组是星形连接还是三角形连接，就可以根据三相对称由线电压求出负载的相电压。

例 5.1　今有三相对称负载作星形连接，设每相电阻为 $R = 3\ \Omega$，每相感抗为 $X_L = 4\ \Omega$，电源线电压 $\dot{U}_{AB} = 380\angle30°\,\text{V}$，试求各相电流。

解：由于负载对称，只需计算其中一相即可推出其余两相。

$$\dot{U}_a = \dot{U}_A \equiv \frac{\dot{U}_{AB}}{\sqrt{3}\angle30°} = \left(\frac{380\angle30°}{\sqrt{3}\angle30°}\right)\,\text{V} = 220\ \text{V}$$

得

$$\dot{I}_a = \frac{\dot{U}_a}{Z_A} = \frac{\dot{U}_a}{R + jX_L} = \left(\frac{220}{3 + j4}\right)\,\text{A} = 44\angle-53.1°\ \text{A}$$

其余两相电流为

$$\dot{I}_b = (44\angle-53.1°-120°)\,\text{A} = 44\angle-173.1°\ \text{A}$$

$$\dot{I}_c = (44\angle-53.1°+120°)\,\text{A} = 44\angle66.9°\ \text{A}$$

对于星形连接的对称三相电路的分析计算，一般可用单相法按如下步骤求解：

① 不考虑电源绕组是星形连接还是三角形连接，都用星形连接的对称三相电源的线电压等效代替原电路的线电压。

② 用假设中线将电源中点与负载中点连接起来，使电路形成等效的三相四线制电路。

③ 根据三相对称线电压得到负载的相电压，求出一相电路的电压或电流。

④ 再由对称性求出其余两相的电压或电流。

5.2.2　负载三角形接法的三相电路

当三相负载的额定电压等于电源的线电压时，负载应分别接在三条端线之间，这时负载是按三角形方式连接的，如图 5-9 所示。负载三角形连接时不用中线，故不

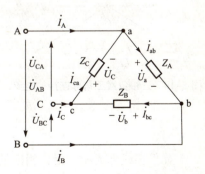

图 5-9　三相负载的三角形连接

177

三相负载的三角形
连接

论负载对称与否均采用三相三线制。

由图5-9可知，三相负载中的每一相直接与电源端线连接，当负载接成三角形时，不论电源是 Y 形连接还是△形连接，负载的相电压都是线电压。有效值关系为 $U_p = U_l$。如果忽略端线的阻抗，则不论三相负载是否对称，每相负载承受的电压（即负载的相电压）等于对应电源的线电压，所以负载的相电压也是对称的。不论负载对称与否，负载的相电压总是对称的。

$$\dot{U}_a = \dot{U}_{AB}$$

$$\dot{U}_b = \dot{U}_{BC}$$

$$\dot{U}_c = \dot{U}_{CA}$$

三角形连接时，各相电流为

$$\dot{I}_{ab} = \frac{\dot{U}_{AB}}{Z_A}$$

$$\dot{I}_{bc} = \frac{\dot{U}_{BC}}{Z_B}$$

$$\dot{I}_{ca} = \frac{\dot{U}_{CA}}{Z_C}$$

线电流为

$$\dot{I}_A = \dot{I}_{ab} - \dot{I}_{ca}$$

$$\dot{I}_B = \dot{I}_{bc} - \dot{I}_{ab}$$

$$\dot{I}_C = \dot{I}_{ca} - \dot{I}_{bc}$$

在三相对称负载的情况下，$Z_A = Z_B = Z_C = Z$，则负载的相电流

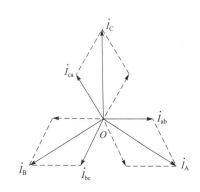

图5-10　三相负载三角形连接的电流

$$\dot{I}_{ab} = \frac{\dot{U}_{AB}}{Z}$$

$$\dot{I}_{bc} = \frac{\dot{U}_{BC}}{Z}$$

$$\dot{I}_{ca} = \frac{\dot{U}_{CA}}{Z}$$

即负载相电流是对称的，相量图如图5-10所示。

由图5-10可得出这样的结论：三相对称负载三角形连接时，三相负载的相电流是对称的，线电流也是对称的，线电流的有效值是相电流有效值的 $\sqrt{3}$ 倍，即

$$I_l = \sqrt{3} I_p$$

显然在线电流相位上比相应的相电流滞后30°。即

$$\dot{I}_A = \sqrt{3} \dot{I}_{ab} \angle -30°$$

$$\dot{I}_B = \sqrt{3}\dot{I}_{bc}\angle-30°$$

$$\dot{I}_C = \sqrt{3}\dot{I}_{ca}\angle-30°$$

分析三角形连接的对称负载时，可先根据三相对称线电压得到负载的相电压，求出一相电路的电压或电流，再由对称性求出其余两相的电压或电流。

例 5.2 三角形连接的三相对称负载接到线电压为 380 V 的供电线路上，每相负载的阻抗 17.32+j10 Ω。试求各相电流和各线电流。

解： 三角形连接时，各负载的相电压等于对应的线电压。

以 $\dot{U}_{AB}$ 为参考相量，相电流

$$\dot{I}_{ab} = \frac{\dot{U}_{AB}}{Z_A} = \left(\frac{380}{17.32+j10}\right) A = \left(\frac{380}{20\angle30°}\right) A = 19\angle-30° A$$

由于负载对称，其余两相的相电流为

$$\dot{I}_{bc} = (19\angle-30°-120°) A = 19\angle-150° A$$

$$\dot{I}_{ca} = (19\angle-30°+120°) A = 19\angle90° A$$

根据负载对称时线电流与相电流的关系，各线电流为

$$\dot{I}_A = \sqrt{3}\dot{I}_{ab}\angle-30° = (\sqrt{3}\times19\angle-30°\times19\angle-30°) A = 33\angle-60° A$$

$$\dot{I}_B = \sqrt{3}\dot{I}_{bc}\angle-30° = (\sqrt{3}\times19\angle-150°\times\angle-30°) A = 33\angle-180° A$$

$$\dot{I}_C = \sqrt{3}\dot{I}_{ca}\angle-30° = (\sqrt{3}\times19\angle90°\times19\angle-30°) A = 33\angle60° A$$

5.3 三相电路的功率

5.3.1 三相电路的有功功率

一个三相电源输出的总有功功率等于每相电源输出的有功功率之和。一个三相负载吸收的总有功功率等于每相负载吸收的有功功率之和，即

$$P = P_A + P_B + P_C$$

每相负载的功率 P_P 等于该相负载的相电压 U_P 乘以相电流 I_P 及相电压与相电流夹角的余弦 φ，即

$$P_P = U_P I_P \cos\varphi$$

因此三相电路的总有功功率

$$P = P_A + P_B + P_C = U_A I_A \cos\varphi_A + U_B I_B \cos\varphi_B + U_C I_C \cos\varphi_C$$

式中 φ_A、φ_B、φ_C 分别是各相的相电压与相电流的相位差。

在对称三相电路中，每相有功功率相同，则三相电路的总有功功率为

$$P = 3U_P I_P \cos\varphi$$

三相电路的功率

当负载为星形连接时，考虑到相电流等于线电流，相电压等于线电压的 $\dfrac{1}{\sqrt{3}}$，则三相电路的总有功功率为

$$P_Y = 3\frac{U_1}{\sqrt{3}}I_1\cos\varphi = \sqrt{3}U_1 I_1\cos\varphi$$

当负载为三角形连接时，考虑到相电压等于线电压，相电流等于线电流的 $\dfrac{1}{\sqrt{3}}$，则三相电路的总有功功率为

$$P_\triangle = 3U_1\frac{I_1}{\sqrt{3}}\cos\varphi = \sqrt{3}U_1 I_1\cos\varphi$$

由此可见，三相负载对称时，无论负载是星形连接还是三角形连接，三相电路的总功率都是相同的。注意：φ 角是负载相电压与负载相电流之间的相位差，又是每相负载的阻抗角和功率因数角，而不是线电压与线电流之间的相位差。

5.3.2 三相电路的无功功率

同理，三相电路的无功功率也等于各相无功功率之和。在对称三相电路中，三相无功功率为

$$Q = 3U_P I_P\sin\varphi = \sqrt{3}U_1 I_1\sin\varphi$$

5.3.3 三相电路的视在功率

三相电路的视在功率为

$$S = \sqrt{P^2 + Q^2} = 3U_P I_P = \sqrt{3}U_1 I_1$$

例 5.3 设三相对称负载 $Z = 6+j8\ \Omega$，接在 380 V 线电压上，试求负载分别为星形（Y）接法和三角形（△）接法时，三相电路的总功率。

解： 每相阻抗

$$Z = 6 + j8\ \Omega = 10\angle53.1°\ \Omega$$

星形（Y）接法时的线电流等于相电流，即

$$I_1 = I_P = \frac{U_P}{|Z|} = \frac{\frac{U_1}{\sqrt{3}}}{10} = \left(\frac{\frac{380}{\sqrt{3}}}{10}\right)\ A = 22\ A$$

则三相总功率为

$$P_Y = \sqrt{3}U_1 I_1\cos\varphi = (\sqrt{3}\times380\times22\cos53.1°)\ W = 8.68\ kW$$

三角形（△）接法时的线电流

$$I_1 = \sqrt{3}I_P = \left(\sqrt{3}\times\frac{380}{10}\right)\ A = 66\ A$$

则三相总功率为

$$P_\Delta = \sqrt{3}U_1I_1\cos\varphi = (\sqrt{3}\times380\times66\cos 53.1°)\ \text{W} = 26\ \text{kW}$$

计算结果表明，在电源不变情况时，同一负载由星形连接改为三角形连接时，功率增加到原来的 3 倍。所以，要使负载正常工作，负载的接法必须正确。若正常工作是星形连接的负载误接成三角形时，将因功率过大而烧毁；若正常工作是三角形连接的负载误接成星形时，则因功率过小而不能正常工作。

知识拓展

电力系统高压架空线路即我们在野外看到的输电线路，一般采用三相三线制，没有中线，三条线路分别代表 A，B，C 三相，三根线可能水平排列，也可能是三角形排列的。对每一相可能是单独的一根线（一般为钢芯铝绞线），也有可能是分裂线（电压等级很高的架空线路中，为了减小电晕损耗和线路电抗，采用分裂导线，多根线组成一相线，一般 2—4 分裂）。

三相四线制中四线指的是通过正常工作电流的三根相线和一根 N 线(中线)，或称零线。不包括不通过正常工作电流的 PE 线（接地线，简称地线）。其中线的作用在于保证负载上的各相电压接近对称，在负载不平衡时不致发生电压升高或降低，若一相断线，其他两相的电压不变。所以在低压供电线路上采用三相四线制。

三相五线制中五线指的是：三根相线加一根地线一根零线。三相五线制比三相四线制多一根专用保护地线，好处就是便于系统实现"漏电保护"！用于安全要求较高，设备要求统一接地的场所。三相五线制的学问就在于多出的这根"地线"上，在比较精密的电子仪器的电网中使用时，如果零线和接地线共用一根线的话，对于电路中的工作零点会有影响，虽然理论上它们都是零电位点，但如果偶尔有一个电涌脉冲冲击到工作零线，比如这种脉冲是因为相线漏电引起的，而零线和地线却没有分开，再如有些电子电路中如果零点飘移现象严重的话，那么电器外壳就可能会带电，可能会损坏电气元件，甚至损坏电器，造成人身危险。

零线和地线的根本差别在于一个构成工作回路，一个起保护作用叫作保护接地；一个回电网，一个回大地，在电子电路中这两个概念是要区别开来的。

先导案例解决

三相交流电由三相发电机产生。三相发电机主要由转子和定子组成，通常大、中型发电机磁极是旋转的，绕组是静止的，而小型发电机绕组是旋转的，磁极是静止的。当转子旋转时，穿过三个绕组中的磁通量发生变化，在三个绕组中产生按正弦规律变化的交流电压。这三个电压振幅相等，频率相同，相位上互差 120°，称为对称三相电源。

● 任务训练 ●

三相电路仿真实验

1. 实验目的

（1）熟悉 Multisim 10 的仿真实验法，熟悉交流信号源、数字万用表的使用方法。

（2）加深理解三相负载星形连接时线电压和相电压、线电流和相电流的关系。

（3）加深对三相四线制供电系统中线作用的理解。

2. 实验内容及步骤

（1）三相对称星形负载的电压、电流测量。

① 双击 Multisim 10 图标，启动 Multisim 10，从电源/信号源库中选取交流信号源，指示器件库中选取小灯泡，基本器件库中打开"SWITCH"选"SPDT"开关，从仪器库中选出万用表，创建如图 5-11 所示电路。

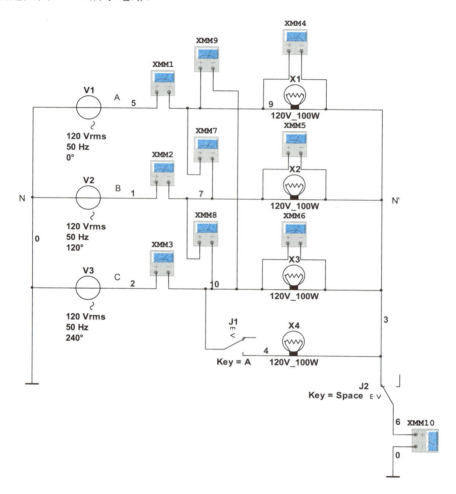

图 5-11   三相负载星形连接仿真实验电路

② 分别双击 3 个交流信号源，单击 V₁ 的"Value"，设置其"Voltage"为 120 V，"Frequency"为 50 Hz，"Phase"为 0°，其他选其默认参数；单击 V₂ 的"Value"，设置其"Voltage"为 120 V，"Frequency"为 50 Hz，"Phase"为 120°，其他选其默认参数；单击 V₃ 的"Value"，设置其"Voltage"为 120 V，"Frequency"为 50 Hz，"Phase"为 240°，其他选其默认参数。

③ 双击万用表 XMM1、XMM2、XMM3、XMM10 图标，在面板上选择"A"和"～"（交流），即万用表 XMM1、XMM2、XMM3、XMM10 所测量的是交流电流值。双击万用表 XMM4～XMM9 图标，在面板上选择"V"和"～"（交流），即万用表 XMM4～XMM9 所测

量的是交流电压值。

④ 将 J_1 断开，J_2 闭合，此时为三相四线制供电（有中线），负载对称，运行仿真按钮，测量线电流、线电压、相电压、中线电流，将测量数据填入表 5－1。

⑤ 将 J_1、J_2 断开，此时为三相三线制供电（无中线），负载对称，运行仿真按钮，测量线电流、线电压、相电压、中线电压（在 N、N'之间加万用表，双击万用表图标，在面板上选择"V"和"～"，即所测量的是交流电压值），将测量数据填入表 5－1。

表 5－1　三相对称星形负载的电压、电流测量数据表

分类	项目	线电压/V			相电压/V			线电流/A			$I_{\text{N'N}}$/A	$U_{\text{N'N}}$/V
		U_{AB}	U_{BC}	U_{CA}	U_a	U_b	U_c	I_a	I_b	I_c		
负载对称	有中线											
	无中线											

（2）三相不对称星形负载的电压、电流测量。

① 将 J_1、J_2 闭合，此时为三相四线制供电（有中线），负载不对称，运行仿真按钮，测量线电流、线电压、相电压、中线电流，将测量数据填入表 5－2。

② 将 J_1 闭合、J_2 断开，此时为三相三线制供电（无中线），负载不对称，运行仿真按钮，测量线电流、线电压、相电压、中线电压（在 N、N'之间加万用表，双击万用表图标，在面板上选择"V"和"～"，即所测量的是交流电压值），将测量数据填入表 5－2。

表 5－2　三相不对称星形负载的电压、电流测量数据表

分类	项目	线电压/V			相电压/V			线电流/A			$I_{\text{N'N}}$/A	$U_{\text{N'N}}$/V
		U_{AB}	U_{BC}	U_{CA}	U_a	U_b	U_c	I_a	I_b	I_c		
负载不对称	有中线											
	无中线											

3. 实验报告要求

（1）实验的名称、时间、目的、电路和内容。

（2）整理表 5－1 测量数据，分析测量的线电压、相电压、线电流关系，并与理论值进行比较；分析中线作用。

（3）整理表 5－2 测量数据，分析测量的线电压、相电压、线电流关系，并与理论值进行比较；分析中线作用。

本章小结
BENZHANGXIAOJIE

1. 对称三相电源

对称三相电源是指振幅值相等、频率相同、相位互差 120°的三个电压。

$$\dot{U}_A = U\angle 0°, \quad \dot{U}_B = U\angle -120°, \quad \dot{U}_C = U\angle +120°$$

2. 对称三相电源的连接

（1）对称三相电源作星形连接。

① 三相四线制时有中线，可提供线电压和相电压两组电压。线电压比相应的相电压超前30°，其值是相电压的 $\sqrt{3}$ 倍，即

$$\dot{U}_{AB} = \sqrt{3}\dot{U}_A\angle 30°, \ \dot{U}_{BC} = \sqrt{3}\dot{U}_B\angle 30°, \ \dot{U}_{CA} = \sqrt{3}\dot{U}_C\angle 30°$$

② 三相三线制，无中线，只提供一组电压。

（2）对称三相电源作三角形连接。

只能是三相三线制，提供一组电压。线电压等于电源的相电压。

3. 三相负载的连接

（1）三相负载作星形连接。

① 三相负载作三相四线制星形连接，每相负载的相电压对称，负载的相电压为对应的电源相电压。

② 三相负载作星形连接时，线电流等于对应的各相负载的相电流。若三相负载对称，则相电流三相对称，线电流也三相对称。

$$\dot{I}_a = \frac{\dot{U}_A}{Z_A}, \quad \dot{I}_b = \frac{\dot{U}_B}{Z_B}, \quad \dot{I}_c = \frac{\dot{U}_C}{Z_C}$$

③ 中线电流等于各线电流之和。若负载对称，则中线电流等于零；若负载不对称，则中线电流不为零。因此，对称负载作星形连接时，中线可以不接，即可以采用三相三线制，不对称负载作星形连接时，应采用三相四线制。中线的作用是：保证每相负载的电压为电源的相电压，保证负载电压对称，不会因负载不对称而引起负载电压发生变化，保证三相负载正常工作。

$$\dot{I}_N = \dot{I}_a + \dot{I}_b + \dot{I}_c$$

（2）三相负载作三角形连接。

三相负载接成三角形，供电电路只需三相三线制，每相负载的相电压等于电源的线电压。无论负载是否对称，只要线电压对称，每相负载相电压也对称。

$$\dot{I}_{ab} = \frac{\dot{U}_{AB}}{Z_A}, \ \dot{I}_{bc} = \frac{\dot{U}_{BC}}{Z_B}, \ \dot{I}_{ca} = \frac{\dot{U}_{CA}}{Z_C}$$

对于对称三相负载，线电流为相电流的 $\sqrt{3}$ 倍，线电流比相应的相电流滞后30°。

$$\dot{I}_A = \sqrt{3}\dot{I}_{ab}\angle -30°, \ \dot{I}_B = \sqrt{3}\dot{I}_{bc}\angle -30°, \ \dot{I}_C = \sqrt{3}\dot{I}_{ca}\angle -30°$$

4. 对称三相电路的功率

对于对称三相电路

$$P = 3U_P I_P\cos\varphi = \sqrt{3}U_l I_l\cos\varphi$$

$$Q = 3U_P I_P\sin\varphi = \sqrt{3}U_l I_l\sin\varphi$$

$$S = \sqrt{P^2 + Q^2} = \sqrt{3}U_l I_l$$

习　题

5.1　一对称三相电源，已知 $\dot{U}_A=220\angle150$ V，求 $\dot{U}_B$、$\dot{U}_C$，并画相量图。

5.2　一组对称电流中的 $\dot{I}_A=10\angle-30°$ A，试写出（1）i_A、i_B 和 i_C；（2）$\dot{I}_B+\dot{I}_C$；（3）求 $\dot{I}_A+\dot{I}_B+\dot{I}_C$；（4）作相量图。

5.3　星形连接的发电机的线电压为 6 300 V，试求每相的电压，当发电机的绕组连接成三角形时，问发电机的线电压是多少。

5.4　发电机是星形接法，负载也是星形接法，发电机的相电压 $U_P=1\,000$ V，负载每相均为 $R=50\ \Omega$，$X_L=25\ \Omega$。试求：（1）相电流；（2）线电流；（3）线电压；（4）画出负载电压、电流的相量图。

5.5　三相四线制电路中，电源电压 $\dot{U}_{AB}=380\angle0°$ V，三相负载都是 $Z=10\angle53°\ \Omega$，求各相电流。

5.6　线电压为 380 V 的三相四线制电路中，对称 Y 形连接的负载，每相复阻抗 $Z=30+j40\ \Omega$，试求负载的相电流和中线电流，并作相量图。

5.7　有一台相电压为 220 V 的三相发电机和一组对称三相负载，若负载的额定相电压为 380 V，试画接线图。

5.8　对称三角形连接的负载，每相复阻抗 $Z=160+j120\ \Omega$，接到电压为 380 V 的三相电源上，试求相电流和线电流，并作相量图。

5.9　对称三角形负载中，已知线电流 $\dot{I}_B=2\angle0°$ A，试写出 $\dot{I}_A$、$\dot{I}_C$、$\dot{I}_{ab}$、$\dot{I}_{bc}$、$\dot{I}_{ca}$，并作相量图。

5.10　在三相对称电路中，电源的线电压为 380 V，每相负载电阻 $R=10\ \Omega$，试求负载作星形和三角形连接时的线电流和相电压。

5.11　连接成星形的对称负载，接在一对称的三相电压上，线电压为 380 V，负载每相阻抗 $Z=8+j6\ \Omega$。求负载的每相的电压、电流和功率。

5.12　一个 3 kW 的三相电动机，绕组为星形连接，接在 $U_1=380$ V 的三相电源上，$\lambda=\cos\varphi=0.8$，试求负载的相电压及相电流。

5.13　三相电动机接于 380 V 线电压上运行，测得线电流为 10 A，功率因数为 0.866，求电动机的功率。

5.14　对称三相感性负载在线电压为 380 V 的三相电源作用下，通过的线电流为 8.6 A，输入功率 5 kW，求负载的功率因数。

5.15　一台三相变压器的电压为 6 600 V，电流为 40 A，功率因数为 0.9，试求它的有功功率、无功功率和视在功率。

5.16　对称三相电路的线电压 $U_1=380$ V，负载阻抗 $Z=12+j16\ \Omega$。试求：

（1）星形连接时的线电流和负载吸收的总功率；

（2）三角形连接时的线电流、相电流和负载吸收的总功率；

（3）比较（1）和（2）两项的结果能得到什么结论？

5.17　一台三相电动机的总功率 $P = 3.5$ kW，线电压 $U_1 = 380$ V，线电流 $I_1 = 6$ A，试求它的功率因数 $\cos \varphi$。

5.18　一台三相异步电动机正常运行时作Δ形连接，为了减小它的起动电流，经常采用 $Y-\Delta$ 起动设备，起动时通过 $Y-\Delta$ 起动设备先将定子绕组接成 Y 形，当接近额定转速时再改接成Δ形运行，试求 Y 形连接的起动电流与Δ形连接的起动电流的比值。

第6章

谐 振 电 路

本章知识点

1. 掌握串联谐振电路的谐振条件、谐振特性
2. 掌握并联谐振电路的谐振条件、谐振特性
3. 了解谐振的应用

先导案例

大家都用过收音机（如图 6-1 所示），普通收音机如何调台？调台时到底调的是什么？为什么有的收音机噪音大，而有的却很小呢？为什么有时会听到几个电台同时广播？收音机内部结构如图 6-2 所示。

图6-1　收音机外观图 　　　　　　　图6-2　收音机内部结构

谐振是交流电路中的一种特殊现象，在电工和无线电技术中有着非常广泛的应用，但另一方面，在电力配电系统中发生谐振时又可能破坏系统的正常工作状态，必须加以避免。所以，对某个频率上发生谐振现象的电路即谐振电路的研究有重要的实际意义。

6.1 串联谐振电路

6.1.1 串联谐振的条件

串联谐振的条件

由电感线圈和电容串联而组成的谐振电路称为串联谐振电路，如图6-3所示。其中 R 为电感线圈本身的电阻、$\dot{U}_S$ 为电压源电压，ω 为电源角频率。

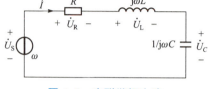

图6-3 串联谐振电路

根据交流电路的欧姆定律，电压源电压 $\dot{U}_S$ 与电路的电流 $\dot{I}$ 之间的关系为

$$\dot{I} = \frac{\dot{U}_S}{Z} \tag{6.1}$$

Z 为该电路的复阻抗

$$Z = R + j\left(\omega L - \frac{1}{\omega C}\right) = R + j(X_L - X_C) = R + jX = |Z| \angle \varphi$$

式中 $X = \omega L - 1/\omega C$。故得 Z 的模和辐角分别为

$$|Z| = \sqrt{R^2 + X^2} = \sqrt{R^2 + \left(\omega L - \frac{1}{\omega C}\right)^2} \tag{6.2}$$

$$\varphi = \psi_u - \psi_i = \arctan\frac{X}{R} = \arctan\frac{\omega L - \dfrac{1}{\omega C}}{R} \tag{6.3}$$

由式（6.2）、式（6.3）可见，当 $X = \omega L - \dfrac{1}{\omega C} = 0$ 时，即有 $\varphi = 0$，即 $\dot{I}$ 与 $\dot{U}_S$ 同相，我们通常认为此时电路发生了串联谐振（series resonance）。因此，串联电路发生谐振的条件为

$$X = \omega L - \frac{1}{\omega C} = 0$$

由电路发生谐振的条件可得谐振时的角频率为

$$\omega = \omega_0 = \frac{1}{\sqrt{LC}} \tag{6.4}$$

因为 ω_0 只由电路本身的参数 L，C 所决定，所以把 ω_0 称为电路的固有谐振角频率，简称谐振角频率。电路的谐振频率则为

$$f_0 = \frac{\omega_0}{2\pi} = \frac{1}{2\pi\sqrt{LC}} \tag{6.5}$$

6.1.2 串联谐振电路的特性阻抗和品质因数

电路在谐振时的复阻抗称为谐振阻抗，用 Z_0 表示。由于谐振时的电抗 $X=0$，故得到谐振阻抗 $Z_0 = R$。可见 Z_0 为纯电阻，此时 Z_0 值为最小。

因为谐振时 $\omega_0 = \dfrac{1}{\sqrt{LC}}$，所以谐振时的感抗和容抗分别为

$$X_{L0} = \omega_0 L = \frac{1}{\sqrt{LC}} L = \sqrt{\frac{L}{C}} = \rho \tag{6.6}$$

$$X_{C0} = \frac{1}{\omega_0 C} = \sqrt{\frac{L}{C}} = \rho \tag{6.7}$$

也就是说，谐振时的感抗 X_{L0} 和容抗 X_{C0} 相等并等于电路的特性阻抗（characteristic impedance）。特性阻抗用 ρ 表示，单位为Ω。可见 ρ 只与电路参数 L，C 有关，而与 ω 无关。

在谐振电路分析时，常用品质因数（quality factor）来衡量谐振电路的性质。品质因数用 Q 表示，定义 Q 为特性阻抗 ρ 与电路的总电阻 R 之比，即

$$Q = \frac{\rho}{R} = \frac{\omega_0 L}{R} = \frac{1}{\omega_0 CR} \tag{6.8}$$

在实际工程中，Q 值一般在 $10\sim500$ 之间。

6.1.3　串联谐振电路的特性

串联谐振电路的特性

串联谐振电路在谐振时有如下特性。

（1）电压电流同相，即 $\varphi = \psi_u - \psi_i = 0$。电流 I 的幅值达到最大值，此时的电流 I_0 称为谐振电流，即

$$I = I_0 = \frac{U_S}{R} \tag{6.9}$$

（2）谐振阻抗 Z_0 为纯电阻，其值为最小，即 $Z_0 = R$。

（3）谐振时 L 和 C 两端均可能出现高电压，即

$$\left.\begin{array}{l} U_{L0} = I_0 X_{L0} = U_S \dfrac{X_{L0}}{R} = Q U_S \\[2mm] U_{C0} = I_0 X_{C0} = U_S \dfrac{X_{C0}}{R} = Q U_S \end{array}\right\} \tag{6.10}$$

可见当 $Q \gg 1$ 时，即有 $U_{L0} = U_{C0} \gg U_S$，故串联谐振又称为电压谐振（voltage resonance）。这种出现高电压的现象，在无线电和电子工程中极为有用，但在电力工程中却表现为有害，应予以防止。

由式（6.10），又可得到 Q 的另一表示式和物理意义，即

$$Q = \frac{U_{L0}}{U_S} = \frac{U_{C0}}{U_S} \tag{6.11}$$

（4）谐振时电路中 L 和 C 两端的电压大小相等，相位相反，相互抵消。故有 $\dot{U}_S = \dot{U}_R$。

6.1.4　串联谐振电路的谐振曲线

串联谐振电路的谐振曲线

如图 6-3 所示串联谐振电路，当电压源的频率变化时，电路中的电流、

电压、阻抗都将随频率变化而变化，这种随频率变化的关系称为频率特性。其中表明电流、电压与频率关系的曲线称为谐振曲线。

1. 频率特性曲线

如图 6-3 所示串联谐振电路，它的复阻抗为

$$Z = R + j\left(\omega L - \frac{1}{\omega C}\right) = |Z| \angle \varphi$$

它的幅频特性和相频特性分别为

$$|Z(\omega)| = \sqrt{R^2 + \left(\omega L - \frac{1}{\omega C}\right)^2} \tag{6.12}$$

$$\varphi(\omega) = \arctan \frac{\omega L - 1/\omega C}{R} \tag{6.13}$$

相应的幅频特性曲线和相频特性曲线如图 6-4 所示。

由图 6-4 可以看出，当 $\omega = \omega_0$ 时，阻抗为纯电阻且阻抗值最小。

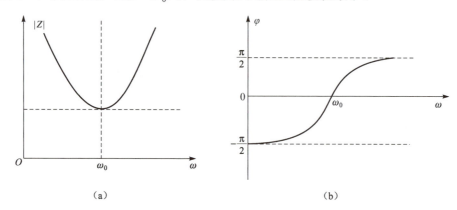

（a） （b）

图 6-4 串联谐振电路的频率特性曲线

2. 电流谐振曲线

如图 6-3 所示串联谐振电路中，回路电流为

$$\dot{I} = \frac{\dot{U}_S}{Z}$$

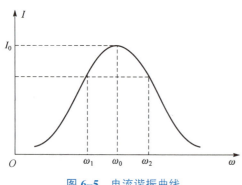

图 6-5 电流谐振曲线

它的有效值为

$$I = \frac{U_S}{|Z|} \tag{6.14}$$

由图 6-4 和式（6.14）可以看出，$|Z|$ 随 ω 变化，导致回路电流有效值的大小亦随 ω 变化而变化。串联谐振回路中电流有效值大小随电源频率变化的曲线称为串联谐振回路的电流幅频曲线，又称电流谐振曲线（resonance curve）。如图 6-5 所示即为 RLC 串联谐振电路的电流谐振曲线。

从图 6-5 可以看出，当 $\omega = \omega_0$ 时，回路电流达到最大值，即 $I = I_0 = \dfrac{U_S}{R}$。当 ω 偏离 ω_0 时，电流下降。

3. 通用电流谐振曲线

将式（6.12）代入式（6.14）可得

$$
\begin{aligned}
I &= \frac{U_S}{\sqrt{R^2 + \left(\omega L - \dfrac{1}{\omega C}\right)^2}} \\
&= \frac{U_S}{R\sqrt{1 + \left[\dfrac{\omega_0 L}{R}\left(\dfrac{\omega}{\omega_0} - \dfrac{\omega_0}{\omega}\right)\right]^2}} \\
&= \frac{I_0}{\sqrt{1 + Q^2\left(\dfrac{\omega}{\omega_0} - \dfrac{\omega_0}{\omega}\right)^2}}
\end{aligned}
$$

再整理得

$$
\begin{aligned}
\frac{I}{I_0} &= \frac{1}{\sqrt{1 + Q^2\left(\dfrac{\omega}{\omega_0} - \dfrac{\omega_0}{\omega}\right)^2}} \\
&= \frac{1}{\sqrt{1 + Q^2\left(\dfrac{f}{f_0} - \dfrac{f_0}{f}\right)^2}}
\end{aligned}
\qquad (6.15)
$$

根据式（6.15），并以 ω/ω_0 为自变量、以 I/I_0 为因变量、以不同品质因数 Q 为参变量作出的谐振曲线称为通用电流谐振曲线，如图 6-6 所示。由图 6-6 可以看出，Q 值高，曲线就尖锐；Q 值低，曲线就平坦。即曲线的尖锐度与 Q 值成正比。

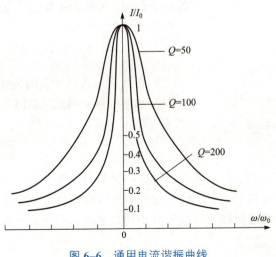

图 6-6　通用电流谐振曲线

6.1.5　串联谐振电路的选择性与通频带

1. 串联谐振电路的选择性

谐振电路的选择性是用来描述电路选择有用电信号能力的指标。在图 6-7 中，设电路的固有谐振频率为 ω_0（调节电容 C 使电路发生谐振），当 R、L、C 串联电路中接入许多不同频率的电压信号时，电路会对不同频率的信号进行选择。很明显，频率信号为 ω_2 的信号使电路发生谐振，从而使电路中的电流达到最大值（谐振电流），而频率为 ω_1 和 ω_3 电信号在电路中产生的电流很小，其输出电压当然也小。这就达到了选择有用电信号 ω_2 的目的。且从图 6-6 可知，相同角频率 ω 时，电路的 Q 值越高，频率特性的相对幅值就越低，说明电路的 Q 值越高，频率特性就越尖锐，因而选择性也就越好。

2. 通频带

工程中为了定量地衡量选择性，常用通频带来说明谐振电路选择性的好坏。

（1）定义。

当电源的 ω（或 f）变化时，使电流 $I \geqslant 0.707I_0$（或使 I 衰减 3 dB）的频率范围称为电路的通频带（pass-band）并以 B_w 表示，如图 6-8 所示。

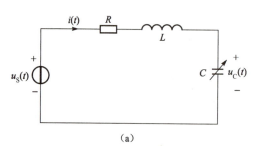
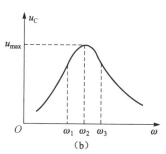

（a）　　　　　　　　　　　　　（b）

图 6-7　串联谐振电路的选择性

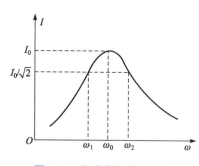

图 6-8 中，当 I 下降到 I_0 的 $1/\sqrt{2} \approx 0.707$ 时的角频率分别为 ω_1 和 ω_2，对应的频率分别为 f_1 和 f_2，其中 f_1 称为下限截止频率，f_2 称为上限截止频率。

由定义可知

$$B_\mathrm{w} = f_2 - f_1 = \Delta f \qquad (6.16)$$

（2）通频带与回路参数的关系。

根据通频带定义对式（6.15）进一步推导可得

图 6-8　电路通频带的定义

$$B_\mathrm{w} = f_2 - f_1 = \frac{f_0}{Q} \qquad (6.17)$$

可见，通频带 B_w 与品质因数 Q 值成反比，Q 越高谐振曲线越尖锐，通频带就越窄，回路的选择性就越强。但通频带过窄，信号通过谐振回路容易产生幅度失真，所以 Q 值并不是越大越好，应保证信号通过回路后幅度失真不超过允许的范围，在此前提下，尽可能提高回路的选择性。

6.1.6　电压源内阻及负载电阻的影响

若考虑电压源内阻 R_S 并接入负载 R_L 后，电路如图 6-9 所示，则 R_S、R_L 将对电路的品质因数、通频带产生影响。

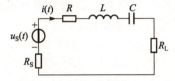

图 6-9　考虑 R_s 和 R_L 后的串联谐振电路

根据前面已推导出的公式，可以得出考虑 R_S 和 R_L 后，电路的品质因数为

$$Q_L = \frac{\omega_0 L}{R + R_S + R_L}$$

此时的 Q_L 称为有载品质因数，而未考虑 R_S 和 R_L 时的 Q 值称为无载或空载品质因数，并用 Q_0 表示，且有 $Q_0 = \dfrac{\omega_0 L}{R}$。

也就是说，考虑电压源内阻 R_S 并接入负载 R_L 后，品质因数会减小、通频带会增大，回路的选择性降低。

所以，串联谐振回路适用于低内阻的电源，内阻越小，对谐振回路的影响就越小，回路的选择性就越好。

例 6.1　某串联谐振电路，已知 $L = 500\ \mu H$，$C = 2\ 000\ pF$，$Q = 50$，电源电压有效值 $U_S = 100\ mV$，试求电路的谐振频率 f_0，谐振时的电流 I_0 和电容上的电压 U_C。

解：

$$f_0 = \frac{1}{2\pi\sqrt{LC}} = \left(\frac{1}{2\pi\sqrt{500\times10^{-6}\times2\ 000\times10^{-12}}}\right) MHz = 0.159\ MHz$$

因为

$$Q = \frac{1}{R}\sqrt{\frac{L}{C}}$$

所以

$$R = \frac{1}{Q}\sqrt{\frac{L}{C}} = \left(\frac{1}{50}\sqrt{\frac{500\times10^{-6}}{2\ 000\times10^{-12}}}\right) \Omega = 10\ \Omega$$

谐振时的电流

$$I_0 = \frac{U_S}{R} = \left(\frac{100\times10^{-3}}{10}\right) mA = 10\ mA$$

谐振时电容上的电压

$$U_C = QU_S = (50\times100\times10^{-3})\ V = 5\ V$$

6.2　并联谐振电路

串联谐振电路适用于内阻较小的信号源。若信号源内阻较大，将会使电路的品质因数严重降低，选择性变差，此时应采用并联谐振电路。

6.2.1　并联谐振的条件

由电感线圈和电容器相并联构成的谐振电路称并联谐振电路，如图 6-10 所示。其中电感线圈用 R 和 L 的串联组合来表示（R 为线圈本身的电阻），电容器损耗较小，只用电容 C 表示，$\dot{I}_\mathrm{S}$ 为理想电流源，$\dot{U}$ 为电路的端电压。同串联谐振一样，当端电压 $\dot{U}$ 和电流 $\dot{I}_\mathrm{S}$ 同相时，电路达到并联谐振状态。

并联谐振的条件

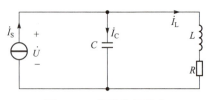

图 6-10　并联谐振电路

图 6-10 所示电路中，$\dot{U} = \dot{I}_\mathrm{S} Z$。$Z$ 为并联电路的复阻抗，即

$$Z = \frac{(R + \mathrm{j}\omega L)\dfrac{1}{\mathrm{j}\omega C}}{R + \mathrm{j}\left(\omega L - \dfrac{1}{\omega C}\right)}$$

由于 R 很小，在电子技术中使用的并联谐振电路，一般有 $\omega L \gg R$。故上式可简化成

$$Z = \frac{\mathrm{j}\omega L \dfrac{1}{\mathrm{j}\omega C}}{R + \mathrm{j}\left(\omega L - \dfrac{1}{\omega C}\right)} = \frac{\dfrac{L}{C}}{R + \mathrm{j}X} = \frac{\rho^2}{R + \mathrm{j}X} \tag{6.18}$$

其中 $X = \omega L - \dfrac{1}{\omega C}$ 为并联回路的总电抗，$\rho = \sqrt{L/C}$ 为并联回路的特性阻抗。

由式（6.18）可知，当 $X = \omega L - \dfrac{1}{\omega C} = 0$ 时，有 $Z = Z_0 = \dfrac{\rho^2}{R} = \dfrac{L}{RC} = Q\rho = Q^2 R$，其中 $Q = \dfrac{\rho}{R} = \dfrac{\sqrt{L/C}}{R}$ 为并联回路的品质因数。

此时，Z_0 为一纯电阻，$\dot{U}$ 与 $\dot{I}_\mathrm{S}$ 相同，电路发生谐振。

因此 $\omega L \gg R$ 时，并联电路达到谐振的条件与串联电路相同，谐振角频率和频率分别为

$$\omega_0 = \frac{1}{\sqrt{LC}} \tag{6.19}$$

$$f_0 = \frac{1}{2\pi\sqrt{LC}} \tag{6.20}$$

同时，特征阻抗、品质因数与谐振阻抗又可写为

$$\rho = \sqrt{\frac{L}{C}} = \omega_0 L = \frac{1}{\omega_0 C} \tag{6.21}$$

$$Q = \frac{\rho}{R} = \frac{\omega_0 L}{R} = \frac{\frac{1}{\omega_0 C}}{R} \tag{6.22}$$

$$Z_0 = \frac{\rho^2}{R} = \frac{(\omega_0 L)^2}{R} = \frac{\left(\frac{1}{\omega_0 C}\right)^2}{R} \tag{6.23}$$

可见 ω_0、ρ、Q、Z_0 的定义均与串联谐振电路的相同，而 Z_0 的计算公式不同。

6.2.2 并联谐振电路的特性

① 谐振阻抗 Z 达到最大值，且为纯电阻，即 $Z_0 = Z_{max} = \dfrac{L}{RC}$，当 R 趋近于 0 时，$Z_0 \to \infty$，所以纯电感和纯电容并联谐振时，端口相当于开路。在外加电压一定时，$I = \dfrac{U}{Z_0} = I_{min}$，总电流最小。

并联谐振电路的特性

② $\dot{I}_s$ 与 $\dot{U}$ 近似同相（由于忽略了 R），输出电压 U 达到最大值 U_0，即

$$U_0 = I_s Z_0 = I_s Q \rho$$

③ 电感与电容支路中的电流 I_{C0} 与 I_{L0} 均比 I_s 大 Q 倍，即

$$I_{L0} = \frac{U_0}{\sqrt{R^2 + (\omega_0 L)^2}} \approx \frac{U_0}{\omega_0 L} = Q I_s$$

$$I_{C0} = \frac{U_0}{\frac{1}{\omega_0 C}} = Q I_s$$

可见 $I_{L0} = I_{C0} = Q I_s$。 \qquad\qquad (6.24)

故当 $Q \gg 1$ 时，就有 $I_{L0} = I_{C0} \gg I_s$。故并联谐振又称为电流谐振（current resonance）。

④ 谐振时电路的相量图如图 6-11 所示。可见此时 $\dot{I}_{L0}$ 与 $\dot{I}_{C0}$ 近似大小相等，相位相反，而 $\dot{I}_s$ 与 $\dot{U}_0$ 同相。

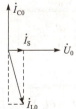

图 6-11 并联谐振电路谐振时的相量图

6.2.3 并联谐振电路的谐振曲线

并联谐振电路的谐振曲线

1. 阻抗的幅频特性

下面讨论阻抗的幅值与频率之间的关系，由阻抗公式可以得到

$$Z = \frac{\dfrac{L}{C}}{R + j\left(\omega L - \dfrac{1}{\omega C}\right)} = \frac{\dfrac{\rho^2}{R}}{1 + j\dfrac{1}{R}\left(\omega L - \dfrac{1}{\omega C}\right)}$$

$$= \frac{Z_0}{1 + j\dfrac{\omega_0 L}{R}\left(\dfrac{\omega}{\omega_0} - \dfrac{\omega_0}{\omega}\right)} = \frac{Z_0}{1 + jQ\left(\dfrac{\omega}{\omega_0} - \dfrac{\omega_0}{\omega}\right)}$$

$$|Z| = \frac{Z_0}{\sqrt{1 + Q^2\left(\dfrac{\omega}{\omega_0} - \dfrac{\omega_0}{\omega}\right)^2}} = \frac{Z_0}{\sqrt{1 + Q^2\left(\dfrac{f}{f_0} - \dfrac{f_0}{f}\right)^2}} \qquad (6.25)$$

$$\frac{|Z|}{Z_0} = \frac{1}{\sqrt{1 + Q^2\left(\dfrac{\omega}{\omega_0} - \dfrac{\omega_0}{\omega}\right)^2}} = \frac{1}{\sqrt{1 + Q^2\left(\dfrac{f}{f_0} - \dfrac{f_0}{f}\right)^2}} \qquad (6.26)$$

根据式（6.25）、式（6.26）可画出其阻抗的幅频特性曲线如图 6-12 所示。

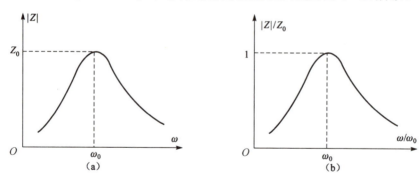

图 6-12　并联谐振电路的阻抗幅频特性曲线

2. 电压谐振曲线

图 6-10 中，端电压 $\dot{U} = \dot{I}_S Z$，其有效值为

$$U = I_S |Z| = \frac{U_0}{\sqrt{1 + Q^2\left(\dfrac{\omega}{\omega_0} - \dfrac{\omega_0}{\omega}\right)^2}} = \frac{U_0}{\sqrt{1 + Q^2\left(\dfrac{f}{f_0} - \dfrac{f_0}{f}\right)^2}}$$

$$\frac{U}{U_0} = \frac{1}{\sqrt{1 + Q^2\left(\dfrac{\omega}{\omega_0} - \dfrac{\omega_0}{\omega}\right)^2}} = \frac{1}{\sqrt{1 + Q^2\left(\dfrac{f}{f_0} - \dfrac{f_0}{f}\right)^2}} \qquad (6.27)$$

根据式（6.27）可画出其端电压的幅频特性曲线即并联谐振电路的电压谐振曲线如图 6－13 所示。

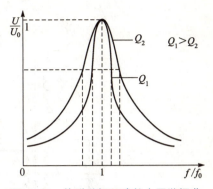

图 6－13　并联谐振回路的电压谐振曲线

6.2.4　并联谐振电路选择性与通频带

由图 6－13 可以看出，谐振时输出电压 U 的值为最大值 U_0，故并联谐振也具有选择性，而且电路的 Q 值越高，选择性就越好。

并联谐振电路通频带的定义与串联谐振电路通频带的定义相同，规定输出的电压 $U \geqslant U_0 / \sqrt{2}$ 的频率范围称为通频带 $B_\mathrm{w} = f_2 - f_1 = \Delta f$。令

$$U = \frac{U_0}{\sqrt{1 + Q^2 \left(\dfrac{f}{f_0} - \dfrac{f_0}{f} \right)^2}} = \frac{U_0}{\sqrt{2}} \tag{6.28}$$

由式（6.28）可求得通频带为

$$B_\mathrm{w} = f_2 - f_1 = \frac{f_0}{Q} \tag{6.29}$$

可见与串联谐振电路相同，并联谐振回路同样存在通频带与选择性的矛盾，实际电路应根据需要选取参数。

6.2.5　电源内阻及负载电阻的影响

若考虑电流源内阻 R_S 并接入负载 R_L 后的并联谐振电路如图 6－14 所示，则 R_S 和 R_L 将对电路的品质因数、通频带产生影响。

从图 6－14 可以看出，电源内阻及负载对并联谐振回路具有分流作用，使得并联谐振回路的端电压随回路阻抗的变化减小，导致电压谐振曲线变得平坦，品质因数 Q 降低，通频带展宽，选择性变差。

图 6－14　考虑 R_S 及 R_L 后的
并联谐振回路

*6.3　谐振电路的应用

6.3.1　串联谐振电路的应用

在无线电接收设备中，常用串联谐振作为输入调谐电路，用来接收相应频率信号。图 6－15 是收音机输入调谐电路，L_1 为接收天线，实际线圈 L_2 与可调电容 C 组成串联谐振电路选出所需的电台，L_3 是将选择的信号送接收电路的电感线圈，e_1、e_2 和 e_3 为接收天线 L_1 感应出的来自三个不同电台（不同频率）的电动势信号。

串联谐振电路的应用

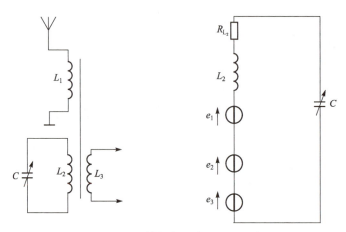

图 6−15　某收音机输入调谐电路

如果要收听 e_1 频段节目，可以通过调节可调电容 C 使电路的谐振频率和 e_1 频段的频率 f_{e1} 相等，即利用 $f_{e1} = \dfrac{1}{2\pi\sqrt{L_2C}}$ 可得所需电容 C 的容量，将电容 C 调到该值，使输入调谐回路对 e_1 频段节目发生谐振，则在输入调谐回路中该频段信号电流最大，在电感线圈 L_3 两端就会得到最高的输出电压送到接收电路，经解调、放大，就能听到 e_1 频段节目。

例 6.2　某收音机的输入回路可以简化为 RLC 串联电路，已知 $L = 300\ \mu H$，现欲收听江苏新闻台 702 kHz 和无锡新闻台 585 kHz，试求对应的电容 C 的值。

解：根据 $\omega_0 = \dfrac{1}{\sqrt{LC}}$，$f_0 = \dfrac{1}{2\pi\sqrt{LC}}$

所以，电容　$C = \dfrac{1}{(2\pi f_0)^2 L}$

解得：江苏新闻台 $C =180$ pF；无锡新闻台 $C=160$ pF。

6.3.2　并联谐振电路的应用

在工程实际应用中，并联谐振电路可以用来进行选频、滤波。图 6−16 是并联谐振阻抗与电流特性曲线，从图中可以看出，当并联谐振电路发生谐振时，阻抗最大，而电流最小。利用其谐振时阻抗最大这一特性，常把并联谐振回路作为调谐放大器的负载；而利用电流最小这一特性，把并联谐振回路用作滤波电路。

并联谐振电路的应用

在图 6−17 中，电路中有三个不同频率的电压源，如果要滤除电压源 e_1 的电信号，那么只要调整电容 C，使得 L 和 C 组成的并联谐振频率与电压源 e_1 的频率 f_{e1} 相同即可，即

$$f_0 = f_{e1} = \frac{1}{2\pi\sqrt{LC}}。$$

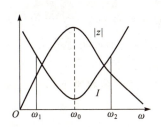

图 6-16　并联电路阻抗与电流特性曲线

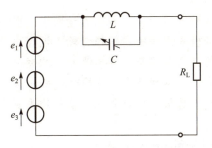

图 6-17　并联谐振电路滤波

例 6.3　在图 6-18 电路中,已知 $L = 100$ mH,输入信号中含有 $f_0 = 100$ Hz,$f_1 = 500$ Hz,$f_2 = 1$ kHz 的三种频率信号,若要将 f_0 频率的信号滤去,则应选多大的电容?

解: 当 LC 并联电路在 f_0 频率下发生并联谐振时,可滤去此频率信号,因此,由并联谐振条件可得

$$f_0 = \frac{1}{2\pi\sqrt{LC}}$$

$$C = \frac{1}{(2\pi f_0)^2 L}$$

$$= \frac{1}{(2\pi \times 100)^2 \times 100 \times 10^{-3}} \mu F = 25.4 \ \mu F$$

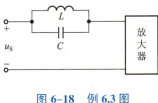

图 6-18　例 6.3 图

 知识拓展

　　由一个电感和一个电容构成的是简单并联谐振电路,当电源内阻和负载电阻接入回路的两端时,回路的 Q 值和通频带将受到影响。而且并联的电阻越小,其影响越大。为了使并联谐振电路能与实际应用的低内阻电源及小负载电阻相匹配,同时又尽可能地减弱内阻和负载对谐振电路性能的影响,实际应用中常采用双电感或双电容并联谐振电路。

　　电路中的谐振有线性谐振、非线性谐振和参量谐振。线性谐振是发生在线性时不变无源电路中的谐振,以串联谐振电路中的谐振为典型。非线性谐振发生在含有非线性元件的电路内,由铁芯线圈和线性电容器串联(或并联)而成的电路(习称铁磁谐振电路)就能发生非线性谐振;在正弦激励作用下,电路内会出现基波谐振、高次谐波谐振、分谐波谐振以及电流(或电压)的振幅和相位跳变的现象,这些现象统称铁磁谐振。参量谐振是发生在含时变元件的电路内的谐振,一个凸极同步发电机带有容性负载的电路内就可能发生参量谐振。

先导案例解决

　　收音机的类别很多,常用的收音机是超外差式收音机,主要有调幅收音机、调频收音机和调频立体声收音机三类。广播电台播出节目是首先把声音通过话筒转换成音频电信号,经放大后被高频信号(载波)调制,这时高频载波信号的某一参量随着音频信号作相应的变化,使我们要传送的音频信号包含在高频载波信号之内,高频信号再经放大,然后高频电流流过天线时,形成无线电波向外发射,这种无线电波被收音机天线接收,然后经过放大、解调,

还原为音频电信号，送入喇叭音圈中，引起纸盆相应的振动，就可以还原声音。

收音机采用串联谐振作为输入调谐电路，若要收听某个频段的节目，可以调节可调电容使电路的谐振频率与所要接收频段的频率相等。谐振回路的选择性取决于品质因数 Q 的大小，Q 值越大，通频带越窄，选择性越好。但是通频带变窄后，容易使信号产生失真，因此 Q 值并不是越大越好，应首先保证信号的失真在允许的范围内，尽可能提高回路的选择性。

◎ 任务训练 ◎

RLC 串联谐振电路仿真实验

1. 实验目的

（1）熟悉 Multisim 10 的仿真实验法，熟悉虚拟示波器和信号发生器的设置和使用方法。

（2）了解谐振特性，加深对谐振电路特性的认识。

（3）研究电路参数对串联谐振电路的影响。

（4）掌握测绘谐振曲线的方法。

2. 实验内容及步骤

（1）定性观察 *RLC* 串联电路的谐振现象，确定电路的谐振点。

① 从元件库中选取电阻、电感和电容，从仪器库中选出函数信号发生器、数字万用表及示波器，创建如图 6-19 所示电路（把函数信号发生器作为 *RLC* 串联电路的信号源）。

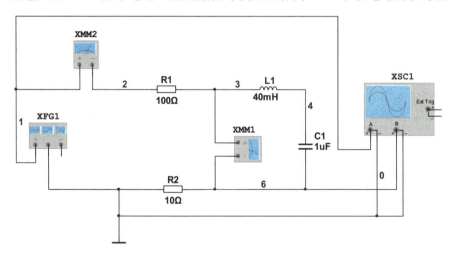

图 6-19　*RLC* 串联谐振的仿真实验电路

② 双击函数信号发生器图标，设置参数：波形选择正弦波，Frequency 为 1 kHz，Amplitude 为 10 V，Offset 为 0。

③ 双击万用表 XMM1 图标，在面板上选择"V"和"～"（交流），即万用表 XMM1 所测量的是交流电压值；双击万用表 XMM2 图标，在面板上选择"A"和"～"（交流），即万用表 XMM2 所测量的是交流电流值；

④ 右击"Channel A"的输入线，将其设置为红色；右击"Channel B"的输入线，将其

设置为蓝色。再双击示波器图标打开面板，设置示波器参数，参考值为："Time base"设置为"500 μs/div"；"Y/T"显示方式；"Channel A"设置为"5 V/div""DC"输入方式；"Channel B"设置为"500 mV/div""DC"输入方式；"Trigger"设置为"Auto"触发方式。

⑤ 运行仿真开关，双击函数信号发生器、示波器、万用表 XMM1（用作电压表）及万用表 XMM2（用作电流表）图标，往下改变信号源的频率（单击"Frequency"数值框，会出现向上及向下箭头，再用单击向下箭头即可），通过示波器或电压表、电流表监视电路（蓝色为端口电流的波形，红色为端口电压的波形），观察 RLC 串联电路的谐振现象，寻找谐振点，确定电路的谐振频率 f_0。

⑥ 暂停电路运行，双击函数信号发生器图标，频率调至 400 Hz，其他参数不变；电阻 R、电感 L 值不变。调节电容 C，通过示波器或电压表、电流表监视电路，定性观察 RLC 串联电路的谐振现象，寻找谐振点，记录此时的谐振电容值。

（2）测定 RLC 串联电路的谐振曲线。

① 实验电路仍如图 6-19 所示，取电感 $L=20$ mH，电容 $C=2$ μF，其他设置均不变。调节信号发生器的频率，测量回路电流。先通过示波器或电压表、电流表监视电路，确定此时电路的谐振频率 f_0，然后以谐振频率 f_0 为中心，左右各扩展至少取 5 个（以 40 Hz 为一个频率间隔）测量点。将以上测量结果记录于表 6-1。根据测量数据画出谐振曲线，根据曲线得出通频带 BW。并用示波器定性观察在调节频率的过程中，端口电压波形与端口电流波形的相位关系，体会当频率从小到大变化时，RLC 串联电路从容性电路到感性电路的转变。

② 改变 $R_1=50\Omega$，重复步骤①。

表 6-1　谐振曲线数据记录表

频率 f（Hz）				f_0-80	f_0-40	$f_0=$	f_0+40	f_0+80		
测量值 I（mA）$R_1=100\Omega$										
计算值 I/I_0 $R_1=100\Omega$						1				
测量值 I（mA）$R_1=50\Omega$										
计算值 I/I_0 $R_1=50\Omega$						1				

3. 注意事项

（1）判断已达到谐振状态的方法有下列几种：

① 观察端口电流，当端口电流最大时电路发生谐振。

② 观察电容和电感串联后的两端电压，当电压最小时电路发生谐振。

③ 用示波器观察端口的电压、电流，当端口的电压、电流同相位时电路发生谐振。

（2）串联电路中的电流可通过用示波器来观察采样电阻 R_2 上的电压得到。

4. 实验报告要求

（1）实验的名称、时间、目的、电路和内容。

（2）按实验内容（1）的要求，找出调节频率和调节电容两种情况下电路的谐振频率和谐振电容值，并根据测量数据计算出对应电路的品质因数和通频带。

（3）按实验内容（2）的测量数据，在坐标纸上作出对应两个不同电阻值的谐振曲线，利用此谐振曲线，计算对应不同阻值的电路的品质因数和通频带，从中得出什么结论？并将 $R_1=100\Omega$ 时的实验结果和理论计算结果进行比较。

本章小结

1. 串联谐振电路

（1）谐振的条件是：$\omega=\omega_0=\dfrac{1}{\sqrt{LC}}$。

（2）谐振的特性：

串联谐振时的特性阻抗为 $Z_0=R$，此时电路呈纯阻性且最小；

串联谐振时 L 和 C 两端均可能出现高电压，即

$$U_L=I_0X_L=U_SX_L/R=QU_S$$
$$U_C=I_0X_C=U_SX_C/R=QU_S$$

串联谐振电路的 Q 值越高，频率特性就越尖锐，选择性也就越好；

串联谐振电路通频带 B_w 与 Q 值成反比，通频带 B_w 在保证信号不失真的前提下，Q 值越大越好；

电源内阻 R_S 及负载 R_L 会使电路品质因数 Q 减小、谐振阻抗增大，通频带加宽。

2. 并联谐振电路

（1）谐振的条件是：$\omega=\omega_0=\dfrac{1}{\sqrt{LC}}$。

（2）谐振的特性：

输入阻抗 Z 达到最大值，且为纯电阻，即 $Z=Z_0$；

电感与电容支路中的电流 I_{C0} 与 I_{L0} 均比 I_S 大 Q 倍；

并联谐振也具有选择性，而且电路的 Q 值越高，选择性就越好；

考虑电流源内阻及负载 R_L 时，品质因数会下降，而通频带会加宽。

习　　题

6.1　某收音机要接收无线电广播频率范围是 550 kHz～1.6 MHz，且它的输入部分可以等效成一个 RLC 串联电路，$L=320$ H，试求需要用多大变化范围的可变电容。

6.2　已知在一 RLC 串联电路中，$R=20\ \Omega$，$L=1$ mH，$C=10$ pF，试求谐振频率 ω_0、品质因数 Q 和带宽 B_w。

6.3　某 RLC 串联电路在 $\omega=5\ 000$ rad/s 时发生了谐振，$R=5\ \Omega$，$L=4$ mH，端电压 $U=1$ V，试求电容 C 和电路中的电流大小。

6.4 某 RLC 串联电路的端电压为 $u=10\sqrt{2}\cos 2\,500t$ V，当电容 $C=8\ \mu F$ 时，电路中吸收的功率最大，$P_{max}=100$ W，试求电感 L 和谐振时电路的品质因数 Q。

6.5 某电路是由一个线圈和一个电容并联而成，$L=0.02$ mH，$C=2\,000$ pF，且该电路谐振时的阻抗为 10 kΩ，试求线圈的电阻 R 和电路的品质因数 Q。

第7章

互感耦合电路

本章知识点

1. 掌握耦合电感元件的相关概念及伏安关系
2. 掌握同名端的定义及判定方法
3. 了解耦合电感的串并联及去耦
4. 掌握理想变压器的作用及含有理想变压器电路的分析计算

先导案例

在电力系统中发电机发出的三相交流电经变压器将电压升高后进行长距离输电,到达目的地后再用变压器把电压降低以便用户使用。那么,变压器(如图7-1所示)是如何实现电压变换的呢?

图7-1 变压器的外形

变压器的应用非常广泛,如:电力传输系统、电子线路、电焊机、彩色电视机等都用到了变压器。在这些场合,变压器所起的作用是不同的。因此,对变压器的工作原理及作用进行分析、研究是十分有必要的。

7.1　互　　感

7.1.1　互感现象及互感原理

如图 7-2 所示为两个线圈（即线圈 1 和线圈 2），如果分别通以电流 i_1 和 i_2，那么在这两个线圈之间通过彼此的磁场建立起的相互影响现象称为磁耦合（magnetic coupling）现象。

互感

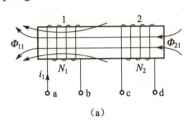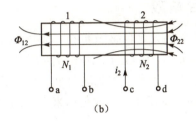

图 7-2　线圈耦合现象

在图 7-2（a）中，设线圈周围的介质为非铁磁物质，若线圈 1 的匝数为 N_1，线圈 2 的匝数为 N_2。在线圈 1 中通以交变电流 i_1，那么 i_1 会在线圈 1 周围建立磁场，在线圈 1 中形成的磁通记为 Φ_{11}，磁链为 Ψ_{11}，$\Psi_{11} = N_1\Phi_{11}$；线圈 1 在线圈 2 中也会形成磁通记为 Φ_{21}，磁链为 Ψ_{21}，$\Psi_{21} = N_2\Phi_{21}$。同理，在图 7-2（b）中，若线圈 2 通以交变电流 i_2，i_2 所产生的磁场在线圈 2 中会形成磁通，记为 Φ_{22}，磁链为 Ψ_{22}，$\Psi_{22} = N_2\Phi_{22}$；线圈 2 在线圈 1 中形成的磁链记为 Φ_{12}，磁链为 Ψ_{12}，$\Psi_{12} = N_1\Phi_{12}$。通常把 Φ_{11}、Φ_{22} 称为自感磁通，Ψ_{11} 和 Ψ_{22} 称为自感磁链，Φ_{21}、Φ_{12} 称为互感磁通，Ψ_{21} 和 Ψ_{12} 称为互感磁链。

当交变电流 i_1 变化时会引起 Φ_{11} 和 Φ_{21} 变化，Φ_{11} 的变化会在线圈 1 中形成电压，该电压称为自感电压，Φ_{21} 的变化也会在线圈 2 中产生感应电压，该电压称为互感电压（mutual induced voltage），这种由一个线圈的交变电流在另一个线圈中产生感应电压的现象叫作互感现象。同理，线圈 2 中电流 i_2 的变化也会引起 Φ_{22} 和 Φ_{12} 变化，会在线圈 2 和线圈 1 中产生自感电压和互感电压。

7.1.2　互感系数

在非铁磁物质介质中，电流产生的磁通与电流成正比，当匝数一定时，磁链也与电流大小成正比。当选定电流的参考方向与它产生的磁通的参考方向符合右手螺旋关系时，自感磁链 Ψ_{11} 和 Ψ_{22} 与电流 i_1 和 i_2 的关系式分别为

$$\Psi_{11} = L_1 i_1 \tag{7.1}$$

$$\Psi_{22} = L_2 i_2 \tag{7.2}$$

其中 L_1 为线圈 1 的自感，L_2 为线圈 2 的自感。

同样，互感磁链 Ψ_{21} 和 Ψ_{12} 与电流 i_1 和 i_2 也成正比，关系式分别为

$$\varPsi_{21} = M_{21} i_1 \tag{7.3}$$

$$\varPsi_{12} = M_{12} i_2 \tag{7.4}$$

其中 M_{21} 是线圈 1 对线圈 2 的互感系数（coefficient of mutual inductance），简称互感，M_{12} 是线圈 2 对线圈 1 的互感，在物理学中已证明 M_{21} 和 M_{12} 是相等的，即

$$M_{12} = M_{21} = M \tag{7.5}$$

M 称为线圈之间的互感系数。其物理意义是，在一个线圈中通入 1 A 电流时，在另一线圈中所产生的互感磁链的数值。互感的单位与自感相同，也为亨利（H）。互感 M 的大小与两个线圈的匝数、几何尺寸、相对位置以及媒质的磁导率 μ 有关。

7.1.3　耦合系数

因为互感磁通只是自感磁通的一部分，故必有 $0 \leqslant \varPhi_{21}/\varPhi_{11} \leqslant 1$，$0 \leqslant \varPhi_{12}/\varPhi_{22} \leqslant 1$，而且当两个线圈靠得越紧时，则这两个比值就越接近于 1；相反，当两个线圈离得越远时，则这两个比值就越小，最小值为零。因此这两个比值能够用来说明两个线圈之间耦合的松紧程度。耦合系数（coupling coefficient）就是用来表征两个线圈耦合的松紧程度的。耦合系数用 k 表示，其定义为

$$k = \frac{M}{\sqrt{L_1 L_2}} = \sqrt{\frac{\varPhi_{21} \varPhi_{12}}{\varPhi_{11} \varPhi_{22}}} \tag{7.6}$$

由于只有部分磁通相互交链，耦合系数 k 总是小于 1 的。k 值的大小取决于两个线圈的相对位置及磁介质的性质。如果两个线圈紧密地缠绕在一起，如图 7-3（a）所示，则 k 值就接近于 1，即两线圈全耦合（perfect coupling）；若两线圈相距较远，或线圈的轴线相互垂直放置，如图 7-3（b）所示，则 k 值就很小，甚至可能接近于零，即两线圈无耦合。

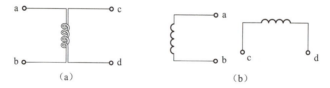

图 7-3　耦合系数 k 与线圈相对位置的关系

当 $k = 0$ 时，两线圈之间不存在磁耦合；当 $k < 0.01$ 时，为极弱耦合；当 $0.01 \leqslant k \leqslant 0.05$ 时，为弱耦合；当 $0.5 \leqslant k \leqslant 0.9$ 时，为强耦合；当 $0.9 < k < 1$ 时，为极强耦合；$k = 1$ 时为全耦合。

7.2　互　感　电　压

7.2.1　同名端

由于磁场是有方向的，如果有两个线圈，它们相互耦合，当在两个线圈中同时通以电流时，此时两电流所产生的自感磁通与互感磁通可能是互相加强，也可能是互相削弱，判定方法主要依据两个线圈中所通电流的参考方向和两个

同名端及应用

线圈的缠绕方向共同确定。

例如在图 7-4（a）中，两个电流所产生的自感磁通与互感磁通是相互加强的。在图 7-4（b）中自感磁通与互感磁通则是互相削弱的，这是因为两个电流的参考方向与图 7-4（a）相比是相反了（这两个线圈的缠绕方向仍没有变）；在图 7-4（c）中，两个电流所产生的自感磁通与互感磁通也是相削弱的，这是因为两个电流的参考方向与图 7-4（a）相比虽然相同，但两个线圈的缠绕方向变了。

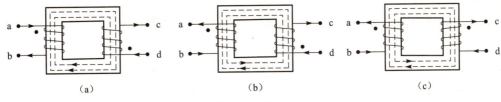

图 7-4　同名端

在画电路图时，为了简便，并不画出线圈的缠绕方向，而是用一个特殊的标记来表示这种缠绕方向，这种特殊的标记就是点号"·"或星号"*"。其意义是当两个线圈中的电流 i_1 和 i_2 都从点号"·"端流入线圈（或都是从点号"·"端流出线圈）时，它们在另一个线圈中形成的互感磁通与该线圈的自感磁通同向，即互相加强。两个线圈上有标记（点号"·"或星号"*"）的端子就是我们通常称的同名端（isotope-tip），也称同极性端。例如，图 7-4（a）、（b）中的 a 端和 d 端即为同名端，当然无标记的 b 端和 c 端也是同名端；在图 7-4（c）中，同名端为 a 端和 c 端。

7.2.2　同名端的判定

如果已知磁耦合线圈的绕行方向和相对位置，那么耦合线圈的同名端通过定义很容易来判定。但实际的耦合线圈，其绕行方向和相对位置一般很难看得出来，同名端就不能轻易被识别。在实际应用时，一般用实验方法来进行同名端的判定。

通常使用的实验电路如图 7-5 所示，图中 U_S 为直流电源，V 为直流电压表。由于开关闭合和断开瞬间会产生较高的感应电压，所以一般应选择较大量程，以免烧坏表头。当开关闭合瞬间，电流 i_1 经图示方向流入线圈 1 的 a，若此时直流电压表指针正偏，则电压表"+"极所接线圈 2 的端钮 c 与 a 为同名端。反之，电压表指针反偏则电压表"-"极所接线圈 2 的端钮 d 与 a 为同名端。

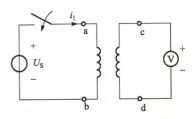

图 7-5　同名端的实验判断电路

7.2.3　互感电压

图 7-2 中，线圈 1 中的电流 i_1 变化，Φ_{21}（或 Ψ_{21}）也变化，根据电磁感应定律，会在线圈 2 中产生互感电压 u_{21}。同理线圈 2 中的电流 i_2 变化，Φ_{12}（或 Ψ_{12}）也变化，会在线圈 1 中产生互感电压 u_{12}。如果选择互感电压的参考方向与互感磁通的参考方向符合右手螺旋法则，则根据电磁感应定律，结合式（7.3）、式（7.4），有

$$u_{21} = \frac{\mathrm{d}\varPsi_{21}}{\mathrm{d}t} = M\frac{\mathrm{d}i_1}{\mathrm{d}t} \qquad\qquad (7.7)$$

$$u_{12} = \frac{\mathrm{d}\varPsi_{12}}{\mathrm{d}t} = M\frac{\mathrm{d}i_2}{\mathrm{d}t} \qquad\qquad (7.8)$$

由以上两式可以看出，互感电压的大小与电流的变化率有关。当 $\mathrm{d}i/\mathrm{d}t > 0$ 时，互感电压为正，表示互感电压的实际方向与参考方向一致；当 $\mathrm{d}i/\mathrm{d}t < 0$ 时，互感电压为负，表示互感电压的实际方向与参考方向相反。

当线圈中通过的电流 i_1、i_2 为正弦交流电时，互感电压可用相量表示，即式（7.7）、式（7.8）可表示为

$$\dot{U}_{21} = \mathrm{j}\omega M\dot{I}_1 = \mathrm{j}X_{\mathrm{M}}\dot{I}_1, \quad \dot{U}_{12} = \mathrm{j}\omega M\dot{I}_2 = \mathrm{j}X_{\mathrm{M}}\dot{I}_2$$

式中，$X_{\mathrm{M}} = \omega M$ 称为互感抗，单位为欧姆（Ω）。

当两个互感线圈的同名端确定后，习惯选法是选择互感电压的参考方向与产生它的电流的参考方向对同名端一致，即电流从一个线圈的有标记端（或无标记端）流入，那么该电流产生的互感电压的"+"极性选定在另一个线圈的有标记端（或无标记端）。例如，在图 7-6（a）中，电流 i_2 从 c 端流入，则互感电压 u_{12} 的"+"极性选定在与 c 端为同名端的 a 端；而图 7-6（b）中，电流 i_2 从 c 端流入，则互感电压 u_{12} 的"+"极性选定在与 c 端为同名端的 b 端。此时

$$u_{12} = M\frac{\mathrm{d}i_2}{\mathrm{d}t}$$

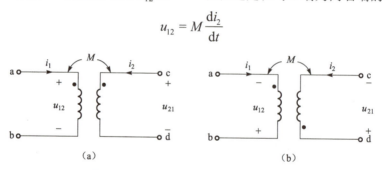

图 7-6　互感电压参考方向的习惯选法

即当同名端确定后，按习惯选法选定互感电压的参考方向，即 u_{12}、u_{21} 分别与 i_2、i_1 的参考方向选得与同名端一致，式（7.7）、式（7.8）及其相量表示式成立。

在互感电路中，每个线圈的端电压均由自感磁链产生的自感电压和互感磁链产生的互感电压组成，是自感电压与互感电压的代数和，即

$$u_1 = \pm L_1\frac{\mathrm{d}i_1}{\mathrm{d}t} \pm M\frac{\mathrm{d}i_2}{\mathrm{d}t} \qquad\qquad (7.9)$$

$$u_2 = \pm L_2\frac{\mathrm{d}i_2}{\mathrm{d}t} \pm M\frac{\mathrm{d}i_1}{\mathrm{d}t} \qquad\qquad (7.10)$$

当 i_1 与 i_2 为正弦交流电时，耦合线圈的端电压与电流的关系可用相量表示为

$$\dot{U}_1 = \pm\mathrm{j}\omega L_1\dot{I}_1 \pm \mathrm{j}\omega M\dot{I}_2 \qquad\qquad (7.11)$$

$$\dot{U}_2 = \pm\mathrm{j}\omega L_2\dot{I}_2 \pm \mathrm{j}\omega M\dot{I}_1 \qquad\qquad (7.12)$$

式（7.9）、式（7.10）、式（7.11）、式（7.12）中自感电压前的正、负号取决于本端口电压与自感电压的参考方向（自感电压与电流为关联参考方向）是否一致，两者一致时取正号，不一致

时取负号；互感电压前的正、负号取决于同名端的位置和端口电压的参考极性，若变化电流是从有标记端（或无标记端）流入的，则它产生的互感电压的"+"极性选定在另一线圈的有标记端（或无标记端），当该互感电压的极性与其端口电压的参考极性一致时取正号，否则取负号。

例 7.1　试求如图 7-7（a）、（b）所示电路互感线圈端电压 u_1、u_2 的表达式。

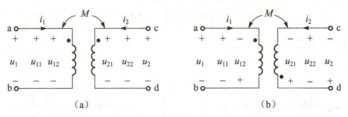

图 7-7　例 7.1 图

解：选择自感电压与电流为关联参考方向，即 u_{11}、u_{22} 分别与 i_1、i_2 参考方向一致；按习惯选法选择互感电压参考方向，即 u_{12}、u_{21} 分别与 i_2、i_1 的参考方向选得对同名端一致。参考方向分别标于图上。此时自感电压 $u_{11}=L_1\,\mathrm{d}i_1/\mathrm{d}t$，$u_{22}=L_2\,\mathrm{d}i_2/\mathrm{d}t$，所以

由图（a）可得

$$u_1 = L_1 \frac{\mathrm{d}i_1}{\mathrm{d}t} + M \frac{\mathrm{d}i_2}{\mathrm{d}t}$$

$$u_2 = L_2 \frac{\mathrm{d}i_2}{\mathrm{d}t} + M \frac{\mathrm{d}i_1}{\mathrm{d}t}$$

由图（b）可得

$$u_1 = L_1 \frac{\mathrm{d}i_1}{\mathrm{d}t} - M \frac{\mathrm{d}i_2}{\mathrm{d}t}$$

$$u_2 = -L_2 \frac{\mathrm{d}i_2}{\mathrm{d}t} + M \frac{\mathrm{d}i_1}{\mathrm{d}t}$$

由例 7.1 可以看出，当互感现象存在时，一个线圈的电压不仅与流过本身的电流有关，而且与相邻线圈中的电流有关，即线圈两端电压是自感电压与互感电压的代数和。自感电压、互感电压前的"+"或"-"号的选取是写出互感线圈端电压的关键。正负号选取的原则为：通常选定自感电压和电流为关联参考方向，互感电压的参考方向按习惯选法（即互感电压与产生它的电流的参考方向选得与同名端一致）。当选定的自感电压、互感电压极性与端口电压极性一致时，自感电压、互感电压前取"+"号，不一致时取"-"号。

7.3　耦合电感的去耦等效变换

7.3.1　串联耦合电感的去耦等效变换

耦合电感的串联方法有两种，一种是顺接，这种连接方法是把两个线圈异名端相连，这样电流一定会从同名端流入；另一种是反接，这种连接方法是把两个线圈同名端相连，这样电流一定会异名端流入。

耦合电感的去耦等效变换

1. 顺接的去耦等效变换

如图 7-8（a）所示，L_1 和 L_2 的异名端相连，电流 i 均从同名端流入，那么就有

$$\dot{U} = \dot{U}_1 + \dot{U}_2 = j\omega L_1 \dot{I} + j\omega M \dot{I} + j\omega L_2 \dot{I} + j\omega M \dot{I}$$

$$= j\omega(L_1 + L_2 + 2M)\dot{I} = j\omega L_S \dot{I}$$

$$L_S = L_1 + L_2 + 2M \tag{7.13}$$

其中 L_S 称为顺接等效电感。

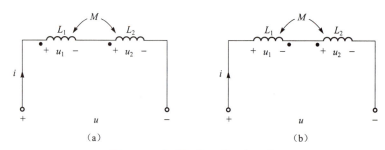

图 7-8　串联耦合电感的去耦合

2. 反接的去耦等效变换

如图 7-8（b）所示，L_1 和 L_2 的同名端相连，电流 i 从 L_1 无标记端流入，从 L_2 无标记端流出，磁场方向相反，相互削弱。

$$\dot{U} = \dot{U}_1 + \dot{U}_2 = j\omega L_1 \dot{I} - j\omega M \dot{I} + j\omega L_2 \dot{I} - j\omega M \dot{I}$$

$$= j\omega(L_1 + L_2 - 2M)\dot{I} = j\omega L_f \dot{I}$$

$$L_f = L_1 + L_2 - 2M \tag{7.14}$$

式中 L_f 称为反接等效电感。

例 7.2　将两个线圈串联接到 50 Hz、60 V 的正弦电源上，顺向串联时的电流为 2 A，功率为 96 W，反向串联时的电流为 2.4 A，求互感 M。

解：顺向串联时，可用等效电阻 $R = R_1 + R_2$ 和等效电感 $L_S = L_1 + L_2 + 2M$ 相串联的电路模型来表示。根据已知条件，得

$$R = \frac{P}{I_S^2} = \left(\frac{96}{2^2}\right) \Omega = 24\ \Omega$$

$$\omega L_S = \sqrt{\left(\frac{U}{I_S}\right)^2 - R^2} = \left(\sqrt{\left(\frac{60}{2}\right)^2 - 24^2}\right) \Omega = 18\ \Omega$$

$$L_S = \left(\frac{18}{2\pi \times 50}\right) H = 0.057\ H$$

反向串联时，线圈电阻不变，由已知条件可求出反向串联时的等效电感

$$\omega L_f = \sqrt{\left(\frac{U}{I_f}\right)^2 - R^2} = \left(\sqrt{\left(\frac{60}{2.4}\right)^2 - 24^2}\right) \Omega = 7\ \Omega$$

$$L_f = \left(\frac{7}{2\pi \times 50}\right) H = 0.022\ H$$

$$M = \frac{L_S - L_f}{4} = \left(\frac{0.057 - 0.022}{4}\right) mH = 8.75\ mH$$

7.3.2　并联耦合电感的去耦等效变换

耦合线圈的并联也有两种接法，一种是两个线圈的同名端相连，称为同向并联，如图 7-9（a）所示；另一种是两个线圈的异名端相连，称为异向并联，如图 7-9（b）所示。

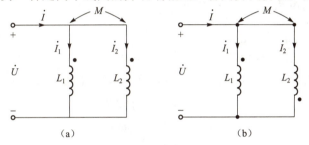

图 7-9　耦合线圈的并联

1. 同向并联的去耦等效变换

在如图 7-9（a）中，两个耦合电感线圈 L_1 和 L_2 并联时同名端相连，即为同向并联，于是有

$$\dot{U} = j\omega L_1 \dot{I}_1 + j\omega M \dot{I}_2$$

$$\dot{U} = j\omega L_2 \dot{I}_2 + j\omega M \dot{I}_1$$

$$\dot{I} = \dot{I}_1 + \dot{I}_2$$

$$\dot{I}_2 = \dot{I} - \dot{I}_1, \quad \dot{I}_1 = \dot{I} - \dot{I}_2$$

$$\dot{U} = j\omega L_1 \dot{I}_1 + j\omega M(\dot{I} - \dot{I}_1) = j\omega(L_1 - M)\dot{I}_1 + j\omega M \dot{I}$$

$$\dot{U} = j\omega L_2 \dot{I}_2 + j\omega M(\dot{I} - \dot{I}_2) = j\omega(L_2 - M)\dot{I}_2 + j\omega M \dot{I}$$

这样，便可得到如图 7-10（a）所示消去互感（去耦）等效电路。

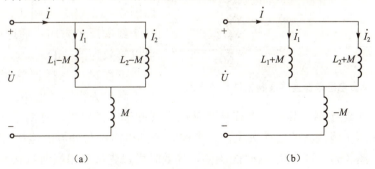

图 7-10　并联的去耦等效电路

由图 7−10（a）可以直接求出两个耦合电感同向并联时的等效电感为

$$L_\mathrm{S} = \frac{L_1 L_2 - M^2}{L_1 + L_2 - 2M} \tag{7.15}$$

2. 异向并联的去耦等效变换

在如图 7−9（b）中，两个耦合电感两个线圈 L_1 和 L_2 并联时异名端相连，即为异向并联，同理可得其等效电路，如图 7−10（b）所示。

等效电感为

$$L_\mathrm{S} = \frac{L_1 L_2 - M^2}{L_1 + L_2 + 2M} \tag{7.16}$$

7.3.3 单侧连接的去耦等效变换

如图 7−11（a）所示耦合电感，两个电感的一侧连接，而另一侧的不连接。一般可以将图（a）绘制成图（b），这对电路特性不产生任何影响。图（b）可等效成图（c），根据图（c）中规定的电压参考极性与电流参考方向，可以列写出端口的电压电流关系方程

$$\dot{U}_1 = \mathrm{j}\omega L_1 \dot{I}_1 + \mathrm{j}\omega M \dot{I}_2$$
$$\dot{U}_2 = \mathrm{j}\omega L_2 \dot{I}_2 + \mathrm{j}\omega M \dot{I}_1$$
$$\dot{I} = \dot{I}_1 + \dot{I}_2$$

整理后可得方程

$$\dot{U}_1 = \mathrm{j}\omega(L_1 - M)\dot{I}_1 + \mathrm{j}\omega M \dot{I} \tag{7.17}$$
$$\dot{U}_2 = \mathrm{j}\omega(L_2 - M)\dot{I}_2 + \mathrm{j}\omega M \dot{I} \tag{7.18}$$

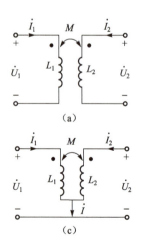

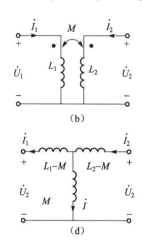

根据此两方程即可画出与其相对应的电路，如图 7−11（d）所示。此电路即为耦合电感单侧同名端连接时的去耦等效电路。

同理，对于其他单侧连接也可以用这种方法来等效变换。例如，在图 7−12 中，图（a）实际上就是图 7−12 中的图（c），其等效电路可以直接等效成图 7−12（c），而图 7−12（b）与图（a）区别仅仅是第二个线圈反了方向，通过计算，图（b）可以等效为图（d）。

下面讨论怎样把单侧连接耦合电路一下画出去耦等效电路。在图 7−12 中，

图 7−11 耦合电感单侧连接及其去耦等效电路

两个线圈共有三个连接端，其中一个连接端从两个线圈连接处引出，是两个线圈的公共引出端。如果只考虑两个线圈间的连接关系，不考虑该公共引出端与外界的连接，图（a）相当于串联时的反接，图（b）相当于串联时的顺接，等效时可以先按照串联时顺接和反接等效变换的原理绘制好不包括公共引出端的等效电路，然后再在该按串联等效出电路的两个线圈连接

处引出一个连接线，在该连接线上接上一个线圈，其大小为 M，符号与按串联等效时的 M 符号相反。

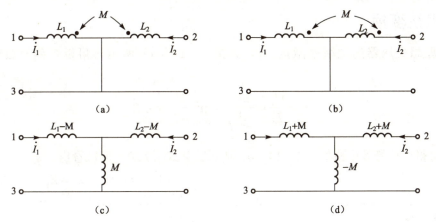

图 7-12　去耦等效电路的绘制方法

7.4　理想变压器

7.4.1　定义与电路符号

1. 理想变压器的定义

理想变压器是一种理想元件。通常把满足以下三个条件的一对线圈的元件称为理想变压器。

① 无漏磁通，耦合系数 $k=1$，为全耦合，故有 $\Phi_{11}=\Phi_{21}$，$\Phi_{22}=\Phi_{12}$；

② 不消耗能量（即无损失），也不存储能量；

③ 初、次级线圈的电感均为无穷大，即 $L_1\to\infty$，$L_2\to\infty$，但有

$$\frac{L_1}{L_2}=\frac{N_1^2}{N_2^2}=n^2$$

上式中，N_1 和 N_2 分别为原边和副边的匝数，$n=N_1/N_2$ 称为理想变压器的匝数比（变比）。即在全耦合（$k=1$）时，两线圈的电感之比，是等于其匝数比的平方，亦即每个线圈的电感都是与自己线圈匝数的平方成正比。

2. 理想变压器的电路模型

理想变压器的电路模型如图 7-13 所示，如果 $n=N_1/N_2$ 为理想变压器的匝数比（变比），那么不难证明原、副边的电压和电流满足下列关系：

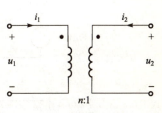

图 7-13　理想变压器

$$\begin{cases} \dot{U}_1 = n\dot{U}_2 \\ \dot{I}_1 = -\dfrac{1}{n}\dot{I}_2 \end{cases}$$

（7.19）

由上两式可以看出，理想变压器的两线圈的电压与其匝数成正比，两线圈的电流与其匝数成反比，且当 $n>1$ 时有 $u_1>u_2$，为降压变压器；当 $n<1$ 时有 $u_1<u_2$，为升压变压器。

7.4.2 阻抗变换

设在理想变压器的次级接阻抗 Z_L，如图 7−14（a）所示，可以得到原边的输入阻抗为

$$Z_i = \frac{\dot{U}_1}{\dot{I}_1} = \frac{n\dot{U}_2}{-\frac{1}{n}\dot{I}_2} = n^2 \frac{\dot{U}_2}{-\dot{I}_2} = n^2 Z_L \tag{7.20}$$

于是可得原边等效电路如图 7−14（b）所示。从式（7.20）可以看出：

（1）$n \neq 1$ 时，$Z_i \neq Z_L$，这说明理想变压器具有阻抗变换作用。$n>1$ 时，$Z_i > Z_L$；$n<1$ 时，$Z_i < Z_L$。

（2）由于一般情况下 n 都为大于零的实常数，故 Z_i 与 Z_L 的性质相同，即如果次级呈感性，变换到初级仍呈感性。

（3）当 $Z_L=0$ 时，则 $Z_i=0$，即当次级短路时，相当于初级也短路。$Z_L=\infty$ 时，则 $Z_i=\infty$，即当次级开路时，相当于初级开路。

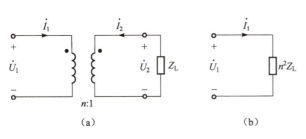

图 7−14 理想变压器的阻抗变换作用

7.4.3 含理想变压器电路的分析计算

含理想变压器电路的分析计算，一般仍应用网孔法和节点法等方法，只是在列方程时必须考虑它的伏安关系和阻抗变换特性即可解决问题。

例 7.3 用等效电压源定理求图 7−15（a）电路中的 $\dot{U}_2$。

解：利用戴维南定理，图（b）和图（c）分别可以用来求开路电压和等效阻抗 Z_0，即

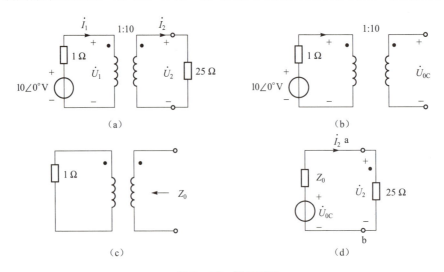

图 7−15 例 7.3 图

$$\dot{U}_{0C} = 10\dot{U}_1 = 100\angle0°\ V$$

$$Z_0 = (10^2 \times 1)\ \Omega = 100\ \Omega$$

因此端口两端的等效电压源电路如图（d）所示。于是根据图（d）得

$$\dot{U}_2 = \left(\frac{100\angle0°}{100+25} \times 25\right)\ V = 20\angle0°\ V$$

例 7.4 电路如图 7-16 所示。如果要使 100 Ω 电阻能获得最大功率，试确定理想变压器的变比 n。

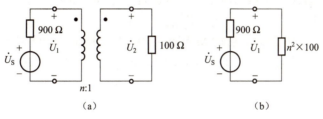

图 7-16 例 7.4 图

解： 已知负载 $R=100\ \Omega$，故次级对初级的折合阻抗 $Z_L = n^2 \times 100\ \Omega$。电路可等效为（b）所示。由最大功率传输条件可知，当 $n^2 \times 100$ 等于电压源的串联电阻（或电源内阻）时，负载可获得最大功率。

所以 $n^2 \times 100 = 900$；变比 $n=3$。

 知识拓展

当交流电流通过导线时，在导线周围会产生交变的磁场。处在交变磁场中的整块导体的内部会产生感应电流，由于这种感应电流在整块导体内部自成闭合回路，很像水的旋涡，所以称作涡流。

电磁炉作为厨具市场的一种新型灶具，它打破了传统的明火烹调方式，而是采用磁场感应电流（又称为涡流）的加热原理，电磁炉是通过电子线路板组成部分产生交变磁场、当把含铁质锅具底部放置炉面时，锅具即切割交变磁力线而在锅具底部金属部分产生交变的电流（即涡流），涡流使锅具铁分子高速无规则运动，分子互相碰撞、摩擦而产生热能使器具本身自行高速发热，用来加热和烹饪食物。故电磁炉煮食的热源来自锅具底部而不是电磁炉本身发热传导给锅具。

先导案例解决

电力系统中利用了变压器输入输出电压之比与匝数成正比的变压作用，即在电力输送端采用升压变压器，主要是为了减少输送过程中的电能损耗，在目的地采用降压变压器，将电压降为所需要的电压值。

任务训练

理想变压器电路仿真实验

1. 实验目的

（1）熟悉 Multisim 10 的仿真实验法，熟悉万用表的设置和使用方法。

（2）进一步了解理想变压器的电压、电流、阻抗变换作用。

（3）进一步掌握理想变压器的电压、电流、阻抗与匝数比之间的关系。

2. 实验内容及步骤

（1）双击 Multisim 10 图标，启动 Multisim 10，从电源/信号源库中选取交流信号源，从元件库中选取电阻、变压器（在"TRANSFORMER"中选择"TS-IDEAL"），从仪器库中选出数字万用表，创建如图 7-17 所示电路。

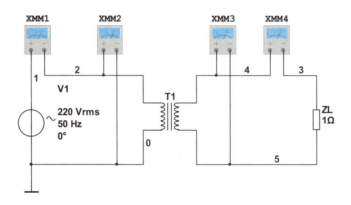

图 7-17　理想变压器仿真实验电路之一

（2）双击变压器，在其"Value"的设置中，"Primary Coil Inductance"（即初级线圈电感量）设置为"100H"，"Secondary Coil Inductance"（即次级线圈电感量）设置为"1H"，"Coefficient of Coupling"（即耦合系数）设置为"1"，使匝数比 $n=\sqrt{L_1/L_2}=10$。

（3）双击交流电压源，在"Value"中设置"Voltage"为 220 V，"Frequency"为 50 Hz，"Phase"为 0°，其他选其默认参数。

（4）双击万用表 XMM1、XMM4 图标，在面板上选择"A"和"～"（交流），即万用表 XMM1、XMM4 所测量的是交流电流值。双击万用表 XMM2、XMM3 图标，在面板上选择"V"和"～"（交流），即万用表 XMM2、XMM3 所测量的是交流电压值。

（5）运行仿真开关，将测量所得理想变压器初级和次级的电压与电流值记录在表 7-1 中，并计算电源输出功率、负载消耗功率和初级等效阻抗（即 $Z_1=U_1/I_1$）。

（6）将图 7-17 中的负载电阻 Z_L 改为 10 Ω，重复第（5）步操作。

（7）考虑电压源内阻。在理想变压器初级线路中增加电阻 $Z_0=1$ kΩ，次级所接负载阻抗 Z_L 为 10 Ω，如图 7-18 所示。运行仿真开关，将测量所得理想变压器初级和次级的电压与电流值记录在表 7-1 中，并计算电源输出功率、负载消耗功率和初级等效阻抗。

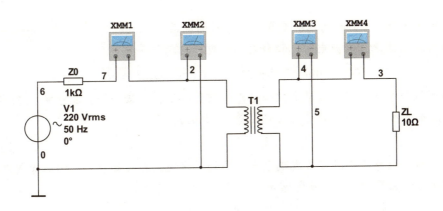

图 7-18　理想变压器仿真实验电路之二

（8）双击图 7-18 中的变压器，在其"Value"的设置中，"Primary Coil Inductance"（即初级线圈电感量）设置为"72H"，"Secondary Coil Inductance"（即次级线圈电感量）设置为"2H"，"Coefficient of Coupling"（即耦合系数）设置为"1"，使匝数比 $n=\sqrt{L_1/L_2}=6$。运行仿真开关，将测量所得理想变压器初级和次级的电压与电流值记录在表 7-1 中，并计算电源输出功率、负载消耗功率和初级等效阻抗。

表 7-1　理想变压器测量数据记录表

电源电压 $U(V)$	电源内阻 $Z_0(\Omega)$	负载内阻 $Z_L(\Omega)$	变压器匝数比 n	初级电压 $U_1(V)$	初级电流 $I_1(mA)$	次级电压 $U_2(V)$	次级电流 $I_2(mA)$	电源输出功率 $P_S(W)$	负载消耗功率 $P_S(W)$	初级等效阻抗 $Z_1(\Omega)$
220	0	1	10							
220	0	10	10							
220	1 000	10	10							
220	1 000	10	6							

3. 实验报告要求

（1）实验的名称、时间、目的、电路和内容。

（2）根据表 7-1 测量数据，分析测量的理想变压器初级和次级的电压、电流、阻抗是否满足 $U_1/U_2=N_1/N_2=n$，$I_1/I_2=N_2/N_1=1/n$，$Z_1/Z_L=(N_1/N_2)^2=n^2$ 的关系，电源输出功率与负载消耗功率是否相等。

（3）分析图 7-18 中 10 Ω 负载上的功率、电源内阻（1 kΩ）上的功率及电源输出的功率三者之间是什么关系？

本章小结 BENZHANGXIAOJIE

1. 当两个线圈中的电流 i_1 和 i_2 都从点号"·"端流入线圈（或都是从点号"·"端流出线圈）时，它们在另一个线圈中形成的互感磁通与该线圈的自感磁通同向，即互相加强。

两个线圈上打点号"·"的两端就是我们通常称的同名端。

2. 当 i_1 与 i_2 为正弦交流电时，耦合电感的电压电流关系为

$$\dot{U}_1 = \pm \mathrm{j}\omega L_1 \dot{I}_1 \pm \mathrm{j}\omega M \dot{I}_2 \qquad \dot{U}_2 = \pm \mathrm{j}\omega L_2 \dot{I}_2 \pm \mathrm{j}\omega M \dot{I}_1$$

3. 串联耦合电感去耦时应考虑耦合电感是何种接法，顺接加强，互感系数 M 前取正号，反接削弱，互感系数 M 前取负号，去耦后等效电感为

$$L_\mathrm{S} = L_1 + L_2 \pm 2M$$

4. 并联耦合电感去耦时应考虑耦合电感同向并联还是异向并联，它们的等效电路不同，去耦后等效电感也不相同。等效电感为

$$L = \frac{L_1 L_2 - M^2}{L_1 + L_2 \pm 2M}$$

其中，负号表示同名端相连，正号表示异名端相连。

5. 耦合电感单侧连接去耦时应首先只考虑两个线圈间的连接关系，不考虑该公共引出端与外界的连接，按照串联时顺接和反接等效变换的原理绘制好不包括公共引出端的等效电路，然后再在按串联等效出电路的两个线圈连接处引出一个连接线，在该连接线上接上一个线圈，其大小为 M，符号与按串联等效时的 M 符号相反。

6. 理想变压器原、副边的电压和电流满足下列关系

$$\dot{U}_1 = n\dot{U}_2$$

$$\dot{I}_1 = -\frac{1}{n}\dot{I}_2$$

习　　题

7.1　试判定图7-19中各对线圈的同名端。

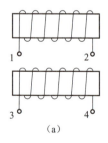 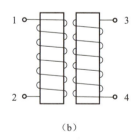

(a)　　　　　　　　　　(b)

图7-19　题7.1图

7.2　图7-20电路所示的互感电路中，写出线圈端电压 u_{AB} 和 u_{CD} 的表达式。

7.3　已知两线圈的自感分别为 $L_1 = 6$ mH，$L_2 = 5$ mH。完成：

（1）若 $k = 0.5$，求互感 M；

（2）若 $M = 4$ mH，求耦合系数 k；

（3）若两线圈全耦合，求互感 M。

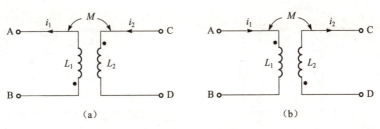

图 7-20 题 7.2 图

7.4 在图 7-21 中，两种接法所测得的端口电感分别为：图（a）是 24 mH，图（b）是 16 mH，试标出同名端，并求互感 M。

图 7-21 题 7.4 图

7.5 已知 L_1=6 mH，L_2=3 mH，M=4 mH，画出如图 7-22 所示电路的等效电感电路。

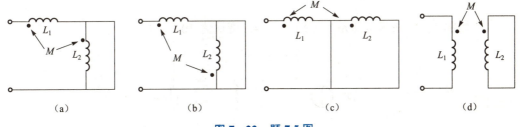

图 7-22 题 7.5 图

7.6 求图 7-23 所示电路的输入阻抗。

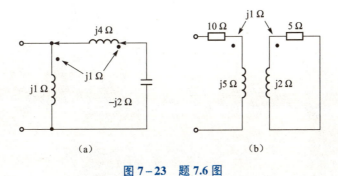

图 7-23 题 7.6 图

7.7 求图 7-24 所示二端网络开关断开和闭合时电路的输入阻抗。

7.8 已知 L_1=100 mH，L_2=400 mH，互感 M= 40 mH，电容 C=1 000 μF，求图 7-25 所示电路的谐振频率。

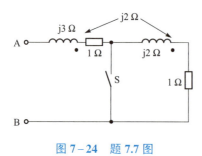

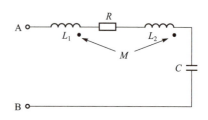

图 7-24　题 7.7 图　　　　　　　　　图 7-25　题 7.8 图

7.9　已知 $\omega=10^3$ rad/s，求图 7-26 所示电路端口 AB 的戴维南等效电路。

7.10　电路如图 7-27 所示。为使 10 Ω电阻能获得最大功率，试确定理想变压器的变比 n。

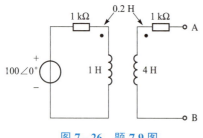

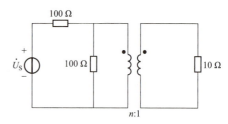

图 7-26　题 7.9 图　　　　　　　　图 7-27　题 7.10 图

7.11　如图 7-28 所示电路是一理想变压器，变比为 10:1，求 $\dot{U}_2$。

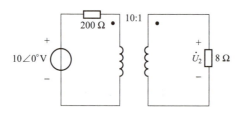

图 7-28　题 7.11 图

第8章

非正弦周期电流电路

本章知识点
1. 了解电路中产生非正弦交流量的原因
2. 掌握非正弦周期电流的概念及用傅里叶级数将非正弦周期量分解为谐波的方法
3. 了解谐波和频谱的概念
4. 掌握非正弦周期量有效值和平均功率的定义及计算方法
5. 掌握较为简单的非正弦周期电流电路的计算

先导案例

在电子通信工程中，遇到的电信号大都为非正弦量，如图8-1所示示波器观测的收音机或电视机所收到的信号电压或电流的波形是显著的非正弦波形；另外示波器荧光屏上要显示出观测的信号波形，其内部的竖直偏转板上加被观测的信号电压，还必须在水平偏转板上加一个锯齿波作为扫描电压，锯齿波也是非正弦信号，如图8-2所示。那么，这些非正弦周期信号作用于线性电路中该怎样进行分析计算呢？

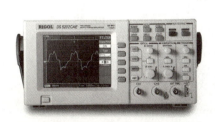

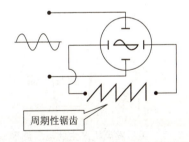

周期性锯齿

图8-1 示波器观测的波形　　　　　图8-2 示波器内的水平扫描电压

在实际应用中，更多的还是非正弦规律变化的电压、电流，在自动控制、电子计算机等领域内大量用到的脉冲电路中，电压和电流的波形也都是非正弦的。因此在此有必要了解非正弦量与正弦量之间存在的特定关系，进一步讨论非正弦周期电流电路的分析和计算方法。

8.1 非正弦周期信号

非正弦周期信号产生的原因

8.1.1 非正弦周期信号产生的原因

前面讨论了正弦交流信号作用于线性电路稳态响应的分析计算方法，从中得出，在一个线性电路中有一个或多个同频率的正弦信号同时作用时，电路的稳态响应仍为同频率的正弦量。

在实际工程中，除了正弦激励和响应外，还会经常遇到非正弦激励和响应。电路中的激励或响应是按非正弦周期性规律变化的电压或电流，则称其为非正弦周期量，当这类激励作用于线性电路时，其稳态响应一般也是按非正弦周期性规律变化的。此类电路称为非正弦周期电流电路。

电路中产生非正弦交流量的原因主要有下列三种。

1. 电源电压不是理想的正弦交流量

由于发电机结构和制造方面的原因，使得发电机绕组中感应出的电压不是理想的正弦交流量，在这种电源的作用下，电路中就产生了非正弦电流和非正弦电压，如图 8－3 所示。

2. 电路中有几个不同频率的电源共同作用

电路中的两个以上不同频率的电源共同作用时，即使这些电源的电压都是正弦量，电路中的总电压也不再是正弦量，因而电路中的电压和电流也将不再是正弦量。如图 8－4 所示。

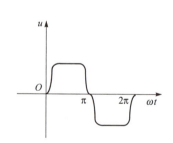

图 8－3　实际发电机产生的电压波形

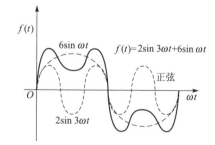

图 8－4　不同频率的正弦波合成为非正弦波形

3. 电路中含有非线性元件

当电路中含有非线性元件时，即使原来所施加的电压是正弦的，电路中的电流仍然是非正弦的。比如二极管是非线性元件。用它可以组成整流电路，如图 8－5 所示。当正弦交流电压施加于整流电路两端时，经过二极管，在负载上得到的是非正弦的电压。

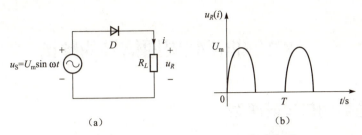

图 8-5　半波整流电路及整流信号

8.1.2　常见的非正弦周期信号

实验室用到的信号源产生的周期矩形波电压、锯齿波电压和三角波电压如图 8-6 所示。都是非正弦周期信号。

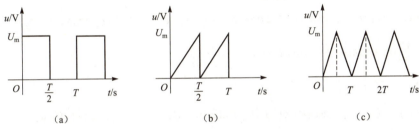

图 8-6　非正弦电源电压信号

上述激励和响应的波形虽然各不相同，但如果它们能按一定规律周而复始地变化，则称为非正弦周期电压或电流。本章仅讨论在非正弦周期电压、电流激励下线性电路稳态的分析和计算方法。

8.1.3　非正弦周期信号的表示

在图 8-4 中可以看到，当有两个不同频率的正弦信号叠加之后，得到的是一个非正弦的周期变化的信号。如果有更多的不同频率的正弦信号相叠加，则得到的还是一个非正弦的周期变化信号。同样，也可以把这非正弦周期变化的信号分解成一系列不同频率的正弦信号之和。甚至还可能包含有频率为零的直流分量。因此，非正弦周期变化的信号的一般表示式可以写成

非正弦周期信号的表示

$$f(t)=\sum_{k=0}^{\infty}A_{k}\sin(k\omega t+\varphi_{k}) \tag{8.1}$$

因此，非正弦周期信号常用式（8.1）的形式表示。8.2 节将详细讨论这个问题。

分析非正弦周期电流电路，需利用傅里叶级数将非正弦周期电压或电流分解为一系列不同频率的正弦电压或电流之和，然后分别计算在各种频率正弦电压或电流单独作用下在电路中产生的正弦电压分量和电流分量，最后再根据线性电路的叠加定理，把所得分量按瞬时值相加，就可得到电路中实际的稳态电压和电流。它实质上就是把非正弦周期电流电路的计算化为一系列正弦电流电路的计算，这样我们就可以充分利用相量法这个有效的工具。

8.2 非正弦周期信号的频谱

8.2.1 周期函数的傅里叶级数

在研究讨论非正弦周期电流电路时，为了便于利用前面直流电路和正弦稳态电路的分析方法去分析非正弦周期电流电路，很有必要对非正弦周期信号进行分解，将非正弦周期函数分解为傅里叶级数。

对于给定的周期函数 $f(t)$，当其满足狄里赫利（Dirichlet）条件时，都可以分解为傅里叶级数。实际应用中常见信号通常都满足狄里赫利条件。

周期为 T 的时间函数 $f(t)$ 可展开成

$$f(t) = a_0 + (a_1 \cos \omega_s t + b_1 \sin \omega_s t) + (a_2 \cos 2\omega_s t + b_2 \sin 2\omega_s t) + \cdots + (a_k \cos k\omega_s t + b_k \sin k\omega_s t) + \cdots$$

$$= a_0 + \sum_{k=1}^{+\infty} (a_k \cos k\omega_s t + b_k \sin k\omega_s t) \tag{8.2}$$

式（8.2）也可合并成

$$f(t) = A_0 + A_{1m} \sin(\omega_s t + \varphi_1) + A_{2m} \sin(2\omega_s t + \varphi_2) + \cdots + A_{km} \sin(k\omega_s t + \varphi_k) + \cdots$$

$$= A_0 + \sum_{k=1}^{+\infty} A_{km} \sin(k\omega_s t + \varphi_k) \tag{8.3}$$

式（8.2）中 $\omega_s = \dfrac{2\pi}{T}$，$T$ 为 $f(t)$ 的周期；a_0、a_k、b_k 为傅里叶系数，其可按式（8.4）计算。

$$\begin{cases} a_0 = \dfrac{1}{T} \int_0^T f(t)\mathrm{d}t \\[2mm] a_k = \dfrac{2}{T} \int_0^T f(t) \cos k\omega_s t\,\mathrm{d}t \\[2mm] b_k = \dfrac{2}{T} \int_0^T f(t) \sin k\omega_s t\,\mathrm{d}t \end{cases} \tag{8.4}$$

不难得出式（8.2）和式（8.3）中的系数有如下关系：

$$\begin{cases} A_0 = a_0 \\[1mm] a_k = A_{km} \cos \varphi_k \\[1mm] b_k = A_{km} \sin \varphi_k \\[1mm] A_{km} = \sqrt{a_k^2 + b_k^2} \\[1mm] \varphi_k = \arctan \dfrac{b_k}{a_k} \end{cases} \tag{8.5}$$

以上式（8.2）和式（8.3）的无穷三角级数称周期函数 $f(t)$ 的傅里叶级数，式（8.3）中 A_0 称为 $f(t)$ 的直流分量。$A_{km} \sin(k\omega_s t + \varphi_k)$ 称为 $f(t)$ 的 k 次谐波分量。如：二次谐波（$k=2$），

A_{km} 称为 k 次谐波分量的振幅，φ_k 称为 k 次谐波分量的初相角。特别地，当 $k=1$ 时，$A_{1m}\sin(\omega_s t+\varphi_1)$ 称为 $f(t)$ 的基波分量，其周期或频率与 $f(t)$ 相同。

将周期函数 $f(t)$ 分解为直流分量、基波分量和一系列不同频率的各次谐波分量之和，称为谐波分析。根据式（8.3）和式（8.4），再利用式（8.5）很容易得到式（8.2）形式的 $f(t)$ 的傅里叶级数。表 8.1 给出了几种常见的非正弦周期函数的傅里叶级数形式。

由于非正弦周期函数 $f(t)$ 在分解为傅里叶级数时，$f(t)$ 波形的某种对称性与傅里叶级数有着密切的关系。因此，在对非正弦周期函数 $f(t)$ 进行傅里叶分解时，根据 $f(t)$ 波形的特点可使系数 a_0、a_k、b_k 的确定简化，大大方便了傅里叶级数的计算。下面讨论几种常见的对称波形。

1. 周期函数为偶函数

如图 8-7 所示的函数波形对称于纵轴，在数学上称为偶函数。其满足

$$f(-t)=f(t)$$

由式（8.2）可得

$$f(t)=a_0+\sum_{k=1}^{+\infty}(a_k\cos k\omega_s t+b_k\sin k\omega_s t)$$

而

$$f(-t)=a_0+\sum_{k=1}^{+\infty}(a_k\cos k\omega_s t-b_k\sin k\omega_s t)$$

由于 $f(-t)=f(t)$，故得 $b_k=0$。

由此可知，关于纵轴对称的偶函数的傅里叶级数中不含正弦谐波分量，即

$$f(t)=a_0+\sum_{k=1}^{+\infty}a_k\cos k\omega_s t$$

2. 周期函数为奇函数

如图 8-8 所示的函数波形对称于原点，在数学上称为奇函数。其满足

$$f(-t)=-f(t)$$

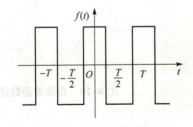

图 8-7　偶函数波形

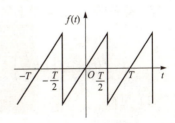

图 8-8　奇函数波形

由式（8.2）可得

$$f(t)=a_0+\sum_{k=1}^{+\infty}(a_k\cos k\omega_s t+b_k\sin k\omega_s t)$$

而

$$f(-t) = a_0 + \sum_{k=1}^{+\infty}(a_k\cos k\omega_s t - b_k\sin k\omega_s t)$$

由于 $f(-t) = -f(t)$，故得 $a_0 = a_k = 0$。

由此可知，关于原点对称的奇函数的傅里叶级数中不含直流分量和余弦谐波分量，即

$$f(t) = \sum_{k=1}^{+\infty} b_k\sin k\omega_s t$$

3. 周期函数为偶谐波函数

图 8-9 所示的函数波形，两个相差半个周期的函数值大小相等，符号相同，在数学上称为偶谐波函数。其满足

$$f(t) = f\left(t \pm \frac{T}{2}\right)$$

由式（8.2）可得

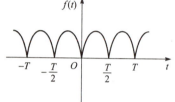

图 8-9　偶谐波函数波形

$$f(t) = a_0 + \sum_{k=1}^{+\infty}(a_k\cos k\omega_s t + b_k\sin k\omega_s t)$$

而

$$f\left(t \pm \frac{T}{2}\right) = a_0 - \sum_{k=1,3,5,\cdots}^{+\infty}(a_k\cos k\omega_s t + b_k\sin k\omega_s t) + \sum_{k=2,4,6,\cdots}^{+\infty}(a_k\cos k\omega_s t + b_k\sin k\omega_s t)$$

由于 $f(t) = f\left(t \pm \frac{T}{2}\right)$，故得 $a_k = b_k = 0\ (k = 1,3,5,7,\cdots)$。

由此可知，偶谐波函数的傅里叶级数中只含直流分量和各偶次谐波分量，故称偶谐波函数。即

$$f(t) = a_0 + \sum_{k=2,4,6,\cdots}^{+\infty}(a_k\cos k\omega_s t + b_k\sin k\omega_s t)$$

4. 周期函数为奇谐波函数

如图 8-10 所示的函数波形，两个相差半个周期的函数值大小相等，符号相反，在数学上称为奇谐波函数。其满足

$$f(t) = -f\left(t \pm \frac{T}{2}\right)$$

由式（8.2）可得

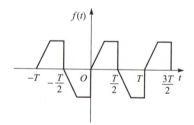

图 8-10　奇谐波函数波形

$$f(t) = a_0 + \sum_{k=1}^{+\infty}(a_k\cos k\omega_s t + b_k\sin k\omega_s t)$$

而

$$-f\left(t \pm \frac{T}{2}\right) = -a_0 + \sum_{k=1,3,5,\cdots}^{+\infty}(a_k\cos k\omega_s t + b_k\sin k\omega_s t) - \sum_{k=2,4,6,\cdots}^{+\infty}(a_k\cos k\omega_s t + b_k\sin k\omega_s t)$$

由于 $f(t) = -f\left(t \pm \frac{T}{2}\right)$，故得 $a_0 = a_k = b_k = 0\ (k = 2,4,6,8,\cdots)$。

由此可知，奇谐波函数的傅里叶级数中只含各奇次谐波分量，故称奇谐波函数。即

$$f(t) = \sum_{k=1,3,5,\cdots}^{+\infty} (a_k \cos k\omega_s t + b_k \sin k\omega_s t)$$

综上所述，根据周期函数的对称性不仅可预先判断它包含的谐波分量的类型，定性地判定哪些谐波分量不存在，并且使傅里叶系数的计算得到简化。

实际应用中，常通过查表 8-1 直接写出周期函数的傅里叶级数形式。

表 8-1　几种常见的非正弦周期函数的傅里叶级数形式

函数名称	$f(t)$ 的波形	$f(t)$ 的傅里叶级数
三角波		$f(t) = \dfrac{8U_m}{\pi^2}\left(\sin\omega t - \dfrac{1}{9}\sin 3\omega t + \dfrac{1}{25}\sin 5\omega t - \cdots + \dfrac{(-1)^{\frac{k-1}{2}}}{k^2}\sin k\omega t + \cdots\right)$ （k 为奇数）
锯齿波		$f(t) = U_m\left[\dfrac{1}{2} - \dfrac{1}{\pi}\left(\sin\omega t + \dfrac{1}{2}\sin 2\omega t + \cdots + \dfrac{1}{k}\sin k\omega t + \cdots\right)\right]$ （$k \in Z$）
矩形波		$f(t) = \dfrac{4U_m}{\pi}\left(\sin\omega t + \dfrac{1}{3}\sin 3\omega t + \dfrac{1}{5}\sin 5\omega t + \cdots + \dfrac{1}{k}\sin k\omega t + \cdots\right)$ （k 为奇数）
半波整流波		$f(t) = \dfrac{2U_m}{\pi}\left(\dfrac{1}{2} + \dfrac{\pi}{4}\cos\omega t + \dfrac{1}{1\times 3}\cos 2\omega t + \cdots - \dfrac{1}{3\times 5}\cos 4\omega t + \dfrac{1}{5\times 7}\cos 6\omega t - \cdots\right)$
全波整流波		$f(t) = \dfrac{4U_m}{\pi}\left(\dfrac{1}{2} + \dfrac{1}{1\times 3}\cos\omega t - \dfrac{1}{3\times 5}\cos 2\omega t + \cdots + \dfrac{1}{5\times 7}\cos 3\omega t + \dfrac{1}{7\times 9}\cos 4\omega t + \cdots\right)$

8.2.2　非正弦周期信号的频谱

前面已经讨论，一个非正弦周期信号 $f(t)$ 可以展开为傅里叶级数，即

$$f(t) = A_0 + \sum_{k=1}^{+\infty} A_{km}\sin(k\omega_s t + \varphi_k)$$

这种数学表达式虽然详尽，但不够一目了然。在无线电、通信技术中，为了能直观地描述一个非正弦周期信号 $f(t)$ 分解为傅里叶级数后包含哪些频率分量和各分量所占"比重"怎样，常常采用频谱图的表示方法。

频谱图又分为振幅频谱和相位频谱。所谓振幅频谱（amplitude spectrum），就是用长度与各次谐波分量振幅大小相对应的线段（称为谱线）表示，并按频率的高低把它们依次排列起来所得到的图形。若谱线的高代表各次谐波分量的初相，则称为相位频谱（phase spectrum）。一般情况下，只要知道信号的振幅频谱就够了。所以，如果没有特别说明，通常所说的频谱就是指振幅频谱。

例 8.1 周期函数 $f(t)$ 如图 8–7 所示，求其傅里叶级数及其频谱。

解： 由图 8–7 可知 $f(t)$ 既是偶函数，又是奇谐波函数，所以 $f(t)$ 中既不含正弦谐波分量（$b_k = 0$），也不含直流分量和偶次谐波分量（$a_k = 0$）（$k = 0, 2, 4, 6, \cdots$）。只需计算系数 a_k，由式（8.4）得

$$
\begin{aligned}
a_k &= \frac{2}{T} \int_0^T f(t) \cos k\omega_s t \mathrm{d}t = \frac{4}{T} \int_0^{\frac{T}{2}} f(t) \cos k\omega_s t \mathrm{d}t \\
&= \frac{4U_m}{T} \left[\int_0^{\frac{T}{4}} \cos k\omega_s t \mathrm{d}t - \int_{\frac{T}{4}}^{\frac{T}{2}} \cos k\omega_s t \mathrm{d}t \right] \\
&= \frac{4U_m}{T} \frac{1}{k\omega_s} \left[\cos k\omega_s t \Big|_0^{\frac{T}{4}} - \cos k\omega_s t \Big|_{\frac{T}{4}}^{\frac{T}{2}} \right] \\
&= \frac{4U_m}{k\pi} \sin \frac{k\pi}{2}
\end{aligned}
$$

故得

$$
\begin{aligned}
f(t) &= \sum_{k=1}^{+\infty} \frac{4U_m}{k\pi} \sin \frac{k\pi}{2} \cos k\omega_s t \\
&= \frac{4U_m}{\pi} \left(\cos \omega_s t - \frac{1}{3} \cos 3\omega_s t + \frac{1}{5} \cos 5\omega_s t - \cdots \right)
\end{aligned}
$$

其频谱如图 8–11 所示。

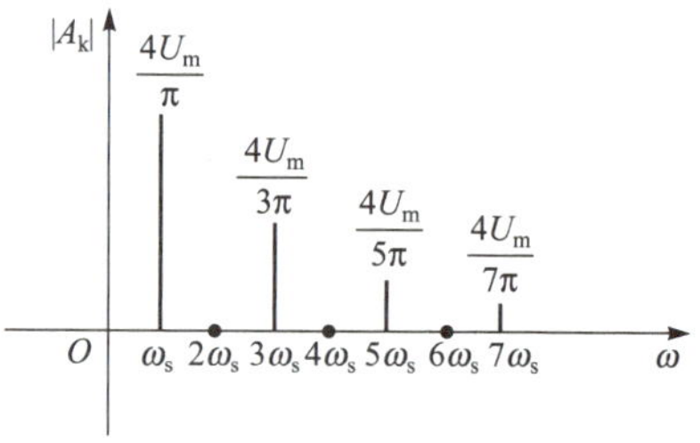

图 8–11 例 8.1 频谱图

8.3 非正弦周期信号的有效值、平均值、平均功率

8.3.1 非正弦周期信号的有效值

非正弦周期量的有效值和正弦量的有效值的定义是相同的，以正弦电流 $i(t) = I_m \sin(\omega t + \varphi)$ 为例，其有效值定义为

$$
I = \sqrt{\frac{1}{T} \int_0^T i^2 \mathrm{d}t} \tag{8.6}
$$

非正弦周期信号的有效值、
平均值、平均功率

设非正弦周期电流 $i(t)$ 的傅里叶级数展开式为

$$i(t) = I_0 + I_{1m}\sin(\omega_s t + \varphi_1) + I_{2m}\sin(2\omega_s t + \varphi_2) + \cdots + I_{km}\sin(k\omega_s t + \varphi_k) + \cdots$$

$$= I_0 + \sum_{k=1}^{+\infty} I_{km}\sin(k\omega_s t + \varphi_k)$$

把 $i(t)$ 代入式（8.6），可得非正弦周期电流 $i(t)$ 的有效值为

$$I = \sqrt{\frac{1}{T}\int_0^T \left[I_0 + \sum_{k=1}^{+\infty} I_{km}\sin(k\omega_s t + \varphi_k) \right]^2 dt}$$

$$= \sqrt{I_0^2 + \sum_{k=1}^{+\infty} I_k^2} = \sqrt{I_0^2 + I_1^2 + I_2^2 + \cdots + I_k^2} \tag{8.7}$$

式（8.7）中，I_0 为 $i(t)$ 直流分量，I_k^2 为 $i(t)$ 的 k 次谐波分量的有效值。

同理，非正弦周期电压 $u(t)$ 的有效值为

$$U = \sqrt{U_0^2 + \sum_{k=1}^{+\infty} U_k^2} = \sqrt{U_0^2 + U_1^2 + U_2^2 + \cdots + U_k^2} \tag{8.8}$$

式（8.7）和式（8.8）表明：非正弦周期量的有效值等于它的直流分量的平方和各次谐波分量有效值的平方之和的平方根。

例 8.2　求电流 $i(t) = 2 + 3\sin(t + 30°) + 4\sin(2t - 45°)$ (A)的有效值 I。

解：由式（8.7）可得

$$I = \left(\sqrt{2^2 + \left(\frac{3}{\sqrt{2}}\right)^2 + \left(\frac{4}{\sqrt{2}}\right)^2} \right) \text{A} = \left(\sqrt{4 + 4.5^2 + 8^2} \right) \text{A} \approx 9.39 \text{ A}$$

特别注意：直流分量的有效值为其本身，各次谐波分量的有效值等于其振幅的 $\frac{1}{\sqrt{2}}$ 倍。

8.3.2　非正弦周期信号的平均值

非正弦周期量 $f(t)$ 的平均值 F_{av} 定义为

$$F_{av} = \frac{1}{T}\int_0^T |f(t)| \, dt \tag{8.9}$$

即非正弦周期量的平均值等于其绝对值在一个周期内的平均值。其目的是区别于傅里叶级数中的直流分量 a_0。

例 8.3　求正弦电流 $i(t) = I_m \sin\omega t$ A 的平均值 I_{av}。

解：将 $i(t)$ 代入式（8.9）得

$$I_{av} = \frac{1}{T}\int_0^T |I_m \sin\omega t| \, dt = \frac{2I_m}{T}\int_0^{\frac{T}{2}} \sin\omega t dt = \frac{2I_m}{\pi} = 0.637I_m = 0.898I \text{ A}$$

I_{av} 相当于正弦波经全波整流后的平均值，即如图 8−9 所示波形的平均值。

对于同一个非正弦周期电流，若用不同类型的仪表进行测量，就会得出不同的结果。如用直流仪表测量，所测结果是直流分量；用电磁系或电动系仪表测量，所测结果为有效值；用整流磁电系仪表测量，所测结果为平均值。因此，在测量非正弦周期量时，要注意选择合适的仪表，并且注意各种不同类型仪表读数的含义。

8.3.3 非正弦周期电流电路的平均功率

非正弦周期电流电路的平均功率仍按其瞬时功率在一个周期内的平均值来定义。

设任意一个二端网络的端电压与端电流分别为 $u(t)$、$i(t)$，取关联参考方向，则其瞬时功率定义为

$$p = u(t)i(t) \tag{8.10}$$

其平均功率则为

$$P = \frac{1}{T}\int_0^T p\,\mathrm{d}t = \frac{1}{T}\int_0^T u(t)i(t)\,\mathrm{d}t \tag{8.11}$$

设非正弦周期电压 $u(t)$ 和电流 $i(t)$ 的傅里叶级数为

$$u(t) = U_0 + \sum_{k=1}^{+\infty} U_{\mathrm{km}}\sin(k\omega t + \varphi_{u_k})$$

$$i(t) = I_0 + \sum_{k=1}^{+\infty} I_{\mathrm{km}}\sin(k\omega t + \varphi_{i_k})$$

将其代入到式（8.11），得平均功率

$$P = \frac{1}{T}\int_0^T u(t)i(t)\,\mathrm{d}t = \frac{1}{T}\int_0^T \left[U_0 + \sum_{k=1}^{+\infty} U_{\mathrm{km}}\sin(k\omega t + \varphi_{u_k}) \right]\left[I_0 + \sum_{k=1}^{+\infty} I_{\mathrm{km}}\sin(k\omega t + \varphi_{i_k}) \right]\mathrm{d}t$$

$$= U_0 I_0 + \sum_{k=1}^{+\infty} U_k I_k \cos(\varphi_{u_k} - \varphi_{i_k}) = U_0 I_0 + \sum_{k=1}^{+\infty} U_k I_k \cos\varphi_k \tag{8.12}$$

式（8.12）中，$U_k = \dfrac{U_{\mathrm{km}}}{\sqrt{2}}$、$I_k = \dfrac{I_{\mathrm{km}}}{\sqrt{2}}$、$\varphi_k = \varphi_{u_k} - \varphi_{i_k}$ 为第 k 次谐波分量电压与电流相位差。

式（8.12）表明：非正弦周期电流电路的平均功率等于直流分量与各次谐波分量分别产生的平均功率之和。

例 8.4 设某二端网络端口电压、电流为关联参考方向，已知：

$$u(t) = [100 + 100\sqrt{2}\sin t + 30\sqrt{2}\sin 3t + 15\sqrt{2}\sin 5t]\ \mathrm{V}$$

$$i(t) = [10 + 50\sqrt{2}\sin(t - 45°) + 10\sqrt{2}\sin(3t - 60°)]\ \mathrm{A}$$

试求电压、电流有效值及网络的平均功率。

解： 由式（8.7）和式（8.8）可得电压、电流有效值为

$$U = \sqrt{U_0^2 + U_1^2 + U_3^2 + U_5^2} = (\sqrt{100^2 + 100^2 + 30^2 + 15^2})\ \mathrm{V} \approx 145.3\ \mathrm{V}$$

$$I = \sqrt{I_0^2 + I_1^2 + I_3^2} = (\sqrt{10^2 + 50^2 + 10^2})\ \mathrm{A} \approx 51.96\ \mathrm{A}$$

网络吸收的平均功率为

$$
\begin{aligned}
P &= U_0 I_0 + U_1 I_1 \cos\varphi_1 + U_3 I_3 \cos\varphi_2 \\
&= (100\times10 + 100\times50\cos[0-(-45°)] + 30\times10\cos[0-(-60°)])\ \mathrm{W} \\
&= (1\,000 + 5\,000\cos45° + 300\cos60°)\ \mathrm{W} = 4\,685.5\ \mathrm{W}
\end{aligned}
$$

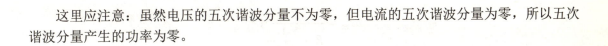

这里应注意：虽然电压的五次谐波分量不为零，但电流的五次谐波分量为零，所以五次谐波分量产生的功率为零。

8.4　线性非正弦周期电流电路的分析与计算

非正弦周期电流电路的分析通常采用谐波分析法，其步骤如下：

① 将给定的非正弦周期电源电压或电流分解为傅里叶级数，高次谐波分量取到哪一项由所需计算精度有关。

② 分别计算电路对直流分量和各次谐波分量单独作用时的响应。计算时应注意：当直流分量单独作用时，电感相当于短路，电容相当于断路；电感、电容的阻抗随不同谐波分量的角频率不同而不同，即对基波分量为 $j\omega L$、$\dfrac{1}{j\omega C}$，对 k 次谐波分量则为 $jk\omega L$、$\dfrac{1}{jk\omega C}$。

③ 应用叠加定理，将步骤②所计算的结果化为瞬时值表达式后进行相加，最终求得电路的响应。这里要注意：因为不同谐波分量的角频率不同，其对应的相量直接相加是没有意义的。

下面举例加以说明。

例 8.5　电子线路中常用的阻容耦合电路如图 8–12（a）所示。该电路起隔直流、通交流的作用。设电路输入电压 u_i 波形如图 8–12（b）所示，电路元件 R、C 参数已知，求输出电压 u_o，并画出其波形。

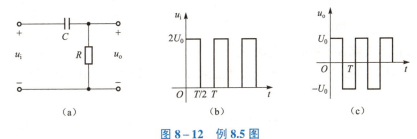

图 8–12　例 8.5 图

解：　由式（8.4）可求出 u_i 的傅里叶级数展开式中的直流分量 $a_0 = U_0 \neq 0$，故设其傅里叶级数展开式为

$$u_i = U_0 + u_1 + u_2 + \cdots$$

式中 u_1、u_2 等分别表示基波、二次谐波分量。

利用谐波分析法。

当直流分量作用时，电容相当于断路，故电阻 R 上电压为零，U_0 全部加在电容 C 上。

当基波分量作用时，设基波角频率为 ω_s，则

$$\dot{U}_{01} = \frac{R}{R + \dfrac{1}{j\omega_s C}} \dot{U}_{i1}$$

当二次谐波分量作用时，则

$$\dot{U}_{02} = \frac{R}{R + \dfrac{1}{\mathrm{j}2\omega_s C}}\dot{U}_{i2}$$

同理可得 k 次谐波分量作用时，则

$$\dot{U}_{0k} = \frac{R}{R + \dfrac{1}{\mathrm{j}k\omega_s C}}\dot{U}_{ik}$$

若取 $R \gg \dfrac{1}{\omega_s C}$，则

$$\dot{U}_{01} = \frac{R}{R + \dfrac{1}{\mathrm{j}\omega_s C}}\dot{U}_{i1} \approx \frac{R}{R}\dot{U}_{i1} = \dot{U}_{i1}$$

$$\dot{U}_{0k} = \frac{R}{R + \dfrac{1}{\mathrm{j}k\omega_s C}}\dot{U}_{ik} \approx \frac{R}{R}\dot{U}_{ik} = \dot{U}_{ik}$$

故得

$$u_o = u_1 + u_2 + \cdots$$

即

$$u_o \approx u_i - U_0$$

u_o 波形如图 8-12（c）所示。

由本例可得阻容耦合电路的特点如下：

（1）若输入信号中含有直流分量，则通过阻容耦合电路后，输出无直流分量，体现出隔直作用。

（2）若选择合适的元件参数，使其满足 $R \gg \dfrac{1}{\omega_s C}$，则输入信号几乎全部无衰减地传到输出端。

 知识拓展

频谱分析仪（Spectrum Analyzer）是工程上常用的仪器，它以图形方式对非正弦信号波形进行频谱分析，能显示波形中所含的直流分量、基频分量和高次谐波分量的成分。

在工程应用中，常常由于系统中某些原因或外界干扰致使信号发生畸变和失真，频谱分析仪可以用来对这种失真信号进行频谱分析，找出哪些频率点上的谐波分量会对畸变产生影响，从而可以设计专门的滤波器，将这些分量滤除掉。

先导案例解决

非正弦周期电流电路的分析方法是在正弦电流电路的基础上，应用高等数学中的傅里叶

级数将非正弦周期量分解为一系列不同频率的正弦量之和，分别计算各个正弦量单独作用下电路中所产生的同频率正弦电流和电压分量，最后再根据叠加定理把所得分量按时域形式叠加。

● 任务训练 ●

非正弦交流电路仿真实验

1. 实验目的

（1）熟悉 Multisim 10 的仿真实验法，熟悉虚拟示波器和信号发生器的设置和使用方法。

（2）利用 Multisim 10 仿真方波的合成，进一步理解非正弦周期信号可以由一系列频率不同的正弦交流信号构成。

（3）加深对非正弦周期信号有效值关系式的理解。

（4）观察非正弦周期电流电路中电感及电容对电流波形的影响。

2. 实验内容及步骤

（1）定性观察方波信号的合成，验证非正弦电压有效值的关系式。

① 从元件库中选取三个交流电压源，从指示器件库中取出三个电压表，从仪器库中选出数字万用表及示波器，创建如图 8-13 所示电路。

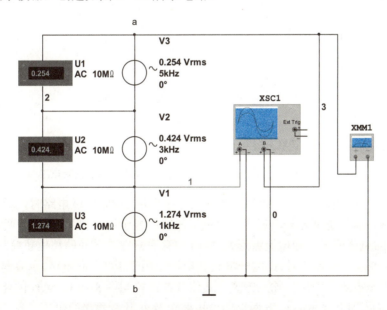

图 8-13 非正弦周期信号合成的仿真实验电路

② 分别双击三个电压表图标，在其"Value"的设置中，"Mode"设置为"AC"（即测量交流），"Resistance"为"1 MΩ"，符合交流电压测量要求；双击万用表 XMM1 图标，在面板上选择"V"和"～"（交流），即万用表 XMM1 所测量的是交流电压值。

③ 右击"Channel A"的输入线，将其设置为红色；右击"Channel B"的输入线，将其

设置为蓝色。再双击示波器图标打开面板，设置示波器参数，参考值为："Time base"设置为"500 μs/div"；"Y/T"显示方式；"Channel A"设置为"1 V/div""DC"输入方式；"Channel B"设置为"1 V/div""DC"输入方式；"Trigger"设置为"Auto"触发方式。

④ 运行仿真开关，双击示波器图标，观察并记录示波器的显示屏上显示的 1、2 两端的电压波形（即合成的电压波形）及电压源 V1 两端的电压波形，并用鼠标移动读数游标 1 和游标 2 测出两路波形的幅值和周期。再双击数字万用表 XMM1 图标，读出 1、2 两端的电压有效值。

（2）观察电感、电容对非正弦电流波形的影响。

创建如图 8−14 所示电路，在 a、b 两端分别接电阻 R、电感 L、电容 C，用示波器观察并记录 a、b 两端的电压波形及电阻 R 两端的电压波形（即电流波形）。

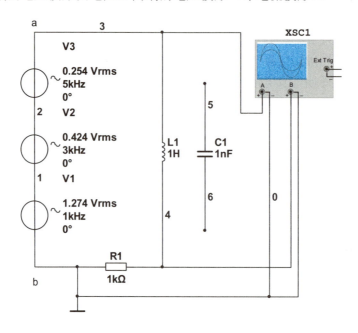

图 8−14　观察电感、电容对非正弦电流波形影响的实验电路

① 当电路中接入电感 L 时，即将一非正弦电压作用于 RL 串联电路时，示波器面板参数设置同图 8−13。运行仿真开关，观察并记录示波器的显示屏上显示的 a、b 两端的电压波形及电阻 R 两端的电压波形（即电流波形）。同时注意观察二者之间的相位超前与滞后关系。

② 当电路中接入电容 C 时，即将一非正弦电压作用于 RC 串联电路，示波器面板"Channel B"设置为"20 mV/div""DC"输入方式，其他参数设置同图 8−13。运行仿真开关，观察并记录示波器的显示屏上显示的 a、b 两端的电压波形及电阻 R 两端的电压波形（即电流波形）。同时注意观察二者之间的相位超前与滞后关系。

3. 实验报告要求

（1）实验的名称、时间、目的、电路和内容。

（2）画出如图 8−13 所示实验电路 a、b 两端的电压波形（即合成的电压波形）及电压源 V1 两端的电压波形曲线，算出它们的频率，从中能得出什么结论？

（3）读出合成的非正弦电压信号有效值（即数字万用表 XMM1 显示值）及三个电压表所显示的有效值，这几个值之间满足什么关系？

（4）当非正弦电压作用于 *RL* 串联电路时，观察示波器上显示的非正弦电流波形和电压波形哪个更接近于正弦波形？为什么？

（5）当非正弦电压作用于 *RC* 串联电路时，观察示波器上显示的非正弦电流波形和电压波形哪个更偏离正弦波形？为什么？

本章小结
BENZHANGXIAOJIE

本章主要研究了非正弦周期电流电路的分析方法，即谐波分析法。

（1）利用傅里叶级数将非正弦周期量分解为直流分量和各次正弦谐波分量之和的形式，即

$$f(t) = a_0 + \sum_{k=1}^{+\infty} (a_k \cos k\omega_s t + b_k \sin k\omega_s t)$$

$$= A_0 + \sum_{k=1}^{+\infty} A_{km} \sin(k\omega_s t + \varphi_k)$$

其傅里叶系数为

$$\begin{cases} a_0 = \dfrac{1}{T} \displaystyle\int_0^T f(t)\mathrm{d}t \\[2mm] a_k = \dfrac{2}{T} \displaystyle\int_0^T f(t) \cos k\omega_s t \mathrm{d}t \\[2mm] b_k = \dfrac{2}{T} \displaystyle\int_0^T f(t) \sin k\omega_s t \mathrm{d}t \end{cases}$$

及

$$\begin{cases} A_0 = a_0 \\ a_k = A_{km} \cos \varphi_k \\ b_k = A_{km} \sin \varphi_k \\ A_{km} = \sqrt{a_k^2 + b_k^2} \\ \varphi_k = \arctan \dfrac{b_k}{a_k} \end{cases}$$

利用函数的对称性可以大大简化傅里叶系数的运算。

（2）非正弦周期量的有效值等于它的直流分量的平方和各次谐波分量有效值的平方之和的平方根。即

$$I = \sqrt{I_0^2 + \sum_{k=1}^{+\infty} I_k^2} = \sqrt{I_0^2 + I_1^2 + I_2^2 + \cdots + I_k^2}$$

非正弦周期量的平均值等于其绝对值在一个周期内的平均值。其目的是区别于傅里叶级数中的直流分量 a_0。即

$$F_{av} = \frac{1}{T} \int_0^T |f(t)| \, \mathrm{d}t$$

非正弦周期电流电路的平均功率等于直流分量与各次谐波分量分别产生的平均功率之和。即

$$P = U_0 I_0 + \sum_{k=1}^{+\infty} U_k I_k \cos(\varphi_{u_k} - \varphi_{i_k}) = U_0 I_0 + \sum_{k=1}^{+\infty} U_k I_k \cos \varphi_k$$

（3）非正弦周期电流电路的分析通常采用谐波分析法，其步骤如下：

① 将给定的非正弦周期电源电压或电流分解为傅里叶级数，高次谐波分量取到哪一项由所需计算精度有关。

② 分别计算电路对直流分量和各次谐波分量单独作用时的响应。计算时应注意：当直流分量单独作用时，电感相当于短路，电容相当于断路；电感、电容的阻抗随不同谐波分量的角频率不同而不同，即对基波分量为 $\mathrm{j}\omega L$、$\dfrac{1}{\mathrm{j}\omega C}$，对 k 次谐波分量则为 $\mathrm{j}k\omega L$、$\dfrac{1}{\mathrm{j}k\omega C}$。

③ 应用叠加定理，将步骤②所计算的结果化为瞬时值表达式后进行相加，最终求得电路的响应。这里要注意：因为不同谐波分量的角频率不同，其对应的相量直接相加是没有意义的。

习　题

8.1　试求表 8.1 中三角波的傅里叶级数展开式。

8.2　如图 8-15 所示是一可控全波整流电压的波形，在 $\dfrac{\pi}{2} \sim \pi$ 之间是正弦波，试求其有效值和平均值。

8.3　试求图 8-16 所示电流波形的有效值和平均值。

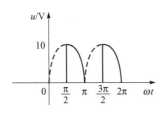

图 8-15　习题 8.2 电路

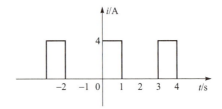

图 8-16　习题 8.3 电路

8.4　在 RLC 串联电路中，已知 $R = 10\ \Omega$、$L = 0.2\ \mathrm{H}$、$C = 10\ \mu\mathrm{F}$，求当电源电压 $u_S = 10 + 5\sqrt{2}\sin(t + 45°) - 4\sqrt{2}\sin(2t - 30°)$ V 时，电路中的电流 $i(t)$ 及其有效值和电路吸收的平均功率。

8.5　如图 8-17 所示二端网络，若

$$u(t) = 50 + 20\sqrt{2}\cos(\omega_s t + 45°) + 6\sqrt{2}\cos(2\omega_s t - 75°)\ \text{V}$$

$$i(t) = 25 + 15\sqrt{2}\cos(\omega_s t - 45°) + 9\sqrt{2}\cos(2\omega_s t + 15°)\ \text{A}$$

试求电压、电流有效值以及二端网络吸收的平均功率。

8.6 如图 8－18 所示 LC 滤波电路，要求四次谐波电流能传送至负载 R_L，而基波电流无法传送至负载 R_L。试求 L_1 和 L_2。

图 8－17 习题 8.5 电路　　　图 8－18 习题 8.6 电路

8.7 电路如图 8－12（a）所示，已知输入电压 u_i 含有 10 V 的直流分量，还有 50 Hz 的交流分量，其有效值为 220 V，$R = 20\ \text{k}\Omega$，$C = 10\ \mu\text{F}$，试求输出电压 u_o，并画出其波形。

8.8 如图 8－19 所示电路为电子技术中常用的半波整流 LC 滤波电路，其作用是滤除整流电压 U_1 中的较大脉动成分，同时尽量保留其直流成分，使输出电压 U_R 更加平滑，接近直流电压。已知 $u_1 = \dfrac{10}{\pi} + 5\cos\omega t + \dfrac{20}{3\pi}\cos 2\omega t$ V，$L = 2$ H、$C = 50\ \mu\text{F}$、$R = 500\ \Omega$。设 $\omega = 314\ \text{rad/s}$。试求

（1）输出电压 u_R 及其有效值。

（2）输出电压 u_R 的脉动系数 S（脉动系数 S 定义为输出电压中基波分量的幅值与直流分量幅值之比）。

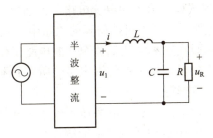

图 8－19 习题 8.8 电路

附录　Multisim 10 的基本使用方法

Multisim 10 是美国国家仪器公司（NI，National Instruments）于 2007 年 3 月推出的 Multisim 升级版本。该软件不同于以往的 EWB（Electronics Workbench，虚拟电子工作台），因为 EWB 的主要功能在于一般电子电路的虚拟仿真，而 Multisim 10 软件不仅局限于电子电路的虚拟仿真，在 LabVIEW 虚拟仪器、单片机仿真等技术方面也有更多的创新和提高。

Multisim 10 的元器件库提供数千种电路元器件供实验选用，同时也可以新建或扩充已有的元器件库，而且建库所需的元器件参数可以从生产厂商的产品使用手册中查到，因此也便于在工程设计中使用。同时 Multisim 10 的虚拟测试仪器仪表种类齐全，有一般实验用的通用仪器，如万用表、函数信号发生器、双踪示波器、直流电源；而且还有一般实验室少有或没有的仪器，如波特图仪、字信号发生器、逻辑分析仪、逻辑转换器、失真仪、频谱分析仪和网络分析仪等。

Multisim 10 提供了较为详细的电路分析功能，可以完成电路的瞬态分析和稳态分析、时域和频域分析、器件的线性和非线性分析、电路的噪声分析和失真分析、离散傅里叶分析、电路零极点分析、交直流灵敏度分析等电路分析方法，以帮助设计人员分析电路的性能。

Multisim 10 可以设计、测试和演示各种电子电路，包括电工学、模拟电路、数字电路、射频电路及微控制器和接口电路等。可以对被仿真的电路中的元器件设置各种故障，如开路、短路和不同程度的漏电等，从而观察不同故障情况下的电路工作状况。在进行仿真的同时，软件还可以存储测试点的所有数据，列出被仿真电路的所有元器件清单，以及存储测试仪器的工作状态、显示波形和具体数据等。

Multisim 10 有丰富的 Help 功能，其 Help 系统不仅包括软件本身的操作指南，更重要的是包含元器件的功能解说，Help 中这种元器件功能解说有利于使用 EWB 进行 CAI 教学。另外，NI Multisim10 还提供了与国内外流行的印刷电路板设计自动化软件 Protel 及电路仿真软件 PSpice 之间的文件接口，也能通过 Windows 的剪贴板把电路图送往文字处理系统中进行编辑排版，还支持 VHDL 和 Verilog HDL 语言的电路仿真与设计。

Multisim 10 可以实现计算机仿真设计与虚拟实验，与传统的电子电路设计与实验方法相比，具有如下特点：

① 设计与实验可以同步进行，可以边设计边实验，修改调试方便。

② 设计和实验用的元器件及测试仪器仪表齐全，可以完成各种类型的电路设计与实验。

③ 可方便地对电路参数进行测试和分析；可直接打印输出实验数据、测试参数、曲线和电路原理图。

④ 实验中不消耗实际的元器件，实验所需元器件的种类和数量不受限制，实验成本低，实验速度快，效率高。

⑤ 设计和实验成功的电路可以直接在产品中使用。

一、**Multisim 10 对系统的要求和软件安装**

1. 安装环境要求

推荐 Multisim 10 的安装环境要求如下：

操作系统：Windows XP Professional、Windows 2003 SP3。

CPU：Pentium 4 Processor 或更高档次的 CPU。

内存：至少 512 MB。

显示器分辨率：1 024×768 像素。

光驱：配备 CD-ROM 光驱（没有光驱时可通过网络安装）。

硬盘：可用空间至少 1.5 GB。

2. 光盘安装

启动 Windows，将 Multisim 10 光盘放入光驱，运行其中的 Setup 文件。根据屏幕提示信息进行相应的设置。安装完成后，需要重新启动计算机。

二、**Multisim 10 窗口界面**

用鼠标双击 Multisim 10 图标启动 Multisim 10，可以看到如附图 1 所示的基本窗口界面。其主要组成如图中所标注。

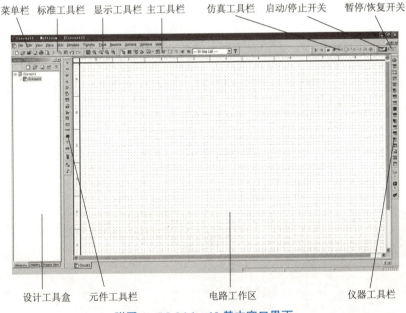

附图 1　**Multisim 10 基本窗口界面**

1. 菜单栏

Multisim 10 有 12 个主菜单，如附图 2 所示，提供文件管理、创建电路和仿真分析等所需的各种命令。

附图2 菜单栏

2. 工具栏

Multisim 10 的工具栏由标准工具栏（Standard Toolbar）、主工具栏（Main Toolbar）、仿真工具栏（Simulation Toolbar）、显示工具栏（View Toolbar）、元件工具栏（Components Toolbar）、虚拟元件工具栏（Virtual Toolbar）、图形注释工具栏（Graphic Annotation Toolbar）、仪器工具栏（Instruments Toolbar）等组成。启动 Multisim 10 进入基本窗口界面，在界面中显示的是标准工具栏、显示工具栏、主工具栏、仿真工具栏、元件工具栏和仪器工具栏，若要显示其他工具栏可以选择菜单 View→Toolbars，然后根据需要选择相应的工具栏在窗口显示。

标准工具栏、显示工具栏、主工具栏提供了常用的功能命令按钮，如附图3所示。用鼠标单击某一图标，可完成附图3所示的相应功能。

附图3 标准工具栏、显示工具栏、主工具栏

仿真工具栏提供了多种仿真方式，如附图4所示。

附图4 仿真工具栏

元件工具栏提供了丰富的元器件库，用鼠标单击某一图标可打开该库，元件工具栏中的各个图标所表示的元器件库含义如附图5所示。

附图 5　元件工具栏

在窗口的最右边一栏是仪器工具栏，仿真分析所用到的仪器仪表都可在此栏中找到，仪器的图标及功能如附图 6 所示。

附图 6　仪器工具栏

3. 电路工作区窗口

在附图 1 中，中间的窗口就是电路仿真工作区，用于电路的创建、测试和分析。

三、Multisim 10 的电路创建

当启动 Multisim 10 时，将自动打开一个新的无标题的电路窗口。或用鼠标单击 File→New 选项或用 Ctrl+N 快捷键操作（或用鼠标单击工具栏中的"新建"图标），打开一个无标题的电路窗口，通常在电路工作区窗口（相当于一个虚拟实验平台）直接选用元器件连接电路来创建一个新的电路。

1. 元器件的操作

① 元器件的选用。选用元器件时，首先在元件工具栏中单击包含该元器件的器件库图标，弹出如附图 7 所示的"Select a Component"对话框。还可以通过单击菜单 Place→Component 命令，或者在电路工作区的空白处右击，从弹出的快捷菜单中选择 Place Component 命令，或者在键盘上按下快捷键 Ctrl+W，也可以打开"Select a Component"对话框。

默认情况下，元件数据库"Database"栏是 Master Database（主数据库），若需要从 Corporate Database（公共数据库）或 User Database（用户数据库）中选择元器件，可在"Database"栏下拉列表中选择相应的数据库即可。

"Family"栏列表中选择所需元器件族。

"Component"栏列表中选择所需的元器件。

再次确认所需放置的元器件，单击"OK"按钮，用鼠标拖曳该元器件到电路工作区的适当位置。移开鼠标箭头，仍然可以连续在电路工作区单击鼠标左键放置多个同类元器件。不需要放置时单击鼠标右键，即可退出放置操作。

② 选中元器件。选择已经放置在电路工作区的元器件有两种方法：一种方法是将光标移动到所需元器件中央并按下鼠标左键，被选中的元器件四周出现蓝色虚线小方框；另一种方法是在电路工作区所需操作的元器件附近拖曳一个矩形框，并保证该矩形框能唯一选住目标

元器件，然后释放鼠标左键。

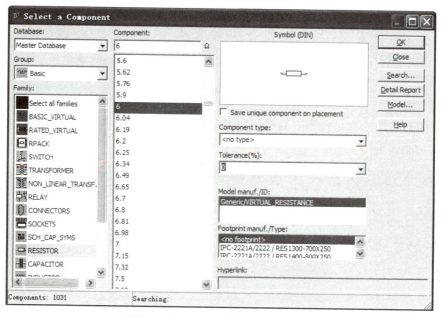

附图7 "Select a Component" 对话框

③ 元器件的移动。若要移动已放置的元器件，首先选中该元器件，然后拖曳该元器件到目标位置，再释放鼠标左键即可。在移动元器件的过程中应当注意，元器件的符号和标签是可以一起移动的，若在选择元器件操作时没有选中整个元器件（符号和标签），则在移动操作时可能会造成只移动了选中的元器件符号或标签。如果仅仅需要移动元器件的标签时，只选择标签即可。

④ 元器件的旋转与翻转。先选中该元器件，然后右击或者选择 Edit 菜单，选择菜单中的 Flip Horizontal（将所选择的元器件左右旋转）、Flip Vertical（将所选择的元器件上下旋转）、90 Clockwise（将所选择的元器件顺时针旋转 90 度）、90 CounterCW（将所选择的元器件逆时针旋转 90 度）等菜单栏中的命令。也可使用 Ctrl 键实现旋转操作。

⑤ 元器件的复制、删除。对选中的元器件，可以使用菜单 Edit→Cut（剪切）、Edit→Copy（复制）和 Edit→Paste（粘贴）、Edit→Delete（删除）等菜单命令实现元器件的复制、移动、删除等操作。

⑥ 元器件标签、编号、数值等参数的设置。在选中元器件后，双击该元器件，或者选择菜单命令 Edit→Properties（元器件特性），会弹出相关的对话框，可供输入数据。器件特性对话框具有多种选项可供设置，包括 Label（标识）、Value（数值）、Fault（故障设置）、Display（显示）等内容。

⑦ 改变元器件的颜色。用鼠标指向该元器件右击，在出现的菜单中，选择 Change Color 选项，出现颜色选择框，然后选择合适的颜色即可。

2. 连线的操作

① 导线的连接。在两个元器件之间，首先将鼠标指针移近一个元器件的引脚使其出现一个带十字小圆点，单击鼠标左键并拖曳出一根导线至另一个元器件的引脚，再次出现带十字小圆点时单击鼠标左键，系统即自动连接两个引脚之间的线路。

② 导线的删除。对准欲调整的导线，右击出现快捷菜单，选择 Delete 即可完成导线的删除。

③ 改变导线的颜色。要改变导线的颜色，用鼠标指向该导线，右击可以出现颜色选择框，然后选择合适的颜色即可。

④ 在导线中插入元器件。将元器件直接拖曳放置在导线上，然后释放即可在电路中插入元器件。

⑤ "连接点"的使用。"连接点"是一个小圆点，单击 Place Junction 可以放置节点。一个"连接点"最多可以连接来自四个方向的导线。可以直接将"连接点"插入连线中。若要删除"连接点"，则将鼠标指针指向所要删除的"连接点"，右击选择 Delete 即可。

⑥ 节点编号。在连接电路时，Multisim 10 自动为每个节点分配一个编号。是否显示节点编号可在 Options→Sheet Preferences 对话框的 Circuit 选项的 Net Names 中设置。

3. 仪器仪表的操作

① 仪器选用。从仪器库中将所选用的仪器图标用鼠标 "拖放" 到电路工作区即可，类似元器件的拖放。

② 仪器连接。将仪器图标上的连接端（接线柱）与相应电路的连接点相连，连线过程类似元器件的连线。

③ 设置仪器仪表参数。双击仪器图标即可打开仪器面板。可以用鼠标操作仪器面板上相应按钮及参数设置对话框进行数据设置。

四、电路分析中常用的虚拟仿真仪器

Multimeter（数字万用表）、Function Generator（函数信号发生器）、Oscilloscope（示波器）和 Wattmeter（瓦特表）是电路分析中常用的四种虚拟仿真仪器。以下将对这四种仪器的参数设置、面板操作等分别加以介绍。

1. 数字万用表

数字万用表和实验室里的数字万用表一样，是一种用来测量交直流电压、交直流电流和电阻，自动调整量程的数字显示（也可以用分贝形式显示电压和电流）的万用表。双击数字万用表图标，放大的数字万用表面板图如附图 8 所示。

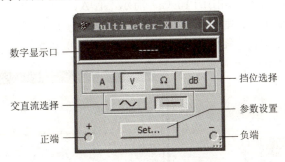

附图 8　数字万用表的面板

单击数字万用表面板上的设置（Settings）按钮，则弹出参数设置对话框窗口，可以设置数字万用表的电流表内阻、电压表内阻、欧姆表电流及测量范围等参数。

2. 函数信号发生器

函数信号发生器是用来提供正弦波、三角波、方波信号的电压信号源。双击函数信号发生器图标，放大的函数信号发生器的面板图如附图 9 所示。

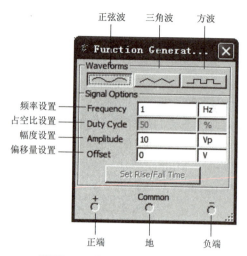

附图 9　函数信号发生器的面板

　　函数信号发生器其输出波形、工作频率、占空比、幅度和偏移量设置，可用鼠标来选择波形选择按钮和在各窗口设置相应的参数来实现。例如要输出 1 kHz、10 mV 的正弦波，设置方法为：单击正弦波按钮，在"Frequency"框键入"1"，并选择单位"kHz"，在"Amplitude"框键入"10"，并选择单位"mV"。

　　附图 9 中的"占空比设置"适用于三角波和方波，"偏移量"是指在信号波形上所叠加的直流量。还需注意的是，"幅度设置值"是振幅值而不是有效值。

　　连接+和 Common 端子，输出信号为正极性信号；连接 − 和 Common 端子，输出信号为负极性信号，输出信号的幅度值为信号发生器所设置的振幅值。连接+和 − 端子，输出信号的幅度值为信号发生器所设置的振幅值（即峰峰值）。

3. 示波器

　　示波器是用来观察信号波形并测量信号幅度、频率及周期等参数的仪器，是电子实验中使用最为频繁的仪器之一。其图标如附图 10（a）所示，有 A、B 两个通道，Ext Trig 是外触发端。双击示波器图标打开其面板，如附图 10（b）所示，可见它与实际仪器一样，由显示屏、输入通道设置、时基调整和触发方式选择四部分组成，其使用方法也和实际的示波器相似，简介如下。

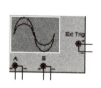

（a）

（b）

附图 10　示波器的图标和面板

① 时基（Time base）控制部分的调整。

时间基准。X 轴刻度显示示波器的时间基准，表示横坐标每格（1 cm）代表多长时间，X 轴刻度范围从 0.1 fs/Div～1 000 Ts/Div，应根据频率高低选择合适的值。

X 轴位置(X position)。X 轴位置控制 X 轴的起始点。当 X 的位置调到 0 时，信号从显示器的左边缘开始，正值使起始点右移，负值使起始点左移。X 位置的调节范围从 -5.00～+5.00。

显示方式选择。显示方式选择示波器的显示，可以从"幅度/时间（Y/T）"切换到"A 通道/B 通道中（A/B）"、"B 通道/A 通道（B/A）"或"Add"方式。在观察随时间变化的信号波形时显示方式应选择"Y/T"。

② 示波器输入通道（Channel A/B）的设置。

Y 轴刻度。Y 轴刻度表示纵坐标每格（1 cm）代表多大电压，刻度范围从 10 fV/Div～1 000 TV/Div，可以根据输入信号大小来选择合适的值，使信号波形在示波器显示屏上显示出合适的幅度。

Y 轴位置(Y position)。Y 轴位置控制 Y 轴的起始点。当 Y 的位置调到 0 时，Y 轴的起始点与 X 轴重合，如果将 Y 轴位置增加到 1.00，Y 轴原点位置从 X 轴向上移一大格，若将 Y 轴位置减小到 -1.00，Y 轴原点位置从 X 轴向下移一大格。Y 轴位置的调节范围为 -3.00～+3.00。改变 A、B 通道的 Y 轴位置有助于比较或分辨两通道的波形。

Y 轴输入方式。Y 轴输入方式中，"AC"方式用于观察信号的交流分量，"DC"方式用于观察信号的 AC 和 DC 分量之和（即信号的瞬时量），"0"方式则将示波器的输入端接地，此时在 Y 轴设置的原点位置显示一条水平直线。

③ 触发方式（Trigger）调整。

触发信号选择。触发信号一般选择自动触发（Auto）。选择"A"或"B"，则用相应通道的信号作为触发信号。选择"Ext"，则由外触发输入信号触发。选择"Sing"为单脉冲触发。选择"Nor"为一般脉冲触发。

触发沿（Edge）选择。可选择上升沿或下降沿触发。

触发电平（Level）选择。选择触发电平范围。

④ 示波器显示波形读数。要显示波形读数的精确值时，可用鼠标将垂直光标拖到需要读取数据的位置。显示屏幕下方的方框内，显示光标与波形垂直相交点处的时间和电压值，以及两光标位置之间的时间差和电压差，因此，测量幅度、周期等很方便。

用鼠标单击"Reverse"按钮可改变示波器屏幕的背景颜色。用鼠标单击"Save"按钮可按 ASCII 码格式存储波形读数。

另外，为便于观察和区分同时在示波器上显示的 A、B 两通道的波形，可以通过设置导线颜色确定波形颜色。方法是右击连接 A、B 两通道的导线，在弹出的对话框中设置导线的颜色，此时波形的显示颜色便与导线的颜色相同。

4. 瓦特表

瓦特表是一种用来测量电路交、直流功率的仪器。其图标如附图 11（a）所示，图标中有两组端子：左边两个端子为电压输入端子，与被测试电路并联；右边两个端子为电流输入端子，与被测试电路串联。双击瓦特表图标打开其面板，如附图 11（b）所示。

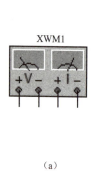

（a）

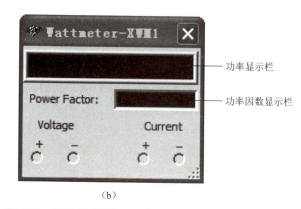

功率显示栏

功率因数显示栏

（b）

附图11　瓦特表的图标和面板

部分习题参考答案

第1章

1.1　$i>0$、$i<0$

1.2　$U_{AB}=-100$ V、$U_{BA}=100$ V

1.3　$U=5$ V、$U=-5$ V

1.4　（a）20 W、耗能元件；（b）-20 W、电源；（c）20 W、耗能电源；（d）-20 W、电源。

1.5　（a）$U_{ab}=10$ V；（b）$U_{ab}=10$ V；（c）$U_{ab}=-10$ V；（d）$U_{ab}=-10$ V。

1.6　$I=-23$ A、$I_1=11$ A、$I_2=23$ A

1.7　$I_3=-5$ mA、$I_4=25$ mA、$I_6=10$ mA、$I_7=10$ mA

1.8　$I_3=3$ mA、$U_3=10$ V、负载

1.10　$R=4$ Ω、$U_{ab}=50$ V、$I=-0.4$ A

1.11　$U_{ab}=10$ V，$U_{cd}=0$ V

1.12　$U_{cb}=12$ V、$U_{db}=16$ V

1.13　（1）$U=-40$ V、$I=-1$ mA；（2）$U=-50$ V、$I=-1$ mA；（3）$U=50$ V、$I=1$ mA

1.14　（a）$U=4$ V、$I=0.5$ A；（b）$U=22$ V、$I=11$ A

1.15　$U_{ab}=50$ V、$U_{bc}=-65$ V

1.16　$V_A=5$ V，$V_B=3.2$ V

1.17　$V_a=8$ V、$V_b=8$ V、无影响

1.18　（1）$67\sim200$ Ω；（2）$V_A=-1$ V、$V_B=-3$ V；

　　　（3）$V_A=0$ V、$V_B=-5$ V；（4）$V_A=0$ V、$V_B=0$ V。

1.19　$V_A=0$ V、$V_B=-10$ V、$V_C=10$ V、$V_D=-15$ V；

　　　$V_A=-10$ V、$V_B=-20$ V、$V_C=0$ V、$V_D=-25$ V

1.20　$V_A\approx-3.217$ V

1.21　$V_C=9$ V、$V_e=0.204$ V

第2章

2.1　（a）$R_{ab}=2.5$ Ω；（b）$R_{ab}=5$ Ω；（c）$R_{ab}=31.2$ Ω；（d）$R_{ab}=5$ Ω。

2.2　（a）$R_{ab}=6.75$ kΩ；（b）$R_{ab}=2.9$ Ω。

2.3　$I=0.5$ A

2.4　（略）

2.5　$I=0.6$ A

2.6　$U=9$ V

2.7　$I=0.5$ A

2.8　I_1=1.14 A，I_2=－0.43 A，I_3=－0.71 A

2.9　I=0.5 A

2.10　U=2 V

2.11　V_a=－2.3 V，U_{ac}=－26.3 V

2.12　V_a=1.67 V

2.13　I_1=5.5 A，I_2=－7 A，I_3=－1.5 A

2.14　I=－0.9 A

2.15　I_a=4 A，I_b=2 A，I_c=5 A，U=8 V

2.16　U=8 V

2.17　I_2=4 A，I_3=－1 A，U_{S1}=－31 V

2.18　P=11.5 W

2.19　（1）I_1=15 A，I_2=10 A，I_3=25 A

　　　（2）I_1=11 A，I_2=16 A，I_3=27 A

2.20　I=56.1 mA

2.21　I=－1.6 A

2.22　I_L=2.17 A

2.23　I=－8 A

2.24　I=0

2.25　R_L=60 Ω，P_{Lmax}=33.75 W

2.26　R_L=R_O=4 Ω，P_{max}=0.56 W

2.27　（略）

2.28　U=2 V，I=3.5 A

2.29　U_2=8 V

2.30　U_O=3.4 V

2.31　A_u=0.99

2.32　I=0

第 3 章

3.1　（1）$10\pi\cos10\pi t$ A；（2）0 A；（3）$-10e^{-2t}$ A

3.2　$C=10^{-2}$ A；30 A

3.3　$i(t)=\dfrac{1}{8}\sin200t$ A；$\dfrac{1}{8}$ A

3.4　$i_1(0_+)=2$ A；$i_2(0_+)=2$ A；$i_L(0_+)=0$ A；$u_C(0_+)=0$ V；$u_R(0_+)=4$ V；$u_L(0_+)=0$ V；

3.5　$i_L(0_+)=\dfrac{8}{3}$ A；$u_R(0_+)=-8$ V；$u_L(0_+)=-24$ V；

3.6　6.4 V；$R=54.57$ kΩ

3.7　$u_C(t)=20-10e^{-100t}$ V；$i(t)=i_c(t)=2e^{-100t}$ mA

3.8　$t=129.2$ s

3.9　0.4 μs

3.10　$u_C(t) = 1.5 - 1.5\,e^{-t}$ V；　$u(t) = 1.5 + 1.5\,e^{-t}$ V

3.11　$i_L(t) = 4 - 4\,e^{-\frac{3}{4}t}$ A；　$u_R(t) = 12 - 6\,e^{-\frac{3}{4}t}$ V

3.12　$t = 36.88$ ms

3.13　$i(t) = 2 - e^{-0.5t}$ A；　$i_L(t) = 1 - 2\,e^{-0.5t}$ A

3.14　$u_C(t) = 10 - 10\,e^{-10^{6}t}$ V

3.15　$i_L(t) = 2 - 2\,e^{-2t}$ A

第 4 章

4.1　ω=314 rad/s，f=50 Hz，T=0.02 s，U_m=282 V，U=200 V，$\psi_u = -120°$

4.2　（1）$u = 311\sin(628t + 60°)$ V　　　（2）$i = 5\sin\left(314t - \dfrac{\pi}{6}\right)$ A

4.3　$\psi_u = \pi/3$，$\psi_i = -\pi/3$，相位差为 $\varphi_{ui} = 2\pi/3$；电压初相改变为 π，电流初相改变为 $\pi/3$，相位差不变。u 比 i 超前 $2\pi/3$。

4.4　i_A 比 i_B 超前 60°

4.5　$u_A = 311\sin 314t$ V　$u_B = 311\sin(314t - 120°)$V　$u_C = 311\sin(314t + 120°)$V

4.6　（1）$5\angle 53.1°$　　　（2）$5\angle 143.1°$　　　（3）$10\angle -53.1°$
　　　（4）$14.14\angle -225°$　　　（5）$5\angle 90°$　　　（6）$10\angle -60°$

4.7　（1）$5 + j8.66$　　（2）$-3 + j4$　　（3）$8.66 - j5$　　（4）$12 - j16$　　（5）$-j10$

4.8　（1）$i = 14.14\sin(\omega t + 118°)$A　　　（2）$u = 311\sin(\omega t - 120°)$V

4.9　u_1 和 u_2 可以进行加减运算，i_5 和 i_6 可以进行加减运算。

4.10　（1）$\dot{U}_{1m} = 100\angle 110°$ V　$\dot{U}_{2m} = 100\angle -10°$ V　（2）$u_3 = 100\sin(\omega t + 50°)$V

4.11　（1）I=20 A　（2）P=4.4 kW

4.12　4.55 A，48.4 Ω

4.13　（1）$X_L = 157$ Ω　（2）$i_L = 1.4\sqrt{2}\sin(314t - 30°)$ A　（3）$Q_L = 308$ var，$W_{Lm} = 0.98$ J

4.14　（1）$i_C = 9.67\sqrt{2}\sin(314t + 150°)$ A　（2）$P_C = 0$，$Q_C = 2\,127.4$ var　（3）$W_{Cm} = 6.82$ J

4.15　（1）202.6 μF　　　（2）0.875 A，0.56 A

4.16　（1）同相　　　（2）正交　　　（3）反相

4.17　（1）$\dot{I}_1 = 10\sqrt{2}\angle 0°$ A　$\dot{I}_2 = 10\sqrt{2}\angle 90°$ A　$\dot{I} = 20\angle 45°$ A
　　　（2）A_1 表的读数 $10\sqrt{2}$ A，A_2 表的读数 $10\sqrt{2}$ A，A 表的读数 20 A。

4.18　（a）u 的有效值为 42 V；（b）u 的有效值为 42 V。

4.19　40 V，32 V

4.20　I=0.37 A，U_1=103.6 V，U_{RL}=193 V

4.21　10 Ω，35.75 mH

4.22　（1）$Z = 10\sqrt{2}\angle -45°$Ω，容性　　　（2）$\dot{I} = 10\angle 75°$ A，$\dot{U}_R = 100\angle 75°$ V
　　　$\dot{U}_L = 50\angle 165°$ V，$\dot{U}_C = 150\angle -15°$ V　　　（3）1 kW，-1 kvar，$\sqrt{2}$ kVA，0.707

4.23　（1）$Z = 30\sqrt{2}\angle 45°$ Ω　　　（2）$\dot{I} = 0.25\angle -90°$ A，$\dot{U}_R = 7.5\angle -90°$ V

$\dot{U}_C = 2.5\angle -180° $ V，$\dot{U} = 7.5\sqrt{2}\angle -45°$ V

4.24　$150\angle 37°\ \Omega$，$0.667\angle -37°$ A，$33.3\angle 0°$ V，$18.85\angle -82°$ V，$66.7\angle 16°$ V

4.25　$R=5$ kΩ，$C=1.15$ μF

4.26　$i_R = 0.33\sqrt{2}\sin(1\,000t+20°)$ A，$i_L = 0.25\sqrt{2}\sin(1\,000t-70°)$ A，

　　　$i_C = 0.2\sqrt{2}\sin(1\,000t+110°)$ A；$Y=3.37\angle -8.53°$ S，$\dot{I}=0.24\angle 11.47°$ A；

　　　$P=16.7$ W，$Q=-2.25$ var，$S=24$ VA

4.27　AC 之间的电压最高 $U_{AC}=20.6$ V

4.28　$P=40$ W，$Q=20$ var，$S=44.8$ VA，$\cos\varphi=0.89$

4.29　$X_C=5\ \Omega$，$R_2=2.5\ \Omega$，$X_L=2.5\ \Omega$

4.30　$I=\sqrt{2}$ A，$R=14\ \Omega$，$X_L=14\ \Omega$，$X_C=7\ \Omega$

4.31　$X_C=20\ \Omega$

4.32　$5.351\angle -22.82°$ A，$6.67\ \Omega$

4.34　$\dot{I}_1 = 4.43\angle 79.7°$ A

4.35　$140\sqrt{2}$ A，0.707

4.36　36.36 A，0.5，328.2 μF，20.2 A

第 5 章

5.1　$\dot{U}_B = 220\angle 30°$、$\dot{U}_C = 220\angle -90°$

5.2　（1）$i_A = 14\sin(\omega t-30°)$ A、$i_B = 14\sin(\omega t-150°)$ A、$i_C = 14\sin(\omega t+90°)$ A

　　（2）$\dot{I}_B + \dot{I}_C = 10\angle 150°$ A　　（3）$\dot{I}_A + \dot{I}_B + \dot{I}_C = 0$

5.3　3 637 V、3 637 V

5.4　（1）18 A　　（2）31 A　　（3）1 732 V

5.5　$22\angle -83°$ A、$22\angle 157°$ A、$22\angle 37°$ A

5.6　$4.4\angle -83°$ A、$4.4\angle 157°$ A、$4.4\angle 37°$ A

5.8　$1.9\angle -37°$ A、$1.9\angle -157°$ A、$1.9\angle 73°$ A；$3.3\angle -67°$ A、$3.3\angle 173°$ A、$3.3\angle 53°$ A

5.9　$\dot{I}_A = 2\angle 120°$ A、$\dot{I}_C = 2\angle -120°$ A；

　　　$\dot{I}_{ab} = 3.5\angle 90°$ A、$\dot{I}_{bc} = 3.5\angle -30°$ A、$\dot{I}_{ca} = \angle -150°$ A

5.10　22 A、220 V；66 A、380 V

5.11　$220\angle -30°$ V、$220\angle -150°$ V、$220\angle 90°$ V；$22\angle -67°$ A、$22\angle 173°$ A、$22\angle 53°$ A；3 872 W

5.12　220 V、5.68 A

5.13　5 700 W

5.14　0.88

5.15　412 kW、199 kvar、457 kVA

5.16　（1）4 359 W；（2）33 A、19 A、13 077 W

5.17　0.886

5.18　1/3

第 6 章

6.1　31 pF～262 pF

6.2　$\omega_0=10^7\,\text{rad/s}$，$Q=500$，$BW=3\,184.7\,\text{Hz}$

6.3　$C=10\,\mu\text{F}$，$I=0.2\,\text{A}$

6.4　$L=20\,\text{mH}$，$Q=50$

6.5　$R=1\,\Omega$，$Q=100$

第 7 章

7.7　20+j10，18+j14

7.8　$\omega_0=41.52\,\text{rad/s}$

7.9　$10\sqrt{2}\angle45°\,\text{V}$，$4\,109\angle75.6°\,\Omega$

7.10　$n=\sqrt{5}$

7.11　$\dot{U}_2=0.8\angle0°\,\text{V}$

第 8 章

8.2　$U=5\,\text{V}$　$U_{\text{av}}=3.185\,\text{V}$

8.3　$I=\dfrac{4\sqrt{3}}{3}\,\text{A}$　$I_{\text{av}}=\dfrac{4}{3}\,\text{A}$

8.4　$i(t)=50\sqrt{2}\sin(t+135°)-80\sqrt{2}\sin(2t+60°)\,\mu\text{A}$　$I=94.34\,\mu\text{A}$　$P=0\,\text{W}$

8.5　$U=54.18\,\text{V}$　$I=30.51\,\text{A}$　$P=1\,250\,\text{W}$

8.6　$L_1=\dfrac{1}{\omega^2C}\,\text{H}$　$L_2=16-\dfrac{1}{\omega^2C}\,\text{H}$

8.7　$u_0=\sqrt{2}\sin(314t+0.91°)\,\text{V}$

8.8　$u_{\text{R}}(t)=\dfrac{10}{\pi}+0.564\cos(\omega t+171.93°)+0.055\cos(2\omega t-176.28°)\,\text{V}$，$U_{\text{R}}=3.235\,\text{V}$，$S=0.177$

参 考 文 献

[1] 秦曾煌. 电工学（上册）[M]. 北京：高等教育出版社，2003.

[2] 石生. 电路基本分析 [M]. 2版. 北京：高等教育出版社，2005.

[3] 蔡元宇. 电路与磁路 [M]. 2版. 北京：高等教育出版社，2000.

[4] 邱关源. 电路 [M]. 4版. 北京：高等教育出版社，1999.

[5] 李树燕. 电路基础 [M]. 北京：高等教育出版社，1999.

[6] 王俊鹍. 电路基础 [M]. 北京：人民邮电出版社，2005.

[7] 张永瑞.电路分析——基础理论与实用技术 [M].西安：西安电子科技大学出版社，2004.

[8] 于占河. 电路基础 [M]. 北京：电子工业出版社，2003.

[9] 刘志民. 电工基础 [M]. 西安：西安电子科技大学出版社，2003.

[10] 白乃平. 电工基础 [M]. 西安：西安电子科技大学出版社，2002.

[11] 牛金生. 电路分析基础 [M]. 西安：西安电子科技大学出版社，2003.

[12] 胡翔骏. 电路基础 [M]. 北京：高等教育出版社，1996.

[13] 王秀英. 电工基础 [M]. 西安：西安电子科技大学出版社，2006.

[14] 刘守义. 应用电路分析 [M]. 西安：西安电子科技大学出版社，2003.

[15] 路松行. 电路与电子技术 [M]. 西安：西安电子科技大学出版社，2005.

[16] 黄培根. Multisim 10 虚拟仿真和业余制版实用技术 [M]. 北京：电子工业出版社，2008.